U0744926

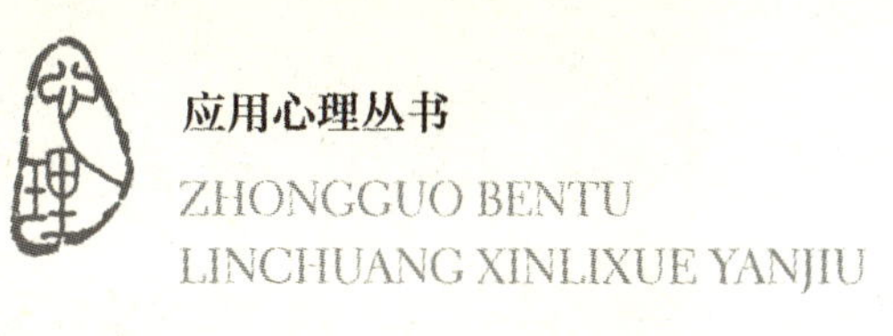

应用心理丛书

ZHONGGUO BENTU
LINCHUANG XINLIXUE YANJIU

中国本土
临床心理学研究

邱鸿钟　梁瑞琼◎主编

暨南大学出版社
JINAN UNIVERSITY PRESS

中国·广州

图书在版编目（CIP）数据

中国本土临床心理学研究/邱鸿钟，梁瑞琼主编．—广州：暨南大学出版社，2017.9
（应用心理丛书）
ISBN 978-7-5668-2134-8

Ⅰ.①中… Ⅱ.①邱…②梁… Ⅲ.①心理学研究方法 Ⅳ.①B841

中国版本图书馆CIP数据核字（2017）第148433号

中国本土临床心理学研究
ZHONGGUO BENTU LINCHUANG XINLIXUE YANJIU
主 编：邱鸿钟 梁瑞琼

出 版 人：徐义雄
策划编辑：苏彩桃
责任编辑：苏彩桃 梁 婧
责任校对：周海燕 刘雨婷
责任印制：汤慧君 周一丹

出版发行：暨南大学出版社（510630）
电　　话：总编室（8620）85221601
营销部（8620）85225284 85228291 85228292（邮购）
传　　真：（8620）85221583（办公室） 85223774（营销部）
网　　址：http://www.jnupress.com
排　　版：广州市天河星辰文化发展部照排中心
印　　刷：湛江日报社印刷厂
开　　本：787mm×960mm 1/16
印　　张：18.75
字　　数：370千
版　　次：2017年9月第1版
印　　次：2017年9月第1次
定　　价：58.00元

序

心理学的本土化（Indigenization of Psychology）和中国本土心理学研究（Indigenous Psychology Research）是两个相近但取向不同的研究。前者通常是指将西方现代的心理学理论和方法进行适当的改造以适应本土文化和应用对象一类的研究；后者是指基于本土的历史和社会文化背景，研究该民族或传统文化中自发发展出来的心理学思想和方法及本国各族的心理行为的独特性。前者如在中国大学德育背景下建设具有中国特色的心理健康教育体系的研究，其中心理健康教育的绝大多数理论和方法是来源于西方心理学的，而教育对象、教育方式与方法则完全是中国本土化的，因为西方高校基本上没有这种教育教学体系；后者如在中国传统文化背景下的中医心理学研究，其研究的主题、内容、理论与方法，几乎都来自于传统文化经典文本。事实上，在政治、经济、军事和文化历史等多种因素的综合作用下，西方心理学已经成为当代主流的心理学研究范式。所以，在上述两种取向的研究中自然少不了对中西方文化、心理学理论和方法的跨文化比较这样一种基础性的研究工作。

对照现代西方主流心理学的学术流派和思想体系，可以认为中国本土心理学的思想历史悠久，在传统文化经典中迄今具有学术价值和现实意义的心理学思想可以追溯到《诗经》的爱情心理学思想、《易经》的行为主义心理学思想、《道德经》的存在主义心理学思想、《论语》的人格心理学和教育心理学思想、《孟子》的人道主义心理学思想、《孝经》的道德心理学思想、《大学》的积极心理学思想、《中庸》的人本主义心理学思想、《乐记》的音乐心理学思想、《孙子兵法》的军事心理学思想、《坛经》的格式塔心理学思想、《黄帝内经》的临床心理学和性心理学思想等。对这些传统文化经典中的本土心理学的思想观点和应用技术进行研究，不仅对建构中国人自己的心理学体系非常重要，而且对丰富世界人类心理学的知识宝库也非常必要。中国本土心理学思想深邃，理论联系实际，可以为世界心理学提供许多有价值的研究主题和丰富多样的文化资源；中国本土心理学研究还可以为现代心理学提供一个区别于西方心理学理论研究的学术范式，例如中医的情志观与西方情绪理论同中有异，中医强调人的意志对情绪指向和强度的决定性影响，强调五脏六腑机能对不同情绪的对应性联系，以及认为可以利用情绪之间的制约关系进行情绪调节等都是非常独特的理论与技术。

现代意义上的本土心理学研究兴起于20世纪80年代，希勒斯和洛克的《本土心理学》、90年代尤科（Uichol Kim）和佰瑞（John W. Berry）的《本土心理学：文化背景下的研究和经验》，以及维基里欧（Vigilio G. Enriquez）等编辑的《东南亚—本土心理学：论文选集》等专著的出版标志着本土心理学研究开始成为一个正式的研究取向。

本土心理学研究即意味着民族心理学和文化心理学的观察与思考视角。本土心理学的兴起并不是为了对抗西方心理学，而应该看成是世界心理学发展到一定的阶段向社会生活的一种自然回归，或者说是一种对西方科学主义的心理学局限于单纯实验模式，迷信仪器和数据，关注论文发表，脱离对生活关注的热情，对实际生活问题解决无所贡献，对处于社会文化困境中的人无所帮助现象的一种理性反思。事实上，正如几何学中并不存在绝对的平面，没有真正的点和线一样，世界上也没有放之四海皆准的“普通人的心理”，而只有各个民族的、不同年龄的和具体男人与女人的心理活动。因此，真实的和真正深层的心理学应该是民族心理学或文化心理学。相比而言，普通心理学只是人类心理的某些抽象的共性，实验心理学观察的只是实验条件下的心理现象，仪器和数据告诉人们的只是按照设计证明的工作假设，而不是真实生活中人的心理的现象。所以，加强对本土心理学的研究，有助于丰富我们对人类心理世界的文化内涵的理解，打破西方科学主义心理学研究范式的单一化。简单地将中国本土心理学的研究与西方心理学研究对立起来，或纠结于中西方心理学的差异是完全没有必要的，《黄帝内经·素问·阴阳应象大论篇》中说：“智者察同，愚者察异。”说到底，全人类起源同一，居住在同一地球，生物基因和身体结构一样，人类的大脑与思维规律绝对是相同远多于相异的。研究两者之异是为了促进研究者的觉醒和创新，而不至于故步自封于某种单一刻板的认知模式之中。

广州中医药大学对中医心理学的研究起步于20世纪80年代，经过三十多年建设，目前已经建设了应用心理学系列教学实验室和中医心理学科研实验室，在全省精神卫生机构建设了一批教学实习基地，已经形成了从本科、硕士到博士阶梯的完整的教育教学和人才培养体系，为国家中医药管理局重点学科建设单位。本学科点的主要研究方向为传统中医心理学理论与技术的现代开发、儒道释本土文化心理学研究、艺术心理评估与艺术治疗、心理健康教育的本土化、情志病的心理评估与心理治疗技术的开发等。

本论文集摘录的只是我校研究生团队多年来的一点研究成果，因受篇幅限制，去头掐尾，只剩下一些结论性的文摘了，如对全部研究方法、研究过程和文献综述有兴趣者，可以在我校硕士、博士学位论文数据库中进行检索。

我们坚信，通过全国同行团队的共同努力，传统的中医心理学、儒道释本土文化心理学的基础研究和临床应用研究都将迈入一个新的发展阶段。

邱鸿钟
丁酉年六月十一日
于广州白云鹿鸣湖畔杏林书斋

Contents 目 录

下编 心理测量研究与心理卫生状况调查

上编

心身疾病病因病理及其心理治疗研究

2 型糖尿病患者社会心理影响因素的研究

梁瑞琼

一、研究背景、意义和方法

（一）研究背景

1. 对糖尿病的认识发展

现代医学对糖尿病所下的定义是：糖尿病（Diabetes Mellitus，以下简称 DM）是由多种病因引起的以慢性高血糖为特征的代谢紊乱。由此可见，目前对糖尿病的定义还只是症状学的或现象学的。人类对糖尿病的认识历史悠远。Diabetes 这个词来源于希腊文，意为虹吸管；Mellitus 是拉丁文，意为“极甜”。公元前 30—50 年，罗马时代一位大医学家阿露斯（Aulus）第一个描述了糖尿病的症状，并取名“多尿症”（Diabetes）。公元 1675 年英国人托拉斯·威利斯（Thonas Willis）发现糖尿病患者的尿液“甜如蜜”。到 18 世纪，威廉·卡伦（Willam Callen）又在 Diabetes 后面加个形容词“糖尿的”（Mellitus），从此 Diabetes Mellitus（亦可简称为 Mellituria）糖尿病的病名被确定下来，并沿用至今。

在中国有关小便代谢疾病的最早记载可以追溯到公元前 1122 年—公元前 770 年殷朝的甲骨文字中。甲骨文中所记载的殷朝人常见的 16 种疾病中就有“尿病”这一病名。我国现存最早的医学经典《黄帝内经》首先使用“消渴”这一病名，并对其病因、病机以及症状特征作了较为详细的论述。隋朝著名医学家甄立言的《古今录验》最早明确记载了消渴患者的小便是甜的。唐代名医王焘（670—755）的《外台秘要》（成书于 752 年）一书中关于消渴的诊断和治疗方法，比 10 世纪阿拉伯医生阿维森纳的《医典》中关于糖尿病的诊断和治疗早出 300 年。《外台秘要·引祠部李郎中说消渴消中门》记载“消渴者……每发则小便至甜”，并将“得小便咸若如常”作为判断此病是否治愈的标准之一。中医学认为，消渴的发生、发展与饮食、肥胖、性行为、情绪等诸多因素有关。相关论述散见于历代文献中。

虽然糖尿病的病因目前尚未完全阐明，但是心理和社会因素对本病的发生、发展及其转归有较大的影响的事实已为古今中外学术界所公认。多年来，不少学者从情绪、个性、生活事件、应对方式、生活习惯、饮食文化等因素入手，对糖尿病的发病、发展机理进行了探索。普遍认为糖尿病的病因并不是单一的，而是倾向于认为其发病是遗传因素、自身免疫因素、环境感染因素、心理素质和社会因素的综合作用。

2. 糖尿病的流行病学

糖尿病是当代社会的常见病和多发病，其患者人数随着社会整体生活水平的提高、人口老化、生活方式和饮食习惯的改变而迅速增加。

在国外，不少地区现代化以前，2 型糖尿病是很少见的，直到现在某些波利尼西亚人群基本上没有或罕有糖尿病。由于社会生活的现代化，2 型糖尿病患者才日益增多。如现在美国某些印第安人人群及太平洋岛屿上的人群中，2 型糖尿病流行甚广就与其社会的现代化进程变化相一致。瑙鲁原是个居住着 500 名密克罗尼亚人的偏僻礁岛国，民众原靠渔业和农业为生，精力旺盛，过去那儿几乎没有 2 型糖尿病。后因英国、澳大利亚和新西兰的殖民开发和开采磷矿，瑙鲁人成为世界上最富裕和最少体力活动的民族之一，生活逐步现代化。自 1950 年以来瑙鲁许多年轻人患了这种病，现在 60 ~ 70 岁的人群中，大约有2/3人患有 2 型糖尿病，2 型糖尿病的患病率从原来的 0 快速增长至 30. 3% 。

根据研究报告，世界各地的糖尿病发病率均有不同程度的增长，在欧洲糖尿病发病率为 2% ，北美为 5% ，亚洲的日本发病率为 3% ~4% ，菲律宾为 9. 7% ，印度是摄糖量较多的国家，发病率是日本的 7 倍多。世界卫生组织（WHO）1997 年报告，全世界约有 1. 35 亿糖尿病患者，预测 2025 年将上升到 3 亿。专家提醒，世界各国 2 型糖尿病患病率都在迅速上升，糖尿病已成为发达国家中继心血管病和肿瘤之后的第三大非传染性病，是威胁人类健康的世界性公共卫生问题。

（二）研究目的与意义

从不同的角度来看待糖尿病，其临床治疗和防治策略是不同的。从生物医学的角度来看，糖尿病是一种内分泌疾病，而从临床心理学、社会医学和医学人类学的角度来看，糖尿病既是一种心身性疾病，还是一种社会文化病。本课题研究的目的是以 2 型糖尿病患者为研究对象，从社会文化与心理学的角度，采用量表和问卷测量、现场访谈、统计分析等多种方法，考察人格等心理因素、家庭社会支持等社会因素和饮食行为等因素对糖尿病发病与归转的影响，揭示糖尿病多元病因的本质，为提高糖尿病的防治水平提供科学依据。

从社会文化和心理学的角度探讨影响糖尿病发病的各种因素，有助于我们更深刻地认识糖尿病发生、发展、复发以及其并发症出现的原因，及其与心理和社会诸因素的关系，为提高糖尿病的预防、保健、临床治疗的水平提供科学依据。探索糖尿病发病与个性、行为方式、家庭社会支持等因素的关系，也有助于调动患者对战胜本病的主观能动性和自觉性，减少对药物的长期依赖，改善人际关系和社会支持网络的质量，促进生活质量的提高。

（三）研究的方法与对象工具

1. 研究方法

本研究主要采用量表测量法、问卷调查法、临床晤谈法、文化比较分析法、文献分析法和数据统计法等综合方法。所有研究对象均要求填写 C 型行为量表、社会支持评定量表以及我们自己设计的饮食行为调查表。

对所有回收的量表和问卷经检查合格后按不同组别进行编号，将资料数据输入计算机，采用 SPSS 11.0 软件对数据进行 t 检验、卡方检验和相关分析等统计分析。

2. 研究的工具

①C 型行为量表。②社会支持评定量表。③饮食行为调查表。

3. 研究对象

（1）研究对象：糖尿病组。糖尿病组是随机抽取于 2003 年 7—11 月在广州中医药大学第一临床医学院、广州医学院第一附属医院以及广州市中医医院就诊和住院的 2 型糖尿病患者。筛选条件是按 1999 年 10 月我国糖尿病学会决定采纳的新的糖尿病诊断标准选择病例。

（2）对照组。来自 2003 年 7—11 月广州中医药大学第一临床医学院、广州医学院第一附属医院、广州市中医医院门诊体检的正常人，按糖尿病组患者的性别、年龄等构成从以上医院体检的健康人群中随机抽取。

4. 回收资料情况

本次调查一共发出 225 份问卷，收回 225 份，回收率 100%，有效问卷 222 份，无效问卷 3 份，有效率占 98.67%。

符合条件的研究对象一共有 222 人。其中糖尿病组 112 人：男性 50 人，女性 62 人；正常对照组 110 人：男性 49 人，女性 61 人。两组研究对象在性别、年龄、职业分布、文化程度等方面均无显著性差异（$p>0.05$），具有可比性。

二、糖尿病与个性、情绪、行为的关系

（一）糖尿病患者 C 型行为的调查结果

1. 两组 C 型行为各指标分量值的比较

测量结果表明，糖尿病组患者在焦虑、抑郁、愤怒、愤怒内向、控制分量值得分显著高于对照组，$p<0.01$；糖尿病组患者在愤怒外向、理智、乐观、社会支持分量值得分显著低于对照组，$p<0.01$，见表 1。

表 1　糖尿病组与对照组 C 型行为各指标总积分均值的比较（$\bar{x} \pm S$）

项　目	组别 糖尿病组 （$n=112$）	 对照组 （$n=110$）	t 值
焦虑	42.81 ±8.33	39.17 ±7.34	3.45**
抑郁	45.50 ±8.06	40.29 ±7.14	5.10**
愤怒	18.50 ±5.22	16.87 ±4.02	2.60**
愤怒内向	16.23 ±2.90	14.35 ±2.39	5.26**
愤怒外向	13.71 ±3.66	16.98 ±3.24	−7.06**
理智	39.23 ±5.42	41.83 ±5.45	−2.19**
控制	18.63 ±3.97	17.55 ±3.36	2.20**
乐观	21.82 ±4.07	23.25 ±3.68	−2.73**
社会支持	16.30 ±2.79	18.40 ±2.79	−4.97**

注：**与对照组比较 $p<0.01$

2. 两组 C 型行为各指标分级构成比比较及相关性分析

糖尿病组和对照组在 C 型行为“焦虑”项目中，构成比为 15.609，$\chi^2=0.250$，显示两组间有显著的差异，结果表明糖尿病组患者与“焦虑”呈显著的正相关；两组在 C 型行为“抑郁”项目中，构成比是 21.799，$\chi^2=0.309$，显示两组间有显著的差异，结果表明糖尿病组患者与“抑郁”呈显著的正相关；两组在 C 型行为“愤怒”项目中，构成比是 20.970，$\chi^2=0.304$，显示两组间有显著的差异，结果表明糖尿病组患者与“愤怒”呈显著的正相关；两组在 C 型行为“愤怒外向”项目中，构成比是 45.668，$\chi^2=0.445$，显示两组间有显著的差异，结果表明糖尿病组患者与“愤怒外向”呈显著的负相关；两组在 C 型行为“愤怒内向”项目中，构成比是 31.492，$\chi^2=0.367$，显示两组间有显著的差异，结果表明糖尿病组患者与“愤怒内向”呈显著的正相关；两组在 C 型行为“乐观”项目中，构成比是 20.512，$\chi^2=0.246$，显示两组间有显著的差异，结果表明糖尿病组患者与“乐观”呈显著的负相关；两组在 C 型行为“理智”项目中，构成比是 12.466，$\chi^2=0.169$，显示两组间有显著的差异，结果表明糖尿病组患者与“理智”呈显著的负相关；两组在 C 型行为“控制”项目中，构成比是 12.635，$\chi^2=0.221$，显示两组间有显著的差异，结果表明糖尿病组患者与“控制”呈显著的正相关；两组在 C 型行为“社会支持”项目中，构成比是 28.177，$\chi^2=0.349$，显示两组间有显著的差异，结果表明糖尿病组患者与“社会支持”呈显著的负相关。

（二）糖尿病患者人格、情绪和行为模式的关系

1. 人格对糖尿病的影响

人格是一种复杂的心理结构，既是指一个人整体的独特的个性，也可以说是具有一定倾向性和稳定性的行为模式或心理特征的总和。疾病与患者个性的关系历来被医家所注意。《灵枢·通天》中早有“太阴之人，少阴之人，太阳之人，少阳之人，阴阳和平之人，凡五人者，其态不同，其筋骨气血各不等”之说，认为不同体质和人格的人其生理、病理变化各有特点。

在现代医学研究中，A 型人格与冠心病、C 型人格与癌症的关系已经为大样本的调查所证实。

本研究证实，糖尿病患者具有 C 型行为人格特征、情绪反应和行为模式的特点。即表现为：焦虑、抑郁、容易愤怒、愤怒内向、不乐观、不理智、过于自控、社会支持度较低。从神经心理学的角度分析，具有这种易患性格特征的人，在同样的应激刺激下心理反应不适当，容易出现消极的情绪变化，导致多种拮抗胰岛素的激素（肾上腺素、肾上腺皮质激素、生长激素、胰高血糖素和一些神经肽等）的分泌释放增加，进而直接影响胰岛素的分泌或扰乱糖代谢，引起血糖的升高，从而诱发糖尿病或使已有的糖尿病病情恶化。

糖尿病患者人格的形成与童年生活的经历有关，从某种意义上说，可以理解为糖尿病的“远因”。德国著名心理学家托·德特勒夫森（T. Dethlefsen）在《疾病的希望》一书中从词源学和心理投射的角度认为，如果把“糖”这个词代之以“爱”，那么就容易理解糖尿病的心理问题所在了。甜的东西是甜美的希望之替代物，糖尿病患者因为缺乏胰岛素而不能吸收食物中的糖，糖在尿中被排出体外，从这个意义上说，糖尿病就是“爱之泻”。一方面糖尿病患者希望得到爱就像享受甜的东西一样，但同时又缺乏将糖吸收进细胞的能力，就像那种希望得到的爱却从来没有被承认或者他自己也没能力接受爱一样。换而言之，糖尿病患者靠替代食物过日子，也正是他的真实愿望的替代物。糖尿病会导致全身酸度过高，严重时可能导致昏迷。酸一般被认为是攻击性的象征，糖和酸的对立就像罗马神话中的爱神维纳斯和战神玛尔斯的对立一样，表现在糖尿病患者身上就是希望得到爱，但不敢去实现它。当然，人格特征只在某种程度上表明有患某种疾病的易感性，而真正的个体致病原因还与个体在所处的环境中的情绪反应和行为模式有着极大的关系。

2. 情绪对糖尿病的影响

中医学早在春秋战国时代就认识到疾病的发生发展与情绪变化有关。《灵枢·五变》中指出过怒是引发消渴病的负性情绪，认为“怒则气上逆，胸中蓄积，血气逆流，髋皮充肌，血脉不行，转而为热，热则消肌肤，故为消瘅”。金元医家刘完素也指出“耗乱精神，过违其度”可导致消渴；周之干认为“不节喜怒，病虽愈犹可以复作”。清代名医叶天士在《临床指南医案·三消》中指

出："心境愁郁，内火自然，乃消渴大病。"综上所述，中医认为，急躁易怒、悲哀抑郁之人易患消渴。

很多现代研究表明，糖尿病患者有比较明显的抑郁、焦虑情绪，而不良的情绪对糖尿病患者的糖代谢控制及病情转归有消极的影响。Leedom 等在 1991 年曾用贝克抑郁量表测评糖尿病患者，表明 74% 患者的得分在临床抑郁范围，35% 患者的得分在重度抑郁范围。赵氏等运用汉密尔顿抑郁量表对 611 例 2 型糖尿病患者和 429 例其他躯体疾病患者进行调查评定，并对其进行相关分析，结果表明糖尿病组抑郁症的患病率高于其他躯体疾病组，差异非常显著。王氏等在对抑郁情绪及负性态度对糖尿病患者血糖控制的影响研究中发现抑郁程度与空腹血糖水平有显著相关，对糖尿病的负性态度、抑郁的躯体症状以及抑郁程度与并发症的数目有关，提示抑郁可能是导致 DM 并发症增多的因素之一。

从患者的 C 型行为量表各个分量表的相关统计中也证实了糖尿病患者与焦虑、抑郁和愤怒内向、过于自控是呈正相关的，与不乐观等是呈负相关的。

糖尿病的发生、发展与转归不仅与个体早年生活境遇有关，还与发病前后"近因"有关。由于至今还没有根治糖尿病的好方法，患病后需要持续多年乃至延续终身服用药物治疗，同时需要严格控制饮食，加上疾病控制不好，会出现多种并发症，这都容易使患者认为其是家庭的累赘，是家庭的经济负担。为了遵守饮食原则而改变原来的生活方式，往往使患者的主观欲望受到压抑，这对患者本身是一种心理伤害，容易引发焦虑和抑郁情绪。

综上所述，2 型糖尿病患者在幼儿时期缺乏"父母关注"，形成了焦虑、抑郁、容易愤怒、愤怒内向、过于自控等个性行为特征。具有 C 型行为的人，焦虑、抑郁、容易愤怒、过于自控、愤怒内向、不乐观等，长期在自身心理痛苦的体验中，使得个体一方面不愿积极与人交流、沟通，寻找心理释放的途径。另一方面，个体的焦虑、抑郁等情绪，使得与之交往的对方也不同程度地感受到压力，较其他正常人更易处于人际关系紧张状态，获得的社会支持减少，自我的应激性生活事件和强度也可能相应增加，而过分的应激可引起人体神经内分泌的异常变化，通过血浆中的肾上腺素和去甲肾上腺素浓度上升，而使血糖等上升；焦虑、抑郁、愤怒等心理因素均可通过下丘脑释放某些神经递质或通过下丘脑—垂体—靶腺轴使胰岛细胞分泌减少胰岛素对抗激素增加，从而使血糖升高，诱发或加重糖尿病。正如 WHO 糖尿病专家委员会报告所指出：人体承受的心理和社会压力可能通过激素作用于胰岛素分泌和葡萄糖代谢，从而诱导和产生葡萄糖耐量异常。

三、糖尿病与社会支持的关系

社会支持是指个体与社会各方面包括亲属、朋友、同事、伙伴等社会人以及家庭、单位、党团、工会等社团组织在各方面所产生的精神上和物质上的联系程度。一般可以从客观支持、主观支持和支持的利用度等方面去衡量一个人的社会支持度。客观的社会支持是实际的或可见的支持，包括物质上的直接援助和社会网络。主观的社会支持是个体体验到的或情绪上的支持，是个体感到在社会中被尊重、被支持、被理解的情绪体验或满足程度。支持的利用度是个体可以利用的客观资源。社会医学的研究表明，人的健康与个人所获得的社会支持程度成正比，患病率和死亡率与社会支持度成反比。本研究运用社会支持评定量表来了解糖尿病与其社会支持度的关系。

（一）糖尿病与社会支持度关系的调查

1. 两组对象社会支持度的差异

对两组社会支持评定量表进行统计显示，糖尿病组患者在客观支持上与对照组之间差异没有显著意义；糖尿病组患者在主观支持、支持利用度得分上显著低于对照组，两组间有显著差异，见表2。

表2　糖尿病组与对照组社会支持各项目的比较（$\bar{x} \pm S$）

组别	例数	比较项目		
		客观支持	主观支持	支持利用度
糖尿病组	112	5.10 ±1.22	11.78 ±3.34	4.23 ±1.75
对照组	110	5.25 ±1.45	16.33 ±3.36	5.55 ±1.70
t 值		−0.17	−10.11**	−5.67**

注：**与对照组比较 $p<0.01$

2. 社会支持各指标分级构成比比较及相关性分析

两组在社会支持“客观支持”项目中，构成比是3.347，$\chi^2=0.031$，$p>0.05$，即显示两组间没有差异；两组在社会支持“主观支持”项目中，构成比是77.720，$\chi^2=0.585$，$p<0.01$，即显示两组间有显著的差异，结果表明糖尿病组患者与“主观支持”呈显著的负相关；两组在社会支持“支持利用度”项目中，构成比是31.487，$\chi^2=0.362$，$p<0.01$，即显示两组间有显著的差异，结果表明糖尿病组患者与“支持利用度”呈显著的负相关。

（二）糖尿病与社会支持度关系的分析

事实上，一个人的社会支持度从主观支持、客观支持、支持利用度三个方面反映了个体所构建的社会支持网络的强弱、大小和效果，在很大程度上反映了个体能否建立良好的人际关系，以及是否感受到良好的人际关系的实际情况，而这种人际交往的能力与效果又与个体的人格特点与行为模式有关。

1. 社会支持与精神健康关系的机理

社会支持与精神健康存在密切的关系是由人的本质所决定的。社会支持的核心是人之间的相互关系。社会支持中最重要的人际交往是影响一个人人格形成和情绪的最重要的变量。

美国精神病医生和精神分析学家沙利文（Harry Stack Sullivan，1892—1949）认为，人一出生就生活在一个复杂、变动的人际关系之中，这种关系就是他的社会性本质。个人与他人之间的相互作用和相互影响就是人格形成和发展的主要原因。所谓人格就是个体在人际情境中相对持久的形式。人际关系就是一种操作或与人的相互作用，“操作不当”可导致人格障碍和精神疾病。

大部分的精神疾病都源自不适应的人际交往，即交往过程被焦虑所困。焦虑是人际关系中的主要瓦解力量，焦虑可以导致人际关系建构困难。一个人的人际交往经验最早来源于家庭中与父母的交往。如在哺育过程中母亲的任何焦虑都会引发婴儿的焦虑。临床经验提示，精神分裂症患者的许多精神病体验具有婴幼儿早期经验的性质，这是因为患者童年人际关系的破坏所致，即幼儿与一个“坏的”父母亲之间的关系（冷漠无情、过度呵斥、无理要求）产生焦虑，导致患者思维、情感、活动的歪曲和经验组织的分裂。

从这种意义上说，精神病学可以称为人际关系的精神病学（the Psychiatry of Interpersonal Relation）。良好的人际关系可以使个体心情愉悦，提高生活质量，增进生活的幸福感，有助于身心健康，有助于自我的认识与评价，促进工作效率的提高，有助于克服心理危机与提高战胜挫折的能力，预防精神疾病。社会支持能调动个体内在的心理资源以处理情绪问题和积极面对应激危机情景。相反，长期不良的人际关系，会使当事人的社会支持网络变得脆弱，范围变得越来越狭小，使个体在现实生活中感到孤独、郁闷，尤其是遇到不良刺激或危机事件时，由于没有一个良好的社会支持网络，个体缺乏渡过心理难关的信心和勇气，极易出现焦虑、抑郁或躯体化的身心障碍，甚至出现绝望轻生的念头。

2. 社会支持度与主观认知的关系

许多的研究一再表明，社会支持与身心健康和疾病之间存在着相当密切的关系。一般来说，社会支持度与健康呈正相关，与疾病的发生、发展呈负相关。但在同样性质、同样大小的刺激作用下，有些人产生严重的健康损害，有些人只产生较轻的适应困难，而有些人则安然无恙。这除了可能与社会支持度有关之外，还可能与个体的性格及认知的差异有关。本研究表明，糖尿病组在主观支持、支持利用度上均显著低于对照组，而在客观支持上与对照组却没有统计学意义上的差异。卡方检验的结果表明糖尿病与其主观支持、社会支持利用度呈显著的负相关。糖尿病组患者所感到的在社会中被尊重、被支持、被理解的情绪体验和满足程度远远低于对照组。

通过与研究对象的晤谈和对个案的分析，发现糖尿病与主观支持、支持利用度呈显著负相关的原因，主要与个性和认知因素有关。在中国的传统文化中，人们历来十分重视人际关系的和谐和个人对家庭、群体和社会的贡献。在传统的家庭本位观念中，人们更加注重家庭间的人际关系，如夫妻关系、亲子关系、兄弟姐妹关系等。个体在日常生活中，遇到工作、学习，尤其是身体、经济上的问题，更多的是首先考虑在家庭成员中寻求帮助，更加希望获得家人的同情、理解和支持。正因为有这样的文化心理，人们更加重视自身在家庭中的地位和为家庭所做的贡献以及家庭成员对自己的看法。研究发现，不论是糖尿病患者，还是对照组的正常人，在对社会支持网络的看法上，与其说重视客观社会支持，倒不如说主观支持的认知和体验对个体来说更加重要。因为主观支持是个体亲身的感受和体验，对个体心理的实际影响更大。

从与糖尿病患者的晤谈以及统计的结果看，糖尿病患者在客观支持程度上与对照组没有显著差异。

许多患者认为主观支持比客观支持对自己的影响更大。因为社会支持的效果只与被感知到的支持程度相一致。正如 Ausubel（1958）曾经说的："并不是说被感知到的现实是真正的现实，但被感知到的现实却是心理的现实，而正是心理的现实作为实际的（中介的）变量影响人的行为和发展。"事实上，糖尿病患者受其个性以及传统文化的影响，使得他们一方面在比较好的客观支持网络中不能够有客观正确的认识和利用，反而因为自身的原因固执地认为家庭成员对自己关心不够，或者是认为自己患了不能治好的疾病，既不能为家庭做出贡献，更成为家庭的经济负担，因此感到孤独、悲观、内疚、怨恨。这样的心理状况会使得主观支持以及支持的利用度减少，甚至会使原来比较好的客观支持网络受到损害。

四、糖尿病与饮食行为的关系

《素问·奇病论》中指出，消渴病发病与不良饮食习惯和肥胖有关。从某种意义上说，糖尿病是一种"吃出来的"的饮食习惯病。

（一）糖尿病患者的饮食行为调查

1. 两组对象饮食行为的差异

对两组饮食行为的调查统计结果显示，糖尿病组患者在吃甜食、进食速度快、喜欢吃零食、喜欢吃肉食、喜欢参加宴会或聚会、喜欢喝夜茶、注重饮食消费等项目上得分明显高于对照组，两组间有显著的差异；糖尿病组患者在喜欢清淡饮食、喜欢吃蔬菜、注重控制食量项目上得分明显低于对照组，两组间有显著的差异，见表3。

表3　糖尿病组与对照组饮食行为各项目比较（$\bar{x} \pm S$）

项　　目	糖尿病组 （$n=112$）	对照组 （$n=110$）	t值
喜欢吃甜食	3.43 ±0.93	1.31 ±0.65	19.73**
喜欢清淡饮食	1.15 ±0.43	3.36 ±0.97	-21.85**
进食速度快	3.18 ±0.94	1.30 ±0.72	16.64**
喜欢吃零食	2.49 ±0.99	1.19 ±0.58	12.04**
喜欢吃肉食	3.52 ±1.00	1.23 ±0.66	20.05**
喜欢吃蔬菜	1.31 ±1.09	3.39 ±1.12	-14.01**
喜欢参加宴会或聚会	2.77 ±0.84	1.26 ±0.50	16.20**
喜欢喝夜茶	2.71 ±0.81	1.33 ±0.67	13.93**
注重饮食消费	3.51 ±0.99	1.49 ±1.05	14.78**
注重控制食量	1.53 ±0.99	3.44 ±0.98	-14.46**

注：**与对照组比较 $p<0.01$

2. 两组饮食行为各指标分级构成比比较及相关性分析

两组在饮食行为“喜欢吃甜食”项目中，构成比是156.658，$\chi^2=0.833$，显示两组间有显著的差异，结果表明糖尿病组患者与“喜欢吃甜食”呈显著的正相关；两组在饮食行为“喜欢清淡饮食”项目中，构成比是155.302，$\chi^2=0.833$，显示两组间有显著的差异，结果表明糖尿病组患者与“喜欢清淡饮食”呈显著的负相关；两组在饮食行为“进食速度快”项目中，构成比是136.091，$\chi^2=0.747$，显示两组间有显著的差异，结果表明糖尿病组患者与“进食速度快”呈显著的正相关；两组在饮食行为“喜欢吃零食”项目中，构成比是110.644，$\chi^2=0.630$，显示两组间有显著的差异，结果表明糖尿病组患者与“喜欢吃零食”呈显著的正相关；两组在饮食行为“喜欢吃肉食”项目中，构成比是143.672，$\chi^2=0.804$，显示两组间有显著的差异，结果表明糖尿病组与“喜欢吃肉食”呈显著的正相关；两组在饮食行为“喜欢吃蔬菜”项目中，构成比是134.492，$\chi^2=0.775$，显示两组间有显著的差异，结果表明糖尿病组患者与“喜欢吃蔬菜”呈显著的负相关；两组在饮食行为“喜欢参加宴会或聚会”项目中，构成比是129.961，$\chi^2=0.737$，显示两组间有显著的差异，结果表明糖尿病组患者与“喜欢参加宴会或聚会”呈显著的正相关；两组在饮食行为“喜欢喝夜茶”项目中，构成比是121.498，$\chi^2=0.685$，显示两组间有显著的差异，结果表明糖尿病组患者与“喜欢喝夜茶”呈显著的正相关；两组在饮食行为“注重控制食量”项目中，构成比是113.872，$\chi^2=0.706$，显示两组间有显著的差异，结果表明糖尿病组患者与“注重饮食消费”呈显著的正相关；两组在饮食行为“注重控制食量”

项目中，构成比是111.891，$\chi^2=0.698$，显示两组间有显著的差异，结果表明糖尿病组患者与“注重控制食量”呈显著的负相关。

（二）饮食文化对个人饮食行为的影响

饮食不仅是个体生理上的需要，也是一种文化现象。所谓文化，是社会里一群人共同遵循的习俗、特殊生活方式、思维和行为模式与价值观念等所构成的总和。文化经由世代相传而保留，但也会受社会内在因素或外来文化的影响而发生缓慢或快速的变化。文化是人创造的，但文化又深深影响着在这种文化氛围中成长的个体，影响和塑造着人们的行为表现方式，左右人们对问题的认知、应对方式，对疾病的发生、发展、转归等产生很大的影响作用。

表4反映了我国饮食文化的变迁与发展的轨迹，从一个侧面可以看出社会文化的发展是推动饮食习惯演变的重要力量。随着饮食活动的越来越丰富，摄入的高脂肪、高热量、高蛋白质食物量也自然成倍增长，而高脂肪、高热量、高蛋白质的饮食是促使糖尿病发生的重要原因。许多动物实验也证实了高脂肪饮食与胰岛素抵抗的进展有关。从这种意义上看，糖尿病也是一种“吃出来”的文化病。李氏等通过研究认为，中国近十多年来，物质充足，生活富裕，人们的生活方式发生了巨大的变化，动物脂肪、肉类、禽蛋类、海产品、奶类、精细粮等食品的消费比例明显增大，是近年糖尿病高发的重要社会背景。本研究的结果也显示出糖尿病患者在“喜欢参加宴会或聚会”“喜欢喝夜茶”“注重饮食消费”项目上的得分明显高于对照组，两组间有显著的差异。卡方检验结果显示糖尿病组在饮食行为上，与“喜欢参加宴会或聚会”“喜欢喝夜茶”“注重饮食消费”项目有显著的正相关。表明我国糖尿病的高居不下可能与民族饮食文化有一定的关系。

表4　各个历史时期饮食文化的发展与特点

时期	饮食体系	特点
原始社会	孕育期	火的使用，熟食肉类食物；开始使用盐、蜜糖、食油等调味品
夏商时期	雏形期	出现专门的粮库和食品储存方法；“食以体政”“寓礼于食”是这时期的两大特征
西周及春秋战国时期	定型期	食物原料更加多样化；谷物品种基本完备；乡饮酒礼、王公宴礼、餐前行祭等饮食礼仪形成。以食为重、追求饮食的享受性和娱乐性是这一时期的重要特征
秦汉时期	发展期	食物原料更加丰富；主食食品加工制作多样化；饮食生活的社会阶层或集团性差异更鲜明，宴会活动弥漫于整个社会
隋唐五代时期	持续发展期	食物原料越来越丰富，引入印度熬糖法；饮食市场兴旺发达

（续上表）

时期	饮食体系	特点
宋元时期	繁荣期	饮食原料的来源进一步扩大；食品加工和制作更成熟；食品的种类繁多；饮食业兴旺
明清时期	鼎盛期	食物原料比以前更广泛；形成苏、粤、川、鲁四大地方菜肴体系。饮食有“盛”“雅”“艺”“精”的总体特征
鸦片战争至中华民国	转型期	大量食品、饮料、原料等从国外涌进；机器生产制造的食品随处可见
现代	发达期	现代科技的进步，出现越来越多的人造食物，食品的生产、品种、消费的方式出现多元化；富裕导致饮食的过度消费

人们在各种饮食消费中，食糖消费也是最基本的消费之一。糖是机体进行生命活动的主要能源。在正常情况下，60% ~70% 的能量是靠单糖类食物供应的。说到糖，许多人可能以为只有水果糖、奶糖、白糖才是糖，有些人简单地认为不吃这些糖就可以避免糖尿病或控制糖尿病。事实上，广义上的糖，是碳水化合物，日常我们从食物中摄取的糖量比脂肪和蛋白质都多。对糖的需求必然促使社会制糖生产规模的扩大，促进制糖技术的进一步发展。人们偏爱甜味食品的习惯可能会诱发糖尿病。表 5 列出了我国食糖以及糖类食品的发展历程与同期中医关于糖尿病的记载，提示糖尿病与食糖生产规模和使用量之间可能存在着一定的关系。

表 5　糖的生产、使用情况与同期中医关于糖尿病的记载

时期	糖的生产与使用情况	中医关于糖尿病的记载
原始社会至西周时代	在史前时代几种甜味食品：甘蔗、饴糖和蜜糖。《诗经·大雅·绵》云：“周原膴膴，堇荼如饴。”《礼记·内则》中有“枣、栗、饴、蜜以甘之”之语，是说用枣、栗、饴、蜜来使食品甘甜	在甲骨文中曾记载殷朝人常见的 16 种病中就有“尿病”这一病名。尽管“尿病”是否指消渴病尚有待于考古学家、医史学家的进一步考究验证，但至少可以说明在殷朝时代就有“尿病”的病名，其中可能包括消渴病症状的雏形

（续上表）

时期	糖的生产与使用情况	中医关于糖尿病的记载
春秋战国时代	甜味的调料有饴、蜂蜜、蔗浆等。饴，即麦芽糖，饴在当时是一种日常食品。春秋战国以后，饴糖的生产比较普遍，如《楚辞·招魂》云："粔籹蜜饵，有怅惶些。"蜂蜜也是一种常见的甜味调味。蔗浆即甘蔗汁。春秋战国时代还没有见到制糖的记载，当时食用的也就是液体状态的蔗浆	《素问·奇病论》认识到糖尿病与甘美饮食的关系："食甘美而多肥也，肥者令人内热，甘者令人中满，故其气上溢，转为消渴。"
汉代	甜类的调味品有饴糖、甘蔗、蜜糖和石蜜。饴糖食用的分布面广且用量很大，如《合校》简237·32有"饴五十斤"的简文；又如《太平御览》卷八五七引曹丕《与朝臣诏》云："蜀人作食，喜着饴蜜。"石蜜非内地所产，为当时的奢侈品，主要出现在上层社会，普通百姓的甜味调味品主要是饴糖	东汉张仲景在《伤寒杂病论》中提出上、中、下三消辨证方法，辨明肺胃津伤、胃热、肾虚的病因病机，并用人参白虎汤清泻肺胃，生津止渴以治上、中二消，肾气丸补肾气，助气以治下消
唐代	四川产糖既多又好。甘蔗的种植出现规模，出现了制糖业，糖类的品种增多	隋唐医家甄立言在《古今录验》中首先指出，消渴病患者的小便是甜的。巢元方在《诸病源候论》中阐述了消渴病并发痈疽的病因病机。唐代名医王焘在其《外台秘要·引祠部李郎中说消渴消中门》中，把"消渴者……每发则小便至甜"，经过治疗后"得小便咸若如常"作为判断此病是否治愈的标准之一。孙思邈在《千金方》中提出了控制糖尿病的饮食摄生法，强调饮食疗法在本病中的重要性

（续上表）

时期	糖的生产与使用情况	中医关于糖尿病的记载
宋代	甘蔗种植规模迅速发展，产地进一步扩大，产糖区在唐朝的基础上迅速扩展到江、浙、闽、广、湘、川等地，并形成了福唐、四明、番禺、广汉、遂宁五大产区，如洪迈的《容斋五笔·论制糖》云：“甘蔗所在皆植，独福唐、四明、番禺、广汉、遂宁有糖霜。”甘蔗的品种也较多，种植的专业化程度也极高，糖的产量大大增加，如《宋会要辑稿·食货》五二之药蜜库记载：真宗时，处州、吉州和南安军进贡朝廷的砂糖，以每五万斤为一纲装运到东京开封。蔗糖商品的交易额也颇为庞大 南宋初年，已出现大规模的专业化的糖类加工产品，如砂糖、乳糖、冰糖、糖霜等，单是遂宁一带的冰糖作坊已达到近300家，制糖业的生产技术较唐代有显著提高，利用糖类加工制作成食品，出现蜜饯果脯等甜食品，品种比较丰富，据《东京梦华录》《武林旧事》《梦粱录》《都城纪胜》《西湖老人繁胜录》等记载，蜜饯的品种有几十种	《圣济总录》中记载：“消渴饮水不辍，多至数斗，饮食过人而不觉饱。”说明了消渴病患者小便、食量的异常。又说“能食而渴者必发脑疽、背痈”“此病久不愈，能为水肿痈疽之病”，说明消渴与皮肤疮疡病有一定的关系。许叔微的《类证普济本事》也指出痈是消渴病可怕的并发症。罗天益的《卫生宝鉴》中记载：“夫消渴者，饮水百盏尚恐不足，若饮酒则愈渴。”说明了饮酒可加重消渴病的症状。苏东坡还记述多食水果也能引起消渴病，并将之称为“果木消”。《卫生宝鉴》《苏东坡文集》中有中药治疗消渴病的病案摘要
辽金时期	蜜是常用的调味品，制作点心、果脯必加蜜	
元朝	中央政府设有砂糖局和砂糖库，主要供宫廷及上层贵族、官僚消费，民间亦有糖的制造和出售（《元史》卷八十七）。在全国统一之前，砂糖在北方还是罕见之物，只有宫廷和权臣家中才有。全国统一后，南方大量出产甘蔗，为制糖提供了充足的原料，糖的食用开始成为普遍现象	刘完素把消渴病的病机归属于“燥热”，将消渴病的病因归纳为：饮食失宜、精神过劳、病后胃肠干涸，而气液不得宣平，阴气损而血热表虚，阳气悍而燥热愈甚。并在《三消论》等书中描述了消渴病急性或慢性感染等症状 李杲创立了清热润燥治疗消渴病的学术思想；朱丹溪在《丹溪心法》中提倡以“养肺、降火、生血”为主要法则，用药上慎用辛燥动血之品，主张用清心止渴、养阴生津方法治疗消渴病

（续上表）

时期	糖的生产与使用情况	中医关于糖尿病的记载
明朝	闽广成为全国的制糖业中心，明代陈懋仁《泉南杂志》、屈大均《广东新语》有记载。据宋应星的《天工开物》记载，当时的制糖方法已经达到相当精细的地步，制糖工具、技术和工艺比宋代大有进步，但制糖业基本上还是农民的手工业 明末开始中国的白砂糖输入英国、日本、印度等国。据史载，当时一个英国船队从广州一次性就购买糖1 000余担。可见当时中国制糖业在世界居于领先地位	在预防上，王肯堂在《杂症准绳》中指出："不减滋味，不戒嗜欲，不节喜怒，则病愈而可复作。"张景岳在《景岳全书》中记载："初觉燥渴，便当清心寡欲，薄滋味，减思虑，则治可瘳。若有一毫不谨，纵有名医良剂，则不能有生矣。" 在方药治疗消渴病的古籍书中记载较多。分别有张景岳的《景岳全书》、江瓘的《名医类案》、孙文垣的《赤水玄珠》、楼英的《医学纲目》、李梴的《医学入门》、赵献可的《医贯·消渴论》中均有方药治疗消渴病的论述
清代	清人郝懿行著的《蜂衙小记》一书记载养蜂业、采蜜业成为一个专业化的社会行业；清人徐珂编撰的《清稗类钞》一书中记载了糖类食品品种比以前增加，单是面食含糖品种就有七八百种，且其中的80%均为前代所无的新品种，并在书中写道："至其烹饪之法，概皆五味调和，惟多用糖。"	吴谦的《医宗金鉴》、陈士铎的《石室秘录》、叶天士的《临证指南》以及著名的《古今图书集成·医部全录》均有治疗消渴病的方药。其中，后者还记载有91首方

五、结语

本研究结果表明，2型糖尿病的发生和发展与患者C型行为人格特征、情绪反应和行为模式有关，糖尿病组患者在焦虑、抑郁、愤怒、愤怒内向、控制分量值得分显著高于对照组。糖尿病患者具有C型行为人格特征、情绪反应和行为模式的特点。其主要特征是性格不成熟、缺乏自主性，被动、依赖、顺从、做事优柔寡断；过于自我控制，缺乏对紧张和压力的忍受性，倾向于用否认和压抑来处理压力；竞争性强，但缺乏自信心；情绪不稳定、容易焦虑、抑郁、愤怒，但表现出愤怒内向，常有不安全感。从神经心理学的角度看，具有这种易患性格特征的人，在同样的应激刺激下心理反应不适当，容易出现消极的情绪变化，导致多种拮抗胰岛素的激素的分泌释放增加，进而可直接影响胰岛素的分泌或扰乱糖代谢，引起血糖的升高，从而诱发糖尿病或使已有的糖尿病病情恶化。研究提示，由于糖尿病患者人格的形成与童年生活的经历有关，从某种意义上说，可以理解为糖尿病的“远因”。而糖尿病患者性格特征的形成与童年生活时双亲的态度有关。访谈显示，大多数糖尿病患者幼年不为父母所关注或者认为父母对自己关注不够。

糖尿病的发生、发展与归转不仅与个体早年生活境遇有关，还与发病前后“近因”有关。糖尿病患者存在比较明显的抑郁、焦虑情绪，而不良的情绪对糖尿病患者的糖代谢控制及病情转归有消极的影响。

社会支持度与身心健康和疾病之间存在着相当密切的关系。糖尿病的发生、发展与归转还与其社会支持无力有关，糖尿病组在主观支持、支持利用度上均显著低于对照组，而在客观支持上与对照组却没有统计学意义上的差异。卡方检验表明糖尿病与其主观支持、社会支持利用度呈显著的负相关。糖尿病组患者所感到的在社会中被尊重、被支持、被理解的情绪体验和满足程度均远远低于对照组。

2 型糖尿病不仅是一种不良饮食行为病，也是一种与文化相关的心身性疾病。糖尿病组患者在喜欢吃甜食、进食速度快、喜欢吃零食、喜欢吃肉食、喜欢参加宴会或聚会、喜欢喝夜茶、注重饮食消费项目上得分明显高于对照组；在喜欢清淡饮食、喜欢吃蔬菜、注重控制食量项目上得分明显低于对照组，两组间有显著的差异。然而，饮食并不仅仅是简单的生理需要，它还包含着复杂的心理需求和社会意义。饮食在某种程度上可以具有一种代偿缺乏和需要的象征性意义。因此，心理因素和社会文化对个体的饮食行为有不可忽视的影响。糖尿病患者喜欢吃甜食，在喜欢吃甜食行为的背后可能隐藏着某种心理学意义。

在制定糖尿病的预防和治疗措施中，除了要从生物学的角度考究以外，更加需要在个体的心理和文化因素上寻求根源，制定相应的防治措施，加强对患者的心理辅导和改善其社会支持关系。

冠心病患者A型行为、应付方式、传统价值观的相关性研究

樊晓莉

一、研究背景、意义和方法

（一）研究背景与意义

冠心病已经成为21世纪的头号杀手，研究冠心病的危险因素可以为确定相应的临床治疗和健康教育指导提供必要和充分的依据。对于冠心病的生物性危险因素的研究已经得到了结论，但目前的研究同时表明，在心血管疾病的死因分析中，生活方式和心理行为因素已超过传统的生物因素（45.70：29.00）成为与死亡相关的首位因素，即便是所有的躯体危险因素联合作用，也仅有50%发生冠心病的危险性。随着生物—心理—社会医学模式的推广，目前的冠心病研究越来越多地指向了对冠心病的心理与行为方面危险因素的关注，如应激、A型行为模式等，其中最引人注目的是对冠心病A型行为的系列研究。

本次研究将对冠心病的行为模式的应付方式进行考察，以期了解冠心病A型行为的特质性应付方式，进一步揭示患病个体的个体差异，从应用上可以为医生和研究者找出高危人群，为进一步进行有效而具有针对性的干预提供理论和实践支持。了解冠心病患者A型行为模式及其相关的心理特征，对提出相应的行为矫正和临床健康教育方案，从而降低冠心病发病的危险性具有普遍的临床意义。

本研究选取临床冠心病患者群体为调查对象，同时对与A型行为相关的应付方式和传统价值观念的特点以及A型行为与传统价值观念的相关性进行考察，为了解冠心病A型行为的心理特点及形成更多有针对性的干预措施提供线索和依据。

（二）研究工具与方法

1. *研究方法*

具体研究方法主要有文献分析法、量表测量法、问卷调查法、临床晤谈法。

调查要求与资料的统计处理：调查人员讲解填写要求后，调查对象现场填写A型行为问卷、应对方式问卷、儒家传统价值观量表。对病重或文化水平较低者

由调查人员逐条读出问题，让调查对象自行做出回答。对所有回收的量表和问卷经检查合格后按不同组别进行编号，将资料数据用 Excel 数据库录入进行整理。使用 SPSS 11.0 软件进行 t 检验分析、相关性分析。

2. 研究工具

（1）A 型行为问卷：本研究采用北大心理系张伯源主持编制的 A 型行为问卷，共 60 题，按是或否回答。共有三个因子：时间匆忙感（Time Hurry），敌意感（Competitive and Hostility）和真实性校正（Lie）。计算时间匆忙感和敌意感因子总分采用经过全国协作组调查研究所制定出的 A、B 型划分标准，五分法是：36～50 分为 A 型，28～35 分为 A－型，20～27 分为 M 型（即中间型），19～26 分为 B 型，1～18 分为 B－型。为了进一步的研究方便，研究中，将 A 型和 A－划分为冠心病 A 型行为组，B 型、B－和 M 型划分为冠心病 B 型行为组，以下均同。

（2）儒家传统价值观量表：本量表是由杨国枢等编写，共有 40 道题目，按照全部重要、有点重要、相当重要、非常重要程度依次划分为 1～4 级评分。包括五个因素：第一个因素是“家族主义”，主要强调个人对家庭所应尽的义务，以及为了尽到上述的义务，个人在工作、生活及为人方面，必须谨守的诸如自我约束等的原则。第二个因素是“谦让守分”，强调个人要自守本分、与人无争，凡事要谦虚为怀，容忍别人。在此因素上有诸如中庸之道等的高因素负荷量的题目。第三个因素是“面子关系”，主要是个人为保护面子而重视保有财富（如追求财富、量入为出）、谨守上下级关系、注重人情世故。第四个因素是“团结和谐”，主要强调人与人之间的交往要重视和谐；团体的成员必须有团结精神，以共谋团体之成功。第五个因素是“克难刻苦”，主要强调个人具有不怕吃苦（刻苦）的精神，同时亦能冒险犯难、追求创新。

（3）应付方式问卷：本量表由肖计划编制，共计 62 道题目，反映个体或群体的应付方式类型和应付行为特点，包括六个分量表，分别为退避（忍耐）、幻想、自责、求助、合理化、解决问题。每个分量表由若干个条目组成，每个条目只有两个答案，“是”或“否”，根据要求分别累积计分。

二、调查结果

（一）研究资料情况

1. 研究对象

研究对象分为来自广州中医药大学第一附属医院和广东省中医院心脏内科病房及门诊就诊的冠心病患者，诊断根据 1979 年上海会议制定的冠心病诊断标准。对象文化程度要求小学以上，以保证能够正确理解传统文化相关的一些价值观念。

2. 问卷回收基本情况

本次调查共发出问卷 120 份，收回 117 份，有效问卷 112 份，有效率达到

93.3%。符合条件的研究对象共有112人，其中男性64例，女性48例；脑力劳动者69例，体力劳动者43例。

（二）冠心病患者的A型行为

1. 行为类型冠心病年龄调查结果

根据对112例冠心病患者的A型行为得分统计，结果显示其中行为类型属于A型（≥28分）行为者72例，占总调查人群的64.3%；B型行为者（≤27分，包括M型，以下同）40例，占总调查人群的35.7%，A型：B型为1.8：1。

A型行为组患者的冠心病初次发病的平均年龄为47.54±9.62岁，B型行为组的冠心病初发平均年龄为52.76±6.37岁，两组比较结果$p<0.01$，显示有显著的差异，即不同的行为特征的冠心病初发年龄有显著的差异。

表1　行为类型及初发年龄的调查结果及比较

组别	例数	百分比	初发年龄	F
A型	72	64.3%	47.54±9.62	
				32.35**
B型	40	35.7%	52.76±6.37	

注：**$p<0.01$，表示两组比较差异有显著性

2. 不同性别患者的行为调查结果

调查结果显示，72例A型行为者中男性患者有46例，占A型行为者总数的63.9%，而A型行为者中女性患者有26例，占A型行为者总数的36.1%；40例B型行为者中男性患者有18例，占B型行为者总数的45.0%，而B型行为者中女性患者有22例，占B型行为者总数的55.0%。男性和女性患者的行为类型比率的比较研究结果显示$\chi^2=3.92$，$p<0.05$，不同性别的冠心病患者的行为类型构成有显著性差异。

表2　不同性别的行为类型构成比的比较

性别	A型	B型	总数
	72（64.3%）	40（35.7%）	112
男	46（63.9%）	18（45.0%）	64
女	26（36.1%）	22（55.0%）	48
χ^2	3.92*		

注：**$p<0.05$，表示两组比较差异有显著性

男性患者与女性患者的行为得分比较结果如下：总分项目的比较结果为 $F=0.213$，$p>0.05$，显示不同性别的患者的行为分数无显著性差异；*TH*（时间匆忙感）因子项目得分的比较结果为 $F=11.217$，$p<0.01$，显示不同性别的患者的 *TH*（时间匆忙感）分数有显著性差异；*CH*（敌意感）因子项目得分的比较结果为 $F=5.179$，$p<0.05$，显示不同性别的患者的 *CH*（敌意感）分数有显著性差异。

表 3　不同性别的行为类型得分比较

组别	总分	*TH*	*CH*
男	31.08 ±5.813	16.64 ±3.785	14.03 ±3.091
女	27.71 ±7.792	13.29 ±2.805	14.42 ±5.588
F	0.213	11.217**	5.179*

注：$*p<0.05$，$**p<0.01$，表示两组比较差异有显著性

3. 不同劳动类型患者的行为比较

根据日常工作性质将冠心病患者分为脑力劳动类型和体力劳动类型两组，其中脑力劳动型组共 69 例，体力劳动型组共 43 例。对两组不同劳动类型的患者的行为得分比较如下：脑力劳动型患者的行为总分为 31.18 ±6.337，体力劳动型患者的行为总分为 27.20 ±7.370，$F=62.34$，$p<0.01$，两组得分有显著的差异；脑力劳动型患者的 *TH*（时间匆忙感）因子分为 14.24 ±2.886，体力劳动型患者的 *TH*（时间匆忙感）因子分为 12.94 ±3.049，$F=11.68$，$p<0.01$，两组得分有显著的差异；脑力劳动型患者的 *CH*（敌意感）因子分为 16.61 ±4.550，体力劳动型患者的 *CH*（敌意感）因子分为 14.24 ±4.794，$F=32.05$，$p<0.01$，两组得分有显著的差异。统计结果显示，脑力组患者的行为总分、*TH*（时间匆忙感）因子分、*CH*（敌意感）因子分三项得分均高于体力组患者，且差异均有显著性。

表 4　不同劳动类型的行为得分比较

组别	脑力（69 例）	体力（43 例）	*F*
总分	31.18 ±6.337	27.20 ±7.370	62.34**
TH	14.24 ±2.886	12.94 ±3.049	11.68**
CH	16.61 ±4.550	14.24 ±4.794	32.05**

注：$**p<0.01$，表示两组比较差异有显著性

4. 冠心病患者不同年龄段的行为类型占比

对本次调查对象以 10 岁为标准按年龄分为 5 组，其中 A 型行为组中各年龄段

的患者人数分布从高到低依次为：70～79岁为5人（6.9%），60～69岁为19人（26.4%），50～59岁为27人（37.5%），40～49岁为18人（25.0%），39岁以下为3人（4.2%）；B型行为组各年龄段的患者人数分布从高到低依次为：70～79岁有3人（7.5%），60～69岁有16人（40.0%），50～59岁有12人（30.0%），40～49岁有9人（22.5%）。对A型行为组和B型行为组各年龄段的人数分别进行统计比较，结果显示除39岁以下年龄段外各组 P 值均大于0.05，不同行为患者在各年龄段的构成比无显著差异。

（三）冠心病患者的应付方式

1. 不同行为类型患者的应付方式

对两组不同行为患者的6项应付方式因子的统计结果进行 t 检验，可以看出：A组患者与B组患者的应付方式在解决问题、自责以及退避（忍耐）三个因子分上有显著性差异，即与具有B型行为的患者相比较，A型行为的患者遇到问题时更易采用解决问题、自责的应付方式，而较少使用退避（忍耐）的应付方式。

表5　冠心病患者的应付方式统计结果

应付方式	A组（72例）	B组（40例）	F
解决问题	0.8657±0.1278	0.7063±0.2201	4.19*
自责	0.4236±0.1605	0.1850±0.0975	8.57*
求助	0.5725±0.1769	0.5394±0.1709	0.42
幻想	0.3205±0.1774	0.4931±0.2417	3.59
退避（忍耐）	0.2792±0.1529	0.5250±0.1629	10.13**
合理化	0.5316±0.5386	0.5386±0.1880	0.001

注：$*p<0.05$，$**p<0.01$，表示两组比较差异有显著性

2. 不同性别患者的应付方式比较

对两组不同行为患者的6项应付方式因子的统计结果进行 t 检验，可以看出：男性与女性的应付方式在自责、幻想以及退避（忍耐）三个因子分上有显著性差异，即与女性相比较，在生活中遇到问题时男性更倾向于采用自责的应付方式，而较少使用幻想、退避（忍耐）的应付方式。

表 6　不同性别患者的应付方式比较

应付方式	男（64 例）	女（48 例）	F
解决问题	0. 8490 ±0. 1731	0. 7658 ±0. 1894	1. 07
自责	0. 3997 ±0. 1601	0. 2515 ±0. 1424	3. 95*
求助	0. 5500 ±0. 1764	0. 5188 ±0. 1684	0. 15
幻想	0. 3167 ±0. 2291	0. 5000 ±0. 2189	4. 10*
退避（忍耐）	0. 3635 ±0. 1646	0. 5320 ±0. 1785	4. 57*
合理化	0. 3750 ±0. 1834	0. 3458 ±0. 2113	0. 12

注：$*p<0.05$，表示两组比较差异有显著性

3. 不同劳动类型患者的应付方式比较

对两组不同劳动类型的患者的应付方式特点统计显示，脑力劳动型患者的解决问题因子分为 0. 8490 ±0. 1731，体力劳动型患者的解决问题因子分为 0. 7658 ±0. 1894，F =1. 07，即两组间无显著的差异；脑力劳动型患者的自责因子分为 0. 3997 ±0. 1601，体力劳动型患者的求助因子分为 0. 2515 ±0. 1424，F =3. 95，即两组间有显著的差异；脑力劳动型患者的求助因子分为 0. 5500 ±0. 1764，体力劳动型患者的自责因子分为 0. 5188 ±0. 1684，F =0. 15，即两组间无显著的差异；脑力劳动型患者的幻想因子分为 0. 3167 ±0. 2291，体力劳动型患者的幻想因子分为 0. 5000 ±0. 2189，F =4. 10，即两组间有显著的差异；脑力劳动型患者的退避（忍耐）因子分为 0. 3635 ±0. 1646，体力劳动型患者的退避（忍耐）因子分为 0. 5320 ±0. 1785，F =4. 57，即两组间有显著的差异；脑力劳动型患者的合理化因子分为 0. 3750 ±0. 1834，体力劳动型患者的合理化因子分为 0. 3458 ±0. 2113，F =0. 12，即两组间无显著的差异。

表 7　不同劳动类型患者的应付方式比较

应付方式	脑力（69 例）	体力（43 例）	F
解决问题	0. 8490 ±0. 1731	0. 7658 ±0. 1894	1. 07
自责	0. 3997 ±0. 1601	0. 2515 ±0. 1424	3. 95*
求助	0. 5500 ±0. 1764	0. 5188 ±0. 1684	0. 15
幻想	0. 3167 ±0. 2291	0. 5000 ±0. 2189	4. 10*
退避（忍耐）	0. 3635 ±0. 1646	0. 5320 ±0. 1785	4. 57*
合理化	0. 3750 ±0. 1834	0. 3458 ±0. 2113	0. 12

注：$*p<0.05$，表示两组比较差异有显著性

4. A型行为与应付方式的相关性

对A型行为因子与应付方式各因子进行相关性分析结果显示，解决问题与 *TH* 的相关系数为0.319，与 *CH* 的相关系数为0.358，$p<0.01$，有显著的统计学意义；自责与 *TH* 的相关系数为0.639，与 *CH* 的相关系数为0.707，$p<0.01$，有显著的统计学意义；退避（忍耐）与 *TH* 的相关系数为 -0.583，与 *CH* 的相关系数为 -0.617，$p<0.01$，有显著的统计学意义；其余应付方式与A型行为因子的相关性无统计学意义。

应付方式按照作用可分为两类，一类是问题应对，包括解决问题和求助；另一类是情绪应对，包括自责、求助、幻想、退避（忍耐）和合理化。对这两类应付方式分因子的相关性进行分析，结果显示除自责与求助呈负相关，且 $p<0.05$，相关性有统计学意义外，问题应对因子解决问题、求助与情绪应对因子幻想、退避（忍耐）和合理化之间的相关性均无统计学意义，即两种应付方式之间不存在相关性的影响作用。

（四）不同行为类型患者的传统价值观念

1. 不同行为类型患者的价值观念

表8 不同行为类型患者的价值观念比较

传统价值观念	A（72例）	B（40例）	*F*
家族主义	2.6458 ±0.4779	3.1384 ±0.3074	15.93**
谦让守分	1.9484 ±0.2629	2.9360 ±0.2901	57.24**
人际关系	1.9884 ±0.2688	2.7500 ±0.3731	48.83**
团结和谐	2.8287 ±0.4579	3.3383 ±0.6385	12.82*
克难刻苦	3.5590 ±0.4206	3.2125 ±0.4986	6.22*

注：$*p<0.05$，$**p<0.01$，表示两组比较差异有显著性

调查结果显示，A型行为者的家族主义、谦让守分、人际关系及团结和谐4个因子分均低于B型行为者，*p* 均小于0.05，两组得分有显著性差异；A型行为者在克难刻苦因子得分上高于B型行为者，且 *p* 小于0.05，得分有显著性差异。

2. 不同性别患者的传统价值观念比较

调查结果显示，男性的传统价值观念得分在家族主义、谦让守分和团结和谐3个因子分均高于女性，*t* 检验结果显示两组得分间的差异具有显著性；男性克难刻苦分因子得分高于女性，*t* 检验结果显示两组得分间差异具有显著性；两组在人际关系因子得分上无统计学差异。

3. 不同劳动类型患者的传统价值观念比较

调查结果显示，脑力劳动者在家族主义、谦让守分及团结和谐3个因子得分上均低于体力劳动者，t 检验结果显示两组在家族主义、谦让守分及团结和谐分因子得分上的差异均有显著性；两组在人际关系和克难刻苦两个因子的得分上无统计学差异。

4. A行为因子与传统价值观念因子的相关性

对传统价值观念各分因子与A型行为 *TH*、*CH* 分因子进行Pearson相关性分析，结果显示，传统价值观念的五个分因子均与A行为的 *TH* 和 *CH* 因子有相关性，其中家族主义、谦让守分、人际关系、团结和谐4个分因子均与 *TH*、*CH* 呈负相关，p 均小于0.05；克难刻苦因子与 *TH*、*CH* 呈正相关，p 均小于0.05。

表9　A型行为因子与传统价值观念因子的相关性比较（Pearson相关）

传统价值观念	*TH*	*CH*
家族主义	-0.578**	-0.616**
谦让守分	-0.737**	-0.713**
人际关系	-0.607**	-0.783**
团结和谐	-0.388*	-0.376*
克难刻苦	0.466*	0.408*

注：$*p<0.05$，$**p<0.01$，双侧检定

由行为与传统价值观念的相关性结果可以看出，传统价值观念的5个分因子与行为分因子的相关性有所差异，其中家族主义、谦让守分、人际关系和团结和谐与 *TH*、*CH* 呈负相关，而克难刻苦与 *TH*、*CH* 呈正相关。对传统价值观念的5个分因子之间的相关性研究结果显示，克难刻苦与家族主义、谦让守分、人际关系和团结和谐分因子之间呈负相关，但相关性无统计学意义。

三、讨论分析

（一）冠心病A型行为特征

1. 冠心病与A型行为的相关性

本次调查结果显示，冠心病患者群体中的行为模式分布中，A型行为占总调查人群的64.3%；B型行为者占总调查人群的35.7%，A型∶B型为1.8∶1。对冠心病不同的行为类型组的初发年龄进行调查，结果显示A型行为组患者的初次发病平均年龄为47.54±9.62岁，B型行为组的初次发病平均年龄为52.76±6.37岁，两组结果比较 $p<0.01$，不同的行为特征的冠心病初次发病年龄有显著

的差异，具有A型行为特征的人比B型行为特征的人更早患冠心病。本研究结果显示冠心病患者群中的A型行为患者比B型行为患者的比例高，占患者群体的64.3%，同时对初次发病年龄的分析结果显示，具有A型行为特征的人比B型行为特征的人更早患冠心病。一些研究者指出冠心病患者并没有比健康人经历更多的应激事件，而是通过自主的过度反应可能更容易将情感障碍转化成躯体症状。不管A型行为是冠心病的独立危险因素的争议是否成立，可以肯定的是作为冠心病的高比例患者群体，时间紧迫感、缺乏耐心、强烈的敌意感等A型行为特征均会引起强烈的情绪变化，乃至严重的应激反应，极可能对冠心病药物治疗中病情的稳定、恢复和转归、预后产生不良的影响，其作用在冠心病的诊断、治疗和康复过程中不容忽视。同时，也提示我们对冠心病的防治可以从对人群中的A型行为的健康教育入手，以期获得长期的预防效果。

2. 冠心病患者群中的A型行为模式分布的影响因素

为进一步了解冠心病群体中A型行为的分布，从而了解各种对行为模式产生影响的因素，本次调查还对不同性别、劳动类型、年龄的行为分布进行了研究。统计结果显示，男性患者中出现A型行为的倾向远远高于女性患者，性别对患者行为模式具有影响作用；在行为因子及总分的分布上，性别也具有一定的影响，男性虽然与女性在行为总分上没有明显的差异，但时间匆忙感（*TH*）和敌意感（*CH*）两个分因子得分上明显高于女性。社会对男性和女性的社会角色的要求差异，使得男性更多地承担社会责任与生活重任，而女性一直被赋予社会中男性的附属角色。在同样的社会压力下，男性会有更多的责任感承担更多更重的部分，这种较高要求的社会角色让男性更注重时间效率，同时面临的巨大压力也会表现在外而具有更多的敌意、强烈的好胜心，暴露在生活事件下并由此反复引发愤怒焦虑等负面情绪，从而具有更大患冠心病的可能性。

脑力劳动者与体力劳动者相比，在行为总分、时间匆忙感和敌意感分因子得分上均有显著性差异，脑力劳动者均明显偏高于体力劳动者，这与近年来的研究结果基本一致。由于脑力劳动者本身所处的职业环境带来的竞争压力偏高，同时社会文化以及所受教育的影响，对自我的要求过严，此表现在外的A型行为模式的倾向性更高，从而长期处于慢性应激状态，同时由于工作紧张度过高，工作模式所限运动量明显低于体力劳动者；体力劳动者的精神紧张度较弱，且体力活动和锻炼可使血清HDL2水平升高，抗动脉硬化形成。本研究结果支持此论点。

年龄被普遍认为是影响冠心病行为模式的一个因素。本次调查结果显示，随着年龄的增长TABP均分的变化不明显，50～59岁年龄组的A型行为比例最高，而随着年龄的增长A型行为比例呈下降趋势，这与近年来的报道基本一致。随着年事渐高，离退休后的社会生活事件和外界的各种竞争压力明显减少，而心态自然会相对平和，对A型行为也起到了一定的淡化作用，从而表现为行为模式的逐渐减少的分布变化。同时，也可能因所选取样本的年龄构成差异，而造成调查结果的差异。

（二）冠心病 A 型行为的应对方式

在应激过程中，人们采取的应付方式往往是多种而非单一化的，多种应付方式的不同组合形式是人格特征的具体外在表现。调查结果显示，冠心病患者中不同行为类型的应付方式组合的特点有显著的差异，A 型行为患者的 6 种应付方式的排序依次为：解决问题、求助、合理化、自责、幻想和退避（忍耐），其中自责因子分明显偏高；B 型行为患者的应付方式的排序依次为：解决问题、求助、合理化、退避（忍耐）、幻想和自责，其中自责因子分明显低于其他因子分。

A、B 两种行为类型患者在使用问题应对方式和情绪应对方式的情况方面有所不同。在问题应对方面，对于 A 型和 B 型患者来说，在应激过程中都倾向于更多地使用解决问题和求助两种应对方式，并未存在明显差异。以往的理论研究曾提出，具有 A 型行为者在生活和工作中更具有办事注重效率、雷厉风行，即面临问题时两种行为类式的患者都会尽力寻求更好的处理方法并努力采取行动以期真正解决问题。本次研究结果对此推论提出了异议，认为在面临问题时 B 型行为者与 A 型行为者同样表现出积极地寻求解决问题的方法以及采用各种求助手段来面对。

在情绪应对方面，研究结果显示不同行为类型的患者所选用的应对方式有着明显的差异。A 型行为患者在应激过程中倾向于更多地使用自责的情绪应对，而这种应对方式应该是敌意、愤怒的行为核心因子在情绪反应上的特征性表现。近年来的研究表明，A 型行为模式中的敌意、愤怒及愤怒的表达方式部分是真正的冠心病易患行为，Williams 在 1980 年提出了“敌意综合征”（the Hostility Complex）的概念，而 Matthews 在 A 型行为亚成分量表中将有关的“愤怒、敌意”分为两方面，一是潜在的敌意即对不顺利情形表现出的失望、激惹、厌恶与愤怒的倾向；二是压抑的愤怒，即压抑住内心的怒火而不向周围人发作的行为倾向。本次调查结果更进一步证实了敌意愤怒的存在，表现为突出的向内的愤怒——自责情绪。以往的研究中注意到了敌意愤怒这一重要的 A 型行为因子，但是对愤怒情绪的表现都关注于向外的、针对他人的愤怒表达方式，而并未提到这种愤怒情绪是否会同时存在向内的、针对自己的自责情绪。

对国内的冠心病 A 型行为为何会出现对自责这种向内的愤怒表达形式产生原因，下面将从传统文化的角度进行探讨。

调查同时显示，与 A 型行为的自责应对方式特点完全相反的是 B 型行为的应对方式以退避（忍耐）为突出特点。与 A 型行为者表现急躁、争强好胜、慢性时间紧迫感、富有进攻性或敌意截然相反，B 型行为者很少表现时间紧迫，也很少有竞争性，一切举止都是松弛、悠闲和满足的。研究证明，B 型行为者在应激过程中的退避（忍耐）较为突出，但是仍然会将解决问题和求助作为应对应激事件的首选。解决问题、求助和退避（忍耐）相结合的灵活应对模式有助于更有效地解决面临的生活事件，同时又可以避免情绪反应过于剧烈。

以往的应对方式的评价研究，认为控制型的问题应对往往比非控制性的情绪应对更有益，大多数把压力带来的负面结果作为评价标准，凡是与消极效果相关性高的就是无效的消极应对，反之则是有效的积极应对。在这种评价体系中，解决问题、求助问题应对方式以及合理化的情绪应对方式被划为积极应对；在应激过程中因压力带来的情绪因其无法对结果直接产生改观而常常被归结为消极应对，如自责、幻想、退避（忍耐）等，这显然是不全面的。现在许多研究者对此种评价方式提出了异议，认为在压力情境下情绪应对不仅存在着消极的负面后果，同时也存在着积极的正面后果，这些积极的后果对应对压力具有积极的适应作用。Stanton 等的研究表明情绪应对方式有时也是有效的，而 Koeske 的研究也显示问题应对并不总是有效的。因此更应当根据具体情况做出对应对方式的评价，这样才能克服片面性的弊端。

本次调查结果显示，B 型行为者与 A 型行为者在面临问题时同样会采用更多的解决问题和求助问题的应对方式，同时也提示在面对应激事件时，B 型行为者更善于使用问题应对和避免过于激烈的情绪反应的应对类型，这种灵活的应对模式组合是避免冠心病发生以及病情加重的更佳选择。

（三）冠心病 A 型行为与传统价值观念的相关性

对于 A 型行为、应对方式和传统价值观念的相关性研究发现，传统文化通过价值观念对个体行为、应对方式发挥潜在影响。注重个体的自身修养是传统文化的重要组成部分，看待问题常常是站在自身的角度上考虑，从自身寻找原因和解决的方法。同样，在遇到难以应对的问题时产生过于激烈的情绪反应也自然是指向自身的，从而表现出向内的愤怒情绪——自责也是情绪反应中的一大特点。传统文化在影响着 A 型行为模式和相应的应对方式形成的同时，也同样与 B 型行为模式的产生难以分开的。相比较而言，在克难刻苦、自强不息和自省的传统文化对 A 型行为模式产生影响的同时，传统文化的另一些因素也对 B 型行为模式产生着影响。研究结果显示，传统价值观念中提倡注重家族主义、谦让守分、团结和谐和人际关系，这四个因子均与 A 型行为模式的时间匆忙感、敌意感呈负相关。注重家庭关系、在人际交往中倡导谦虚待人、建立团结和谐的人际关系氛围，这均与 B 型行为模式的知足常乐、安分守成、遇事能够以解决问题和退避（忍耐）相结合的应对方式相一致。

四、结语

本次对冠心病患者群的行为特征的调查显示，冠心病患者群中 A 型：B 型为 1.8：1，A 型行为组患者的初次发病平均年龄显著高于 B 型行为组患者，具有 A

型行为特征的人比 B 型行为特征的人具有更高和更早的冠心病患病倾向。此外，冠心病 A 型行为模式也存在着性别和劳动类型的差别，不同年龄段的差异并不明显。

调查结果显示，冠心病患者中不同行为类型者的应付方式组合的特点有显著的差异，A 型行为患者的 6 种应付方式的排序依次为解决问题、求助、合理化、自责、幻想和退避（忍耐），其中自责因子分明显偏高；B 型行为患者的应付方式的排序依次为解决问题、求助、合理化、退避（忍耐）、幻想和自责，其中自责因子分明显低于其他因子分。

从两种行为类型者的应付方式特点比较可以发现，两者在使用问题应对方式和情绪应对方式的情况有所不同。在问题应对方面，对于 A 型和 B 型患者来说，在应激过程中都倾向于更多地使用解决问题和求助两种应对方式，并未存在明显差异；面临问题时 B 型与 A 型行为患者同样表现出积极地寻求解决问题的方法以及采用各种求助手段来面对。在情绪应对方面，研究结果显示不同行为模式所选用的应对方式有着极大的差异。A 型行为患者在应激过程中更多地倾向于使用自责情绪应对，而这种应对方式是敌意、愤怒的 A 行为核心因子在情绪反应上的特征性表现。以往的研究中注意到了敌意、愤怒这一重要的 A 型行为因子，但是对愤怒情绪的关注都集中于向外的、针对他人的愤怒表达方式，而并未提到这种愤怒情绪是否会同时存在向内的、针对自己的自责情绪。与外在的愤怒情绪同样，指向自身自责的情绪多隐藏在自己的内心中发生，但也会引起剧烈的神经内分泌的变化及心血管的剧烈收缩而导致或加重冠心病。调查同时显示，与 A 型行为的自责应对方式特点完全相反的是 B 型行为以退避（忍耐）为突出特点的应对方式。B 型行为者在应激过程中的忍耐较为突出，但是仍然会将解决问题和求助作为应对应激事件的首选。解决问题、求助和忍耐相结合的灵活应对模式有助于更有效地解决面临的生活事件，同时又可以避免情绪反应过于剧烈。

对 A 型行为、应对方式和传统价值观念的相关性研究发现，传统文化通过价值观念对个体行为、应对方式有潜在影响。调查结果显示 B 型行为者注重家族主义、谦让守分、人际关系和团结和谐，而 A 型行为者更倾向于克难刻苦的价值取向。同时，传统文化中注重个人的自我修养的特点也与 A 型行为敌意感引起的愤怒情绪的发泄方式有关，正是由于传统文化所强调的内省，人们在遇到问题时常常站在自身的角度上考虑，从自身寻找原因和解决的方法。同样，在遇到难以应对的问题时产生过于激烈的情绪反应也自然是指向自身的，从而表现出向内的愤怒情绪——自责也是情绪反应中的一大特点。忍耐是 B 型行为模式的典型应对方式，从传统文化的角度来看是值得提倡的，与过于激烈的情绪反应方式——自责相比较，其更符合传统文化中的情绪调节的中和标准。当然，忍耐不同于逃避挑战和甘心受辱，在避免过于激烈的情绪波动的同时，是以一种暂时的退让求永恒的发展的策略。

中医认知减压放松训练对失眠症治疗的临床研究

陈晓云

一、研究目的、意义和方法

失眠症是临床心理门诊中最常见的疾病。失眠症是睡眠障碍性疾病中患病率最高的一类疾病。本研究选择了心理咨询门诊中的失眠患者作为试验对象，进一步检验放松训练技术结合中医认知疗法对失眠症治疗的临床效果，探讨具有中国传统文化特色的、更适应中国人心理特点的抗焦虑技术。

1. 研究对象入组标准（即 CCDM－3 中关于失眠症的诊断标准）

（1）年龄 18 岁以上，自愿参加治疗，并能完成量表测试。（2）①症状标准：几乎以失眠为唯一的症状，包括难以入睡、睡眠不深、多梦、早醒，或醒后不易再睡，醒后不适感、疲乏，或白天困倦等；具有失眠和极度关注失眠结果的优势观念。②严重标准：对睡眠数量、质量的不满引起明显的苦恼或社会功能受损。③病程标准：至少每周发生 3 次，并至少已发生 1 个月。④排除标准：排除躯体疾病或精神障碍症状导致的继发性失眠。

2. 病例来源

研究对象为在广州中医药大学一附院心理门诊符合入组标准的 65 例失眠症患者，随机分为实验组和对照组。其中实验组 32 例，男 12 例，女 20 例；未婚 6 例，已婚 25 例，离异 1 例；年龄 20～60 岁，平均年龄（37.64 ± 9.53）；对照组 33 例，男 11 例，女 22 例；未婚 5 例，已婚 27 例，离异 1 例；年龄 19～63 岁，平均年龄（36.21 ± 9.41）。两组研究对象在性别、年龄及婚姻状况方面差异均无统计学意义（$p > 0.05$），说明两组被试在性别、年龄、婚姻状况上匹配度较好。

3. 研究方法及工具

本研究采用的是：文献研究法、量表和问卷测量法、临床实验法和统计学分析方法。

本研究采用的研究工具是：匹兹堡睡眠指数量表（PSQI）、症状自评量表（SCL－90）、睡眠信念与态度量表（DBAS）和减压放松训练。

二、中医认知减压放松训练对失眠症的临床实验

（一）实验过程

整个训练由放松训练（减压放松技术）、认知调节（养心箴言）、音乐三部分组成。

1. 放松训练环节

放松训练环节分为注意集中放松法、腹式呼吸放松法、渐进肌肉放松法等减压训练。通过全身肌肉放松、腹式呼吸，达到放松情绪、降低躯体紧张反应的目的。行为主义心理学研究告诉我们，放松训练可以影响丘脑和大脑的活动，使中枢神经系统活动正常化，改善机体神经内分泌系统的功能，消除出汗、震颤、心悸等焦虑症状，降低植物神经引起的焦虑情绪，使练习者身心处于一种良好的平衡状况。

选择一个没有噪音干扰的安静场所，环境光线适中。实验组被试采取舒适坐姿、半躺或侧卧姿势。排除心中的杂念，集中注意力于每一句指导语。首次治疗由咨询人员向入选对象系统介绍减压放松训练的理论、方法及操作程序。另外，让患者学会体验肌肉放松后的感觉，确认肌肉放松后的感觉指标主要有：身体局部温暖感，身体局部沉重感，肌肉疲劳感，皮肤紧贴支撑面以及由意志力和皮层控制减弱产生运动不能感等。此后则根据由减压放松训练的录音 CD 每天进行放松训练一次，每次为 60 分钟，疗程 3 周。复诊时，由咨询人员检查患者操作方法是否正确以及减压放松训练完成情况，并记录患者一周心得、体会。

注意事项包括：①训练时意念既要专注，又要顺其自然，不可过分执着僵守。②呼吸应以鼻吸—鼻呼的腹式呼吸为主，吸要深，呼要长而细。③有下列情况时应暂时停止练习：精神受到强烈刺激，情绪不稳定；受到惊吓时；太饥太饱时。

2. 认知调节环节

在认知调节环节，被试根据中医、道家、儒家思想整理编写的“收心、清心、虚心、静心”八字养心箴言，内容主要有：“收心”，即要人们舍弃身外之物，断绝各种私心杂念，回归赤子之心，如“养心莫善于寡欲”“无思无虑是真修，养气全神物物休；莫将外景心中蕴，好比灵丹性上求”；“清心”，即要求人们戒色欲之心、祛荣贵之心、淡财利之心、励怕穷怕苦之心、反色身之心、缄默口舌之心、息嗔恨争斗之心、平贪生怕死之心，如“君子喻于义，小人喻于利”“君子欲讷于言而敏于行”；“虚心”即要人们祛除蒙在心灵上的污垢，达到虚无之境，如“虚其心，实其腹”“有而若无，实而若虚”；“静心”即要人们内心沉静，心定则不为外事扰动，则聪慧自生，心身康强，如“心能执静，道将自定”

“心静而日充以壮，躁而日耗以老”“静则神藏，躁则神亡”。

3. 音乐环节

中医认知减压训练以古筝音乐作为背景，古筝音乐沉静典雅，可松驰神经与肌肉，舒缓和平复被试的情绪。

（二）研究结果

1. 问卷回收情况

实验组共收回有效问卷 32 份，其中男 12 人（占 37.5%），女 20 人（占 62.5%）；未婚 6 人（占 18.8%），已婚 25 人（占 78.1%），离异 1 人（占 3.1%）；年龄 20～60 岁，平均年龄（37.64 ±9.53）。对照组共收回有效问卷 33 份，其中男 11 人（占 33.3%），女 22 人（占 66.7%）；未婚 5 人（占 15.2%），已婚 27 人（占 81.8%），离异 1 人（占 3.0%）；年龄 19～63 岁，平均年龄（36.21 ±9.41）。实验组和对照组在性别、年龄及婚姻状况上差异均无统计学意义（$p > 0.05$），说明两组被试在性别、年龄、婚姻状况上匹配度较好。

2. 人口特征学因素对睡眠质量的影响

表 1　不同性别、婚姻状况的失眠症患者 PSQI 得分比较（$M \pm S$）

	性别		t	婚姻状况			t
	男（$n=23$）	女（$n=42$）		未婚（$n=11$）	已婚（$n=52$）	离异（$n=2$）	
PSQI 总分	11 ±3.25	14.38 ±2.72	−4.48**	13.18 ±3.46	13.15 ±3.37	14 ±1.41	0.061*

注：$*p < 0.05$，$**p < 0.01$，下同

表 1 显示，不同性别的失眠症患者在睡眠质量指数（PSQI）上有显著性差异（$p < 0.01$），女性的睡眠质量指数显著高于男性，说明女性的睡眠质量明显比男性差。而不同婚姻状况的失眠症患者在睡眠质量指数（PSQI）上差异无统计学意义（$p > 0.05$）。

3. 实验组、对照组治疗前后 SCL－90 各因子评分对比

表 2　实验组治疗前后 SCL－90 各因子评分对比（$M \pm S$）

SCL－90	实验组前测	实验组后测	t	p
总分	200.50 ±49.27	141.88 ±25.91	12.869**	0.000
总均分	2.23 ±0.55	1.58 ±0.29	12.869**	0.000
阳性项目数	53.47 ±18.42	36.38 ±15.01	11.100**	0.000
躯体化	1.87 ±0.63	1.44 ±0.32	6.330**	0.000
强迫	2.55 ±0.63	1.71 ±0.33	11.655**	0.000

（续上表）

SCL－90	实验组前测	实验组后测	t	p
人际关系	2.35 ±0.73	1.60 ±0.40	9.795**	0.000
抑郁	2.53 ±0.74	1.76 ±0.47	12.490**	0.000
焦虑	2.55 ±0.74	1.69 ±0.39	11.993**	0.000
敌对	2.33 ±0.72	1.60 ±0.42	8.514**	0.000
恐怖	1.73 ±0.65	1.35 ±0.35	5.883**	0.000
偏执	2.01 ±0.79	1.51 ±0.45	6.766**	0.000
精神病性	1.57 ±0.82	1.32 ±0.46	3.388**	0.002
其他	2.73 ±0.47	1.71 ±0.33	14.482**	0.000

表2显示，实验组治疗前后，SCL－90总分、总均分、阳性项目数、躯体化因子、强迫因子、人际关系因子、抑郁因子、焦虑因子、敌对因子、恐怖因子、偏执因子、精神病性因子及其他因子得分均有显著性差异（$p<0.01$）。说明中医认知减压放松训练结合药物治疗对失眠症患者的心理健康水平有着积极的影响。

表3 对照组治疗前后SCL－90各因子评分对比（$M \pm S$）

SCL－90	对照组前测	对照组后测	t	p
总分	192.06 ±24.96	144.09 ±14.56	22.833**	0.000
总均分	2.13 ±0.28	1.60 ±0.16	22.833**	0,000
阳性项目数	54.30 ±10.66	38.91 ±8.74	15.695**	0.000
躯体化	1.78 ±0.37	1.43 ±0.24	10.513**	0.000
强迫	2.45 ±0.37	1.78 ±0.22	18.873**	0.000
人际关系	2.26 ±0.46	1.65 ±0.29	12.789**	0.000
抑郁	2.53 ±0.42	1.80 ±0.25	17.729**	0.000
焦虑	2.35 ±0.50	1.71 ±0.34	16.036**	0.000
敌对	2.26 ±0.44	1.66 ±0.34	12.500**	0.000
恐怖	1.61 ±0.43	1.29 ±0.23	6.783**	0.000
偏执	1.88 ±0.52	1.44 ±0.36	11.866**	0.000
精神病性	1.47 ±0.54	1.25 ±0.33	5.123**	0.002
其他	2.68 ±0.33	1.96 ±0.25	20.310**	0.000

表 4　实验组与对照组治疗前后 SCL－90 各因子评分差值对比（$M \pm S$）

SCL－90	实验组差值（$n=32$）	对照组差值（$n=33$）	t	p
总分	－47.97 ±12.07	－58.62 ±25.77	2.124*	0.039
总均分	－0.53 ±0.13	－0.65 ±0.29	2.124*	0.039
阳性项目数	－15.39 ±5.63	－17.09 ±8.71	0.937	0.352
躯体化	－0.35 ±0.19	－0.43 ±0.38	1.040	0.304
强迫	－0.67 ±0.20	－0.84 ±0.41	2.159*	0.036
人际关系	－0.61 ±0.27	－0.75 ±0.44	2.162*	0.027
抑郁	－0.73 ±0.24	－0.87 ±0.35	2.160*	0.029
焦虑	－0.64 ±0.23	－0.853 ±0.40	2.621**	0.010
敌对	－0.60 ±0.28	－0.73 ±0.49	1.350	0.183
恐怖	－0.32 ±0.27	－0.38 ±0.36	0.634	0.528
偏执	－0.44 ±0.22	－0.49 ±0.41	0.613	0.543
精神病性	－0.22 ±0.24	－0.25 ±0.42	0.410	0.683
其他	－0.71 ±0.20	－1.02 ±0.40	3.906**	0.000

表 3 显示，对照组治疗前后，SCL－90 总分、总均分、阳性项目数、躯体化因子、强迫因子、人际关系因子、抑郁因子、焦虑因子、敌对因子、恐怖因子、偏执因子、精神病性因子及其他因子得分均有显著性差异（$p<0.01$）。说明单纯药物治疗对失眠症患者的心理健康水平有着积极的影响。

表 4 显示，实验组治疗前后 SCL－90 总分差值、总均分差值与对照组治疗前后 SCL－90 总分差值、总均分差值差异有统计学意义（$p<0.05$）；实验组治疗前后 SCL－90 各因子差值与对照组治疗前后 SCL－90 各因子差值中，强迫、人际关系、抑郁因子差值差异有统计学意义（$p<0.05$）；焦虑、其他因子均有显著性差异（$p<0.01$）。表明中医认知减压放松训练结合药物治疗与单纯药物治疗相比，前者能更有效地提高失眠患者的心理健康水平，且主要体现在强迫、人际关系、抑郁、焦虑、其他等方面。

4. 实验组、对照组治疗前后匹兹堡睡眠质量指数量表（PSQI）各因子评分对比

表 5　实验组治疗前后 PSQI 各因子评分对比（$M \pm S$）

PSQI	实验组前测	实验组后测	t	p
总分	14.09 ±3.78	6.78 ±2.10	15.568**	0.000
睡眠质量	2.56 ±0.62	1.47 ±0.51	8.979**	0.000
入睡时间	2.56 ±0.76	1.28 ±0.52	11.428**	0.000

（续上表）

PSQI	实验组前测	实验组后测	t	p
睡眠时间	2.12 ±1.10	0.72 ±0.77	8.125**	0.000
睡眠效率	2.12 ±1.13	0.47 ±0.72	8.551**	0.000
睡眠障碍	1.59 ±0.56	1.16 ±0.45	4.385**	0.000
催眠药物	1.84 ±1.32	1.00 ±0.80	5.190**	0.000
日间功能障碍	1.28 ±0.99	0.69 ±0.74	4.717**	0.000

表6　对照组治疗前后 PSQI 各因子评分对比（$M \pm S$）

PSQI	对照组前测	对照组后测	t	p
总分	12.30 ±2.56	8.55 ±2.14	12.726**	0.000
睡眠质量	2.24 ±0.75	1.42 ±0.75	6.886**	0.000
入睡时间	2.18 ±0.92	1.18 ±0.68	9.381**	0.000
睡眠时间	2.09 ±1.07	0.88 ±0.74	8.123**	0.000
睡眠效率	1.70 ±1.08	1.48 ±1.12	2.514*	0.017
睡眠障碍	1.52 ±0.67	1.09 ±0.12	4.346**	0.000
催眠药物	1.33 ±1.16	1.27 ±1.10	0.812	0.423
日间功能障碍	1.24 ±0.97	1.21 ±0.17	0.571	0.572

表5显示，实验组治疗前后的 PSQI 总分有显著性差异（$p < 0.01$）；实验组治疗前后的 PSQI 各因子得分均有显著性差异（$p < 0.01$）。表明中医认知减压放松训练结合药物治疗能有效地改善失眠患者的睡眠质量。

表6显示，对照组治疗前后的 PSQI 总分有显著性差异（$p < 0.01$）；对照组治疗前后的 PSQI 各因子中，睡眠质量、入睡时间、睡眠时间、睡眠效率、睡眠障碍因子得分均有显著性差异（$p < 0.05$）；而催眠药物、日间功能障碍因子得分差异无统计学意义（$p > 0.05$）。表明单纯药物治疗对失眠患者的 PSQI 有积极的影响，主要体现在睡眠质量、入睡时间、睡眠时间、睡眠效率、睡眠障碍这几个因子上，而单纯药物治疗对失眠患者 PSQI 中的催眠药物、日间功能障碍因子无影响。

表7　实验组与对照组治疗前后 PSQI 各因子评分差值对比（$M \pm S$）

PSQI	实验组差值（$n = 32$）	对照组差值（$n = 33$）	t	p
总分	−3.76 ±1.70	−7.31 ±2.66	6.450**	0.000
睡眠质量	−0.82 ±0.68	−1.09 ±0.69	1.620	0.110

（续上表）

PSQI	实验组差值（$n=32$）	对照组差值（$n=33$）	t	p
入睡时间	-1.00 ± 0.61	-1.28 ± 0.63	1.925*	0.050
睡眠时间	-1.21 ± 0.86	-1.41 ± 0.98	0.851	0.398
睡眠效率	-0.21 ± 0.49	-1.66 ± 1.10	6.835**	0.000
睡眠障碍	-0.42 ± 0.56	-0.44 ± 0.56	0.095	0.925
催眠药物	-0.06 ± 0.43	-0.84 ± 0.92	4.378**	0.000
日间功能障碍	-0.03 ± 0.31	-0.59 ± 0.71	4.125**	0.000

表7显示，实验组治疗前后PSQI总分差值与对照组治疗前后PSQI总分差值有显著性差异（$p<0.01$）；实验组治疗前后PSQI各因子差值与对照组治疗前后PSQI各因子差值中，入睡时间因子差值差异有统计学意义（$p<0.05$）；睡眠效率因子、催眠药物因子、日间功能障碍因子均有显著性差异（$p<0.01$）。表明中医认知减压放松训练结合药物治疗与单纯药物治疗相比，前者能更有效地改善失眠患者的睡眠质量，且主要体现在入睡时间、睡眠效率、催眠药物、日间功能障碍等方面。

5. 实验组、对照组治疗前后睡眠个人信念和态度量表（DBAS）评分对比

表8　实验组治疗前后DBAS评分对比（$M \pm S$）

	实验组前测	实验组后测	t	p
DBAS总分	84.41 ± 8.58	99.91 ± 8.93	−12.040**	0.000

表8显示，实验组治疗前后，DBAS总分有显著性差异（$p<0.01$）。表明中医认知减压放松训练结合药物治疗，能够有效地降低失眠患者不合理的睡眠信念和态度。

表9　对照组治疗前后DBAS评分对比（$M \pm S$）

	对照组前测	对照组后测	t	p
DBAS总分	81.70 ± 6.12	82.52 ± 6.32	−1.966	0.058

表9显示，对照组治疗前后，DBAS总分差异无统计学意义（$p>0.05$）。表明单纯药物治疗对失眠患者的睡眠个人信念和态度方面，无明显改善作用。

表 10　实验组与对照组治疗前后 DBAS 评分差值对比（$M \pm S$）

	实验组差值（$n=32$）	对照组差值（$n=33$）	t	p
DBAS 总分	15.50 ±7.28	0.82 ±2.39	-10.852**	0.000

表 10 显示，实验组治疗前后 DBAS 总分差值与对照组治疗前后 DBAS 总分差值有显著性差异（$p<0.01$）。表明中医认知减压放松训练结合药物治疗与单纯药物治疗相比，前者能更有效地降低失眠患者不合理的睡眠信念和态度。

表 11　SCL-90 各因子与睡眠质量指数（PSQI）总分的相关性分析（r 值）

	SCL-90 总	躯体化	强迫	人际关系	抑郁	焦虑	敌对	恐怖	偏执	精神病性	其他
PSQI 总分	0.299*	0.192	0.286*	0.289*	0.181	0.293*	0.146	0.349*	0.277	0.250	0.037

表 11 显示，失眠患者的 PSQI 总分与 SCL-90 总分呈正相关（$p<0.05$）；失眠患者的 PSQI 总分与 SCL-90 中的强迫因子、人际关系因子、焦虑因子、恐怖因子呈正相关（$p<0.05$）。

表 12　睡眠个人信念和态度（DBAS）总分与睡眠质量指数（PSQI）各因子的相关性分析（r 值）

	PSQI 总分	睡眠质量	入睡时间	睡眠时间	睡眠效率	睡眠障碍	催眠药物	日间功能障碍
DBAS 总分	-0.182*	-0.177*	-0.190*	-0.037	-0.230**	0.074	0.133	0.142

表 12 显示，失眠患者的睡眠个人信念和态度（DBAS）总分与睡眠质量指数（PSQI）总分呈负相关（$p<0.05$）；失眠患者的 DBAS 总分与 PSQI 中的睡眠质量因子、入睡时间因子、睡眠效率因子呈负相关（$p<0.05$）。

6. 失眠症患者 SCL-90 各因子分与常模比较

表 13　失眠症患者 SCL-90 各因子分与常模比较（M ± S）

	失眠症（$n=65$）	常模（$n=1388$）	t	p
躯体化	1.82 ±0.51	1.37 ±0.48	7.558**	0.000
强迫	2.50 ±00.51	1.62 ±0.58	12.232**	0.000
人际关系	2.30 ±0.60	1.65 ±0.61	8.591**	0.000
抑郁	2.53 ±0.59	1.50 ±0.59	14.075**	0.000
焦虑	2.45 ±0.64	1.39 ±0.43	19.874**	0.000

（续上表）

	失眠症（$n=65$）	常模（$n=1388$）	t	p
敌对	2.30±0.59	1.46±0.55	12.313**	0.000
恐怖	1.67±0.55	1.23±0.41	8.650**	0.000
偏执	1.95±0.67	1.43±0.57	7.355**	0.000
精神病性	1.51±0.69	1.29±0.41	4.326**	0.000
总分	196.22±38.80	129.96±38.76	13.782**	0.000

表13显示，与常模相比，失眠症患者的SCL－90总分及各因子得分均明显高于常模，得分具有显著性差异（$p<0.01$）。

三、讨论分析

（一）性别差异对睡眠质量的影响

本研究结果显示，失眠症患者中，女性的睡眠质量明显比男性差。说明性别差异是影响睡眠质量的重要因素之一。这与前人研究结果一致，前人研究表明失眠的发生与患者的性别、年龄、社会经济地位等特征息息相关，就性别而言，女性比男性更容易失眠，且女性失眠是男性的两倍。

究其原因，可从以下几方面解释。首先，从中医生理的角度上看，中医阴阳学说认为女属阴，以血体为用，女子又独具女子胞之奇恒之腑，故有经、带、胎、产的独特生理表现，这常成为影响睡眠质量的重要因素。《古今医案按选》发现阴阳、精血不足之人，易无故发生失眠和睡眠表浅，女性体质易虚，月经、妊娠等生理现象易致气血不足，这也是女性较男性更易发生失眠的生理基础。其次，从女性的个性特征来看，女性心思细腻，情绪敏感，性格内敛，在心理上较易具有依赖性，倾向于内化应激，更易处于负性生活体验中，因此，较之男性，女性更易出现焦虑、抑郁等情绪障碍，而焦虑、抑郁等情绪障碍会导致情绪唤醒，在睡眠期间生理活动加强，从而导致失眠。

（二）中医认知减压放松训练对失眠症患者心理健康水平的影响

在失眠症的治疗方面，本研究结果显示，中医认知减压放松训练结合药物治疗与单纯药物治疗相比，前者能更有效地提高失眠患者的心理健康水平，且主要体现在强迫、人际关系、抑郁、焦虑、其他等方面。前人研究结果显示，失眠容易导致各种心理问题。本研究调查结果显示，失眠患者SCL－90各因子得分均明显高于常模（$p<0.01$），说明失眠患者的心理健康水平总体偏低，且失眠患者比睡眠正常者更容易出现各种心身症状。究其原因，则是单纯的药物治疗虽然起到

镇静催眠的作用，增加了总睡眠时间，但改变了正常的睡眠结构，且给中枢神经系统带来副作用，容易产生药物依赖，一旦停药，就会出现焦虑紧张、易激惹、精神运动损害、失眠反弹等症状。而失眠症不仅是一个睡眠生理紊乱的过程，同时也是一个心理紊乱的过程。绝大多数失眠首先都是情绪性失眠。生活中的各种压力、人际关系紧张等都容易引起焦虑、抑郁等负性情绪，从而影响睡眠质量。而对睡眠问题的过分关注，对失眠后果的无端恐惧，反过来又加重失眠，形成恶性循环。

中医认知减压放松训练集认知疗法、减压放松技术和音乐疗法于一体，针对失眠患者的生理及心理紊乱综合发挥治疗作用：首先，由于失眠症患者存在入睡前过度紧张、焦虑等心理特征，而这些心理特征会导致交感神经系统兴奋性增强，骨骼肌处于较高水平，减压放松技术能通过诱导人体进入松弛状态，有针对性地进行肌肉紧张度训练，使全身肌肉放松，以降低交感神经系统的活动水平，减低骨骼肌的紧张，减轻焦虑与紧张的主观体验。其次，由于失眠患者的人格特征常表现为抑郁、神经衰弱、癔症、疑病、躯体化、人际关系敏感、情绪不稳定、习惯性焦虑特质，对外界压力容易产生不合理的认知和消极应对方式，从而形成内化心理冲突导致情绪唤醒及睡眠期间生理活动加强，失眠随之发生。中医认知疗法是一种传统修身养性的思想，它通过强调人生观、价值观和认识方法对人的精神体验和生活方式的重要影响，能够帮助失眠患者了解自我，了解自己的欲望和不安的根源，找出自己存在的认知偏差和自动性思维，帮助失眠患者改变对人和事的悲观、消极的态度，祛除争强好胜、贪财谋权以及沉于色欲等有害健康的心理，修正认知模式，解决内化的心理冲突。这些都是药物治疗无法改善的。

此外，音乐疗法认为，音乐对生理有一定的调节作用，那些优美动听、音调柔和、符合人体生理节奏的音乐，经感觉通路入脑后作用于大脑边缘系统和脑干网状系统，可以调节细胞的兴奋性，从而通过神经体液的调节，起到恢复体内的平衡状态的作用。本研究采用的中医认知减压放松训练是以古筝音乐作为背景的，古筝音乐曲调低吟、节奏静缓、沉静典雅，可以松弛神经与肌肉、舒缓紧张情绪，协调五脏，有益于调节和平复紊乱的情绪，对失眠患者起到特殊的镇静、安神作用。

（三）中医认知减压放松训练对失眠症患者睡眠质量的影响

本研究结果显示，中医认知减压放松训练结合药物治疗与单纯药物治疗相比，前者能更有效地改善失眠患者的睡眠质量，且主要体现在入睡时间、睡眠效率、催眠药物、日间功能障碍等方面。即中医认知减压放松训练结合药物治疗能有效地缩短失眠患者的睡眠潜伏期，提高其睡眠效率，减少其催眠药物的使用频率，以及降低其日间功能障碍。

究其原因，可能是催眠药物虽然在短期内能改善失眠患者的睡眠质量，但催眠药物所引起的睡眠并不能代替真正的自然睡眠。例如，硝基安定与鲁米那（苯巴比妥钠）等药物会使快波睡眠减少，慢波睡眠增多，停药后，开始的数天快波睡眠次数会显著增加，这时梦很多甚至感觉整夜都在梦乡中，直到补足快波睡眠后，才能恢复原有的睡眠平衡；而服用利眠灵与安定等药物时，情况相反，停药后须补充慢波睡眠。

本研究中，对实验组的被试进行中医认知减压放松训练的治疗，首先通过指导患者掌握放松技术，并嘱其坚持睡前进行放松训练，这样不仅能转移患者对睡眠问题的过度关注，同时又可使患者身心得到放松，避免了夜间情绪焦虑，提高睡眠质量；其次，中医认知疗法有利于失眠患者重塑合理认知模式，缓解负性情绪，减弱“唤醒”状态，打破中介机制，最终建立条件化、程序化的睡眠行为，从而改善患者的睡眠质量；最后配合音乐疗法舒缓紧张情绪，平复紊乱的情绪，以此达到持续有效地改善失眠者的睡眠质量、提高其睡眠效率、慢慢减少药物的使用剂量和使用频率。

（四）中医认知减压放松训练对失眠症患者睡眠信念和态度的影响

本研究结果显示，对照组治疗前后睡眠信念与态度（DBAS）总分无差异，而实验组治疗前后总分有显著性差异。也就是说，单纯药物治疗对失眠患者的睡眠个人信念和态度方面，无明显改善作用，而中医认知减压放松训练能有效地改变失眠患者不合理的睡眠信念和态度。

李敬阳等的研究表明，镇静催眠药物短期作用效果明显，但停药后，失眠症状又有所反弹。因为镇静催眠药物发挥了抗焦虑及肌肉松弛的作用，使患者睡前情绪安定，肌肉松弛，易于入睡，即在药物作用下重新建立了睡眠节律。但对于大部分长期失眠的患者，他们往往有对睡眠问题的不良认知，包括：过分夸大失眠的恶性后果；过高的睡眠期望（每天应睡足 8 小时）；认为自己应该能控制睡眠；认为失眠是体内发生了某种化学变化或缺少某种物质。这些信念使患者极力地想控制睡眠，并将注意力更多地转移到睡眠问题上，引起生理和心理的高度觉醒，加重失眠。药物治疗不可能改变患者对睡眠错误的观念和态度。

而中医认知减压放松训练，通过“收心、清心、虚心、静心”的八字养心箴言，帮助患者重新审视了解自我，找到自己欲望和不安的根源，找出自己存在的认知偏差和自动性思维，转变日常生活中一些悲观消极的态度，从而达到静心、清心的心理平衡状态。此外，中医认知调节也有利于帮助患者纠正有关睡眠问题的不良认知，改变其对失眠后果的恐慌及情绪紊乱，帮助患者建立合理的信念和良好的适应态度。

（五）失眠症患者的 SCL－90、PSQI、DBAS 的相关分析

1. 睡眠质量与心理健康的关系

本研究结果显示，失眠患者的睡眠质量与 SCL－90 总分及强迫因子、人际关系因子、焦虑因子、恐怖因子呈正相关，提示心理健康与睡眠质量之间存在密切关系。睡眠与心理健康相互关联，相辅相成，睡眠质量差往往容易产生或加重患者心身症状；同时心身症状的加重，使睡眠质量更差，导致患者处于一个恶性循环状态。良好的睡眠不仅能使大脑皮层细胞的能量得到补充，使兴奋和抑制过程达到新的平衡，而且能消除疲劳，从而为接受新的信息做生理上的准备。长期睡眠障碍时，出现的中枢神经系统内的 5－羟色胺、去甲肾上腺素、褪黑素、前列腺素等睡眠物质相互调节和拮抗功能失调，不仅能使上行网状激动系统功能紊乱，而且也会影响心理活动，如认知、情绪和人格。另一方面，长期或过度强烈的情绪因素，也会使与睡眠关系十分密切的大脑催眠系统和唤醒系统失去平衡，造成唤醒系统过于兴奋，而使人难以入睡，国内外一些研究显示，睡眠障碍往往伴有多种情绪障碍，如抑郁、紧张、焦虑、易激惹、敌对等。睡眠障碍也是许多精神障碍早期最常见的症状或诱因。

2. 睡眠质量与睡眠认知的关系

睡眠认知是指人们对睡眠的理解、看法及观念，对睡眠的正确认知可指导人们正确的睡眠，反之则影响或破坏人们的睡眠。本研究结果显示，失眠患者的睡眠信念和态度（DBAS）总分与匹兹堡睡眠质量指数（PSQI）总分及睡眠质量因子、入睡时间因子和睡眠效率因子呈负相关。这表明失眠患者的睡眠认知情况与其睡眠质量之间存在较为密切的关系，主要体现在睡眠认知偏差对睡眠质量、入睡时间及睡眠效率等方面的影响，失眠患者所存在的睡眠错误认知会较大地影响到其整体睡眠质量。这与王磊的研究结果一致。

失眠患者的不合理认知包括过分夸大失眠的影响，形成焦虑情绪，进而影响睡眠；试图主观控制睡眠，增加神经系统兴奋性，进而导致入睡时间延长，加重失眠；对睡眠的不现实期望过高，认为每天要睡足 8 小时才能精力充沛活动良好，这些认知的紊乱对睡眠有很大的影响。

（六）失眠症患者接受中医认知减压放松训练治疗过程中的体会

在临床实证中，笔者记录了失眠症患者接受中医减压放松训练治疗过程中的体会，现摘录如下：患者梁某（初诊 3 个星期后）："做完减压放松训练后，精神状态好多了，整个人感觉轻松了，能睡得着，食量也恢复了，夜间中途都不会醒来去小便，以前几乎每隔 2 小时左右就得起床去厕所。"患者谢某（初诊 2 个星期后）："之前总是感觉胸闷，紧张，头脑混乱，无法忍受，做完放松训练后出了一身汗，头脑清晰，心情舒爽，心里不再那么乱，能静得下心来看书。一开

始我是晚上睡前做放松训练，现在早上起床做，午睡前听养身箴言，感觉效果更好。”

四、结语

总的来说，本研究所提出的中医认知减压放松训练与传统的认知疗法及行为疗法相比具有显著的特点：其一，中医认知减压放松训练由减压放松技术、中医养心箴言及音乐疗法三部分结合而成，综合运用渐进式肌肉放松、音乐、中医认知调节、情景想象等技术，使失眠患者较易出现放松后的轻快体验，在全身肌肉放松的基础上，患者能体会到焦虑紧张情绪的逐步消失，认知的逐步改变；其二，中医认知减压放松训练中的放松技术以整体观为指导，除全身肌肉放松之外，还强调配合深呼吸的全身整体放松训练，帮助患者更容易进入放松状态，起效快，同时达到较深层次的放松；其三，中医认知减压放松训练不具有药物引起的毒副作用，经济方便，且具有心身兼治的作用。可以认为此种疗法是治疗失眠症安全、有效的方法，值得推广应用。

乳癌患者婚姻质量、自我和谐及其阅读治疗实验观察

鲁丹凤

一、研究背景

乳腺癌是一种严重影响妇女身心健康甚至危及生命的疾病，乳腺癌患者手术治疗造成乳房缺失，以及由化疗引起的脱发导致躯体形象受损，都给乳腺癌患者带来了巨大心理冲击。特别是乳腺癌术后患者存在较为严重的抑郁、焦虑等负性情绪，自卑、悲观绝望、自我价值感降低，甚至丧失生活信心，从而影响夫妻关系，导致夫妻感情不和，婚姻不稳定，亟须进行有效的心理干预。以往关于乳腺癌患者心理特征的研究，多单独探讨乳腺癌患者的婚姻质量、心理健康水平、应对方式等某一因子的状况，而忽视对心理变量之间交互作用的分析，国内对于乳腺癌术后患者进行心理干预的研究和实践也很少。针对上述研究现状，本研究计划采用回顾性调查的方法探索乳腺癌患者的婚姻质量、自我和谐程度以及应对方式各变量之间的相关性，并从病因学角度探讨婚姻质量、自我和谐及应对方式三个变量是否对乳腺癌发病产生影响，为乳腺癌的早期预防提供科学依据。

二、乳腺癌发病率、病因及治疗概述

（一）乳腺癌病因和发病率概述

关于恶性肿瘤的致病原因，至今仍处于探索阶段。乳腺癌也不例外，并没有找到肯定的引起乳腺癌的致病原因。但从目前的研究看，乳腺癌的发生与发展是机体内外多种因素共同作用的结果。主要有如下假说：

1. *应激学说*

当个体在一定的应激源（可以是生物的、心理的、社会的、文化的等）如疾病、失业的作用下，为顺应、适应这些情景，个体会产生各种各样的需要（如安全、经济），当个体通过一定的认知评价觉察到在这些需要与满足这些需要的能力（个体自身、社会资源）之间存在差距时，个体就会产生各种各样的生理、心理和行为反应，反应过强，持续时间过长就可能导致疾病。

有学者提出长期忧虑、烦恼、悲伤等情绪应激能显著降低机体对癌的抵抗能力，使癌发展更快。据医学观察，长期精神紧张、心理压力过重是癌症的促发因素。现代妇女乳腺癌发病率的上升与精神负荷过重、精神创伤有很大关系。

2. 性格学说

特定的个性特质与疾病的发生、发展有一定的相关。具有雄心勃勃、攻击性、易紧张、易激惹等 A 型人格的人易罹患冠心病、心肌梗死、高血压等心血管疾病。同样，癌症的发生、发展也与心理因素密切相关，Temoshok 等的研究显示，抑郁、愤怒、情感压抑的 C 型性格者不仅易患癌症而且病情多易恶化或死亡，怒气难以自制但又将愤怒情绪压抑心中、强忍不表达自己敌对情绪的人易患乳腺癌。性格内向的抑郁型知识分子比开朗乐观的体力劳动者更易患乳腺癌。

3. 内分泌学说

乳腺癌发病高峰在 35 ~ 55 岁年龄段，正处于内分泌环境改变时期，由于激素分泌异常而易发生乳腺癌。临床上显示男性乳腺癌发病率比女性低；切除性腺者可减少乳腺癌的发生；而卵巢功能丧失者，不会发生乳腺癌；青春期前极少发生乳腺癌；而绝经期左右却是乳腺癌的高发阶段。以上事实及大量实验均表明患者体内的雌激素（包括雌三醇、雌二醇及雌酮）、催乳素、雄激素（包括雄烯酮和雄烯二酮）、孕激素以及甲状腺素的代谢紊乱及平衡失调，均与乳腺癌的发生有一定关系。

4. 遗传学说

乳腺癌在家族中多发（包括母亲、姑母、姨母、姐妹以及祖母、外祖母等），多种基因的变异可导致遗传性（但也有非遗传性）乳腺癌的发生。多数乳腺癌是非遗传性的，但有 5% ~ 10% 的乳腺癌病例，的确是因为遗传的易感性而患病的。这些女患者具有遗传带来的变异，即基因突变，使她们容易发生癌症。其遗传模式相当于常染色体显性遗传，也就是说这一遗传特性将会遗传给 50% 的后代。据统计，家族有乳腺癌史的发病率明显高于家族无乳腺癌史的发病率。如有母亲或姐妹患乳腺癌的患者发病率比家族没有乳腺癌史的约高 1 倍。此外，还发现在比较少见的双侧乳腺癌患者中，也是家族有乳腺癌史的发病率较高。

5. 病毒学说

致瘤性病毒可能在人类肿瘤发病过程中的特定时期发挥一定的作用，即“hit - and - run”学说，但作为一种致癌因素单独作用尚不足以引起肿瘤，可能还需要其他因素参与并协同作用，如细胞特异的丝裂原刺激、免疫抑制、遗传与某些化学因素等。

（二）现有治疗方法的评价

目前乳腺癌的主要治疗方法包括手术、化疗、放疗、内分泌治疗、生物治疗及中医药治疗等多种方法治疗。迄今为止，手术治疗仍然是非转移性乳腺癌的主要治疗方法之一，对晚期腺癌的治疗策略则是采用综合治疗。

1. 手术治疗

手术治疗是乳腺癌综合治疗的重要组成部分，乳房切除术是较为传统的手术治疗，近年来发展的保乳术、前哨淋巴结活检（SLNB）、术后乳房重建等都是目前乳腺癌外科治疗的热点。然而不论是根治术还是改良根治术，都将破坏患者的形体美和心理平衡。其中乳房切除术带来的不仅是部分器官的丧失和对生活质量下降的担心，而且由于乳房是女性第二性征，更是女性气质的象征，乳房的切除也意味着女性特征的部分丧失。由于乳房缺失而导致乳腺癌患者忧郁、悲哀，从而导致自信心和幸福感的降低，具体表现在她们对自己的生理身体特征包括外形、身体功能、健康状况的感受下降，长期处于自我贬低状态中。

2. 辅助化疗

近年来，辅助化疗更被广泛应用于乳腺癌患者的治疗中。蒽环类与紫杉烷类化疗药物的连续给药方式被认为是最有效的治疗方案。但是，长时间的辅助化疗所伴随的不良反应，经常使患者在生理、心理上难以承受。化疗过程中，恶心和呕吐是辅助化疗的普遍不良反应，这不仅使患者感到恐惧，也会给他们带来焦虑和自卑心理，而且影响患者的就医顺从性。同时，患者愈焦虑，呕吐、恶心所持续的时间也愈长。另外，其他 3 个具有心理影响力的不良反应是：脱发、体重增加、注意力难以集中。而年轻妇女化疗的一个重要不良反应就是药物性停经，从而引起潮热、盗汗、阴道干涩、萎缩，甚至对夫妻情感交流、婚姻质量都有较大影响。

3. 辅助放疗

放射治疗是乳腺癌治疗的主要组成部分，是局部治疗手段之一。目前常用的放疗较难完全杀灭肿瘤细胞，多数学者不主张对可治愈的乳腺癌行单纯放射治疗。因此，放射治疗多用于综合治疗，包括根治术之前或之后作为辅助治疗，晚期乳腺癌的姑息性治疗。放射治疗效果受着射线的生物学效应的影响，近期国外有报道保乳治疗术后行放疗出现心肌炎的并发症、放射性肺炎或肺纤维变、放射性心包炎的发生明显增多，有时不得不减少放疗剂量。另外，放疗对皮肤的伤害也非常大，干性皮肤表现为皮肤瘙痒，色素沉着及脱皮，能产生永久浅褐色斑。湿性皮肤表现为照射部位湿疹、水泡，严重时可造成糜烂、破溃，从而造成生理、心理上的双重痛苦。

4. 内分泌治疗

现代医学研究表明部分乳腺癌的发生发展与内分泌有关，采用雌激素受体拮抗剂或芳香化酶抑制剂成为治疗乳腺癌的重要手段。他莫昔芬一直是乳腺癌术后辅助内分泌治疗的主要药物，但该类药物常规需连续按时服用 5 年，且长期使用可能产生耐药性，并具有一定的副作用。在术后 5 年内行分泌治疗期间，体内的雌激素受体受到阻断，会导致患者体内雌激素水平下降，从而出现月经失调、心烦易怒、胸闷神疲、心情抑郁等一系列更年期综合征的症状，还有可能导致骨质疏松、脂肪肝或肝功能异常、子宫内膜增厚等，影响了患者术后的生活质量。

5. 中医药治疗及其他治疗

中医治疗的原则历来是扶正祛邪，辨证施治。扶正培本法是中医治疗乳腺肿瘤的一大特色，具体治疗方法包括益气补血、养阴生津等。在扶正培本的基础上，通过辨证调理人体阴阳气血的不足与偏胜，使身体恢复到一个阴阳相对平衡环境中。中医药以辨证论治为主，扶正与祛邪相结合，优点在于能从整体观念出发，有效地抑制肿瘤细胞的生长，改善白细胞过低、呕吐、胃肠道反应等症状，提高患者的生存质量和延长患者的生存期。

此外，乳腺癌治疗还有靶向治疗、基因芯片在预测预后中的应用、蛋白质组学在诊疗中的应用等，都取得一定的成果，即用小手术代替“毁损性手术”、靶向性放疗代替涉及区域淋巴结的大野照射、较小强度及靶向性治疗代替大剂量化疗。

6. 心理治疗

现代医学传统治疗方法一方面增加了乳腺癌患者的生存机会，但另一方面也给患者带来了一些创伤和痛苦，亟待进一步改进和完善，同时也需要引入新型疗法促进乳腺癌患者心理康复。乳腺癌术后患者面临着巨大的心理压力，主要体现在情绪状态消极、生活信心下降、家庭婚姻关系不和上。正是由于乳腺癌术后患者存在着严重的负面情绪，以致影响患者生活信心、夫妻家庭关系。因此，在现阶段各种治疗效果得到保证的前提下，努力提高乳腺癌术后患者的生存质量已经成为患者和医务人员共同的期望。对乳腺癌术后患者干预是非常有必要的。近年来，国内也已经尝试通过支持疗法、认知行为疗法、音乐疗法、物理治疗、患者家属的心理辅导等方式进行综合干预，有研究表明心理干预能更有效地减少或排除患者焦虑、抑郁情绪，使其以良好的心态和应对方式面对社会，对提高生活质量和延长生命具有指导性的作用。仇晓霞等研究显示对乳腺癌根治术后患者加强有针对性和个性化的综合护理及心理干预措施后，可明显改善患者婚姻质量，有助于提高其身心健康。

三、乳腺癌术后患者婚姻质量、自我和谐及应对方式

(一) 实验组人口学特征

实验组施测问卷150份，回收有效问卷138份，回收率为92%。城市78人，乡镇33人，农村27人；已婚同居120人，已婚分居12人，丧偶6人；工人27人，农民12人，知识分子15人，自由职业者84人；受教育程度比例为大学（包括本科以上及大专）42人，高中（包括中专）54人，初中30人，小学6人，6人无教育经历；平均年龄为39.48±10.59岁，平均婚龄为14.78±9.65年，平均子女个数为1.37±0.71个。

（二）实验组婚姻质量与常模、对照组的比较

表 1　实验组婚姻质量因子分与对照组、常模比较（$M \pm SD$）

因子	实验组（$n=138$）	对照组（$n=138$）	t_1	常模（$n=1344$）	t_2
婚姻满意度	33.91 ±8.39	36.25 ±4.40	-2.90**	37.04 ±7.03	-5.23**
夫妻交流	30.63 ±3.84	31.27 ±5.04	-1.18**	34.10 ±6.94	-5.87**
解决冲突的方式	32.00 ±3.29	34.32 ±3.72	-3.53**	33.85 ±6.43	-3.38**

注：*表示 $p<0.05$，**表示 $p<0.01$，***表示 $p<0.001$，下同

表 1 结果显示，实验组婚姻满意度、夫妻交流、解决冲突的方式 3 个因子得分低于常模和对照组，具有显著统计学意义（$p<0.01$）。

（三）实验组自我和谐的总体水平

表 2　自我和谐均值及各组分布情况

	总分（$M \pm SD$）	高分组		中间组		低分组	
		人数（n）	百分比（%）	人数（n）	百分比（%）	人数（n）	百分比（%）
自我和谐总分	81.46 ±5.62	0	0	129	93.48	9	6.52

注：被试总人数 =138，高分组 = 总分≥103 分，中间组 =75≤总分≤102 分，低分组 = 总分≤74 分

表 2 结果表明，实验组自我和谐总分是 81.46 ±5.62，其中高分组有 0 人；中间组 129 人，占总人数的 93.48%；低分组 9 人，占总人数的 6.52%。

（四）实验组自我和谐水平与对照组的比较

表 3　实验组自我和谐因子分与对照组比较（$M \pm SD$）

因子	实验组（$n=138$）	对照组（$n=138$）	t
自我与经验的不和谐	41.04. ±4.89	40.07 ±4.38	1.74
自我的灵活性	48.59 ±3.07	49.97 ±4.08	-6.76**
自我的刻板性	17.00 ±1.52	14.91 ±2.16	12.81**
自我和谐总分	81.46 ±5.62	75.43 ±5.44	15.57**

表3结果显示，实验组自我与经验的不和谐因子得分高于对照组得分，不具有统计学意义（$p > 0.05$）；自我的灵活性因子得分低于对照组得分，具有显著统计学意义（$p < 0.01$）；自我的刻板性因子得分高于对照组得分，具有显著统计学意义（$p < 0.01$）；自我和谐总分高于对照组得分，具有显著统计学意义（$p < 0.01$）。

（五）实验组应对方式与对照组、常模的比较

表4　实验组应对方式各因子与对照组、常模比较（$M \pm SD$）

因子	样本（$n = 138$）	对照组（$n = 138$）	t_3	常模（$n = 1305$）	t_4
积极应对	25.52 ± 2.95	23.01 ± 2.39	12.34**	21.25 ± 7.14	6.70**
消极应对	31.35 ± 2.31	32.91 ± 5.09	−3.60**	30.26 ± 8.74	1.47

表4结果显示，实验组积极应对因子得分高于对照组和常模，具有显著统计学意义（$p < 0.01$）。实验组消极应对因子得分低于对照组，具有显著统计学意义（$p < 0.01$）；实验组消极应对因子得分高于常模，但不具有统计学意义。

（六）婚姻质量因子与自我和谐、应对方式各因子的相关性分析

表5　婚姻质量因子与自我和谐、应对方式各因子的相关性分析（r值）

	自我与经验的不和谐	自我的灵活性	自我的刻板性	自我和谐总分	积极应对	消极应对
婚姻满意度	−0.18*	0.28**	−0.18*	−0.36**	−0.37**	0.31**
夫妻交流	−0.04	0.56**	−0.58**	−0.50**	−0.32**	0.05
解决冲突的方式	0.23**	0.57**	−0.43**	−0.23**	−0.09	−0.03

表5结果显示，婚姻满意度和自我与经验的不和谐呈负相关，具有统计学意义（$p < 0.05$），相关较低（$r = -0.18$）；与自我的灵活性呈正相关，具有显著统计学意义（$p < 0.01$），相关较低（$r = 0.28$）；与自我的刻板性呈负相关，具有统计学意义（$p < 0.05$），相关较低（$r = -0.18$）；与自我和谐总分呈负相关，具有显著统计学意义（$p < 0.01$），相关较低（$r = -0.36$）；与积极应对呈负相关，具有显著统计学意义（$p < 0.01$），相关较低（$r = -0.37$）；与消极应对呈正相关，具有显著统计学意义（$p < 0.01$），相关较低（$r = 0.31$）；

夫妻交流和自我与经验的不和谐呈负相关，不具有统计学意义（$p > 0.05$），相关较低（$r = -0.04$）；与自我的灵活性呈正相关，具有显著统计学意义（$p <$

0.01)，相关中等（$r=0.56$）；与自我的刻板性呈负相关，具有显著统计学意义（$p<0.01$），相关中等（$r=-0.58$），与自我和谐总分呈负相关，具有显著统计学意义（$p<0.01$），相关中等（$r=-0.50$）；与积极应对呈负相关，具有显著统计学意义（$p<0.01$），相关较低($r=-0.32$)；与消极应对呈负相关，不具有统计学意义（$p>0.05$），相关较低($r=0.05$)；

解决冲突的方式和自我与经验的不和谐呈正相关，具有显著统计学意义（$p<0.01$），相关较低（$r=0.23$）；与自我的灵活性呈正相关，具有显著统计学意义（$p<0.01$），相关中等（$r=0.57$）；与自我的刻板性呈负相关，具有显著统计学意义（$p<0.01$），相关较低（$r=-0.43$）；与自我和谐总分呈负相关，具有显著统计学意义（$p<0.01$），相关较低（$r=-0.23$）；与积极应对呈负相关，不具有统计学意义（$p>0.05$），相关较低（$r=-0.09$）；与消极应对呈负相关，不具有统计学意义（$p>0.05$），相关较低（$r=-0.03$）。

（七）乳腺癌术后患者婚姻质量、自我和谐与应对方式相关分析

1. 乳腺癌患者婚姻质量情况分析

调查结果发现，乳腺癌术后患者婚姻满意度、夫妻交流、解决冲突的方式3个因子得分均显著低于普通乳腺增生患者和常模，显示乳腺癌术后患者婚姻质量总体较低，本结果与同类研究类似。也有研究显示，乳腺癌术后患者的婚姻质量低于一般人群，主要表现在婚姻满意度低、夫妻交流状态不满意、性生活质量低等。其中手术方式是影响乳腺癌术后患者婚姻质量的重要因素。

2. 乳腺癌术后患者与普通乳腺增生患者婚姻质量比较

与普通乳腺增生患者相比，罹患乳腺癌的妇女在面临重新恢复正常生活或建立新的生活方式的挑战时期，更多地关注其配偶对她们的反应，这些担心引发的问题可导致对婚姻关系敏感，对丈夫的情感抚慰和支持方面的期望升高。若这种期望被忽视，则易产生负面情绪，从而影响婚姻关系的和谐与满意度。与此同时，丈夫也要经历更多因妻子疾病引起的生活和心理适应性改变带来的应激反应，因而更容易引发婚姻整体满意度相对下降。在夫妻交流、解决冲突方式方面，乳腺癌术后的患者由于患病及体形的缺陷造成自尊心的伤害和自卑感，在与家人产生冲突或分歧时往往不敢真实表达自己的想法。另外，有些乳腺癌术后患者短时间内性格上会发生较大变化，可表现为沉默寡言、对人冷漠，难以接近，社会交往困难，需要一段较长时间才能完全调整过来。

3. 乳腺癌患者自我和谐水平分析

我国学者认为自我的和谐是心理健康的标志，也是社会和谐的必然要求。一个人的现实自我与他最终要达到的目标之间一定会有差距，而自我和谐的人就是能够在这种情况下保持良好的心理状态。

乳腺癌术后患者自我和谐的总体状况不容乐观。大部分乳腺癌术后患者处于

不和谐与亚和谐状态。与普通乳腺增生患者自我和谐因子的比较，也显示乳腺癌术后患者的自我和谐水平较低。大部分乳腺癌术后患者在自我概念与实际经验产生了不协调，不能灵活地调整自己的认识与期望，在乳房手术切除之后，短时间内不能接受患病并进行手术的事实，并且经常伴有被损毁和身体形象改变的感觉，自我价值丧失，更因女性特点的缺失、性吸引力和性功能方面的受损而产生了焦虑、压抑、无望等负性情绪，而放化疗、内分泌治疗过程中不良反应也容易使患者发生沮丧、抑郁等情绪，因此患者内心经受着巨大的冲突，导致自我和谐程度下降，从而低于正常健康人群甚至一般乳腺增生患者。

4. 乳腺癌患者应对方式与对照组、常模比较

（1）应对方式与乳腺癌发病率的关系：本研究结果显示，乳腺癌术后患者与普通乳腺增生患者、健康人群相比，在日常生活中处理问题时较少采用积极的应对方式。而乳腺癌术后患者与普通乳腺增生患者相比，较多采用消极应对方式，但与健康人群相比，则较少采用消极应对方式，乳腺癌术后患者与普通乳腺增生患者、健康人群相比采取的应对方式出现矛盾，有可能针对乳腺癌术后患者使用消极应对方式因子作为评价指标有效性不足，或者被试在问卷填写时对题目有所误解，因此本文将着重对积极应对方式因子进行分析探讨。

乳腺癌的发病与应对方式存在一定相关，保持乐观态度、采取积极的应对方式在一定程度上可达到预防乳腺癌、降低乳腺癌患病率的目的。而婚姻质量、自我和谐水平是乳腺癌的致病因素还是继发状况，则需要进一步的前瞻性流行病学调查才能确定因果联系。

（2）个性特征与乳腺癌发病率的复杂关系：Temoshok 等的研究显示，抑郁、愤怒、情感压抑的 C 型性格者易患癌症，怒气难以自制但又将愤怒情绪压抑心中的人易患乳癌。研究者在进行本项研究时也发现罹患乳腺癌的女性性格内向、爱生闷气、消极应对，但有一点需要注意的是，在临床观察中，外向、开朗型人格的乳腺癌患者也并不少见，这与长期压抑抑郁情绪易致乳腺癌的研究结果恰恰相反。这些患者往往性格开朗，善于沟通和交际，争强好胜，在工作和家庭中乐于享有主导权，追求完美，容易操心，不甘心碌碌无为。无独有偶，复旦大学一名副教授在罹患乳腺癌住院期间，通过反思自身及观察身边超过 50 个病友后也得出结论，这部分乳腺癌患者里性格内向的很少，相反，太多的人都有重控制、重权欲、喜欢凡事做到最好、易急躁、外向的性格倾向。这些性格特征与 A 型人格极为相似，但研究者尚未进行深入观察和研究。这个矛盾之处需要将来更加规范和完善的前瞻性调查研究才能作出解释。

四、乳腺癌与阅读疗法

阅读疗法作为一门新兴的交叉学科，已在世界范围内受到关注，但相较于其

他成熟疗法，研究成果相对较少。其实人类很早就认识到了阅读的保健和辅助治疗作用。近几十年来，作为一个新兴的研究项目和一种新的治疗方法，阅读疗法已成为西方医学界和图书馆界治疗心身疾病的重要工具。目前，国外对阅读疗法的研究主要集中在抑郁症、失语症、儿童心理创伤、青少年建立自信自立及自我实现、婚姻冲突等方面。

近几年，我国精神科医生也有人开始了阅读治疗精神疾病的探索，如丁佑萍等研究显示在抗精神病药物治疗基础上辅以阅读疗法，对慢性精神病分裂症患者的康复有肯定疗效。范文田另一研究则表明阅读疗法对抑郁症患者的药物治疗有较好的辅助作用，能显著改善康复期抑郁症患者的应对方式和社会支持状况。直接应用于医院、监狱等领域的临床研究相对很少，如邱鸿钟等在监狱进行的研究显示阅读疗法能有效改善服刑人员的焦虑情绪。同样，由邱鸿钟教授等编制的《四季调神》CD 和《减压放松训练》CD 中“养心箴言”部分作为阅读治疗的创新形式，在临床中也取得了一定实效。阅读疗法应用在医院中的研究也证明其是医院心理护理和健康教育的有效措施。

（一）阅读疗法的意义与方法

1. 研究意义

将阅读疗法运用于乳腺癌治疗相关的婚姻质量、自我和谐、应对方式调整，拓展国内阅读疗法在医院临床领域的应用研究，并从病因学角度探讨婚姻质量、自我和谐及应对方式各变量之间的相关性以及三变量是否对乳腺癌发病产生影响，这不仅为临床医护人员对乳腺癌患者的心理干预提供了方便可行的新途径与新方法，而且为乳腺癌的早期预防提供科学依据。

2. 研究对象

2011 年 4 月至 2012 年 3 月在广东省中医院大德路分院住院、门诊就诊的 150 例乳腺癌患者作为实验组，纳入标准为：年龄 25 ~ 60 岁，经病理确诊的女性乳腺癌患者，具备一定读、说、写能力，能够在指导下完成量表填写，知情同意参加本项目研究；排除标准为：既往有其他癌症病史，有其他严重躯体或精神障碍，不愿意配合者。被试全部完整填写问卷，筛选具有小学及以上文化程度、有意愿的被试参加阅读治疗。

2011 年 4 月至 2012 年 3 月在广东省中医院就诊的 150 例乳腺增生患者作为对照组。纳入标准为：年龄 25 ~ 60 岁，经病理确诊的女性乳腺增生患者，具备一定读、说、写能力，能够在指导下完成量表填写，同意参加本项目研究；排除标准为：伴发纤维瘤需要手术者，有其他严重的躯体或精神障碍，不愿意配合者。被试全部完整填写问卷。

3. 研究方法

（1）文献研究法。

（2）量表和问卷测量法。

（3）临床观察法与实验法。

（4）统计学分析方法。

（5）个案研究法。

4. 研究工具

（1）阅读材料：在导师指导下，选取与治疗对象、治疗内容相关、可读性强、短小精悍的散文、小说等阅读材料；不同阶段选取不同的阅读材料。阶段分期无硬性时间要求，读完阅读材料与治疗者进行反馈讨论即可进行下一阶段阅读。

第一阶段：目的是使患者了解乳腺癌康复知识、学习乳腺癌患者抗癌事迹，以增加对治疗手段意义的了解，树立信心保持乐观心态。阅读材料包括乳腺癌术后放化疗知识、乳腺癌患者抗癌事迹、《土中有春夏》以及《乳房的故事》。

第二阶段：通过阅读小故事使患者对夫妻交流及应对方式有所反思，学会如何正确表达夫妻情感及积极的解决问题态度和方式。阅读材料包括《怎样与自己的爱人协作》《给乳腺癌患者爱人的建议》《心中的顽石》《驴子的哲学》《一只巴掌也能拍响》以及《笑口常开》。

第三阶段：目的使患者学会将人生赋予意义，坦然看待生存与死亡。阅读材料包括《癌症的益处》《我二十一岁那年》《我与地坛》系列。根据被试个人情况提供文本或录音不同形式的材料。

（2）研究工具：

①Olson 婚姻质量问卷（ENRICH）：共包含 124 个条目。内容包括过分理想化、婚姻满意度、性格相融性、夫妻交流、解决冲突的方式、经济安排、业余活动、性生活、子女和婚姻、与亲友的关系、角色平等性及信仰一致性共 12 个因子。每一个条目均采用 1 级评分制，总分越高表明婚姻质量越高。

②自我和谐量表（SCCS）：采用王登峰根据 Rogers 有关自我和谐概念的阐述而编制的自我和谐量表。本量表共有 35 个项目，包括自我与经验的不和谐量表（16 项）、自我的灵活性量表（12 项）、自我的刻板性量表（7 项）。量表采用 5 点式（1～5）评分，将自我的灵活性反向计分，再与其他两个分量表得分相加计为总分。总分越高，自我和谐程度越低。三个分量表的同质性信度分别为 0.85、0.81、0.64，Cronbach α 系数为 0.646。

③特质应对方式问卷（TCSQ）：采用姜乾金修订版本，该问卷反映的是个体具有特质属性的并与健康有关的应对方式，故称特质应对方式问卷。问卷共 20 个条目，分为积极与消极应对方式两个因子。各条目按 1“总是”到 5“从不”5 级评分。积极应对和消极应对两维度的内部一致性 α 系数分别为 0.68 和 0.67，具有较好的信度和效度。

（二）乳腺癌患者阅读疗法临床试验

乳腺癌术后患者存在较为严重的抑郁、焦虑的负面情绪，自卑、悲观绝望、自我价值感降低，甚至丧失生活信心，从而影响夫妻关系，导致夫妻感情不和，婚姻不稳定，亟须进行有效的心理干预。同时，也正是由于阅读疗法适合个人认知、人际交往、家庭方面等问题，更加适合用于乳腺癌术后患者进行有针对性的临床心理干预，因此，在对婚姻质量、自我和谐及应对方式现状调查的基础上笔者尝试将阅读疗法应用到乳房切除术后乳腺癌患者的婚姻质量、自我和谐和应对方式的心理干预上，以提高患者婚姻质量和自我和谐水平、转变积极应对方式的效果。

1. 实验方法与步骤

（1）建立治疗关系。

采用共情、积极关注等咨询技术，深入了解乳腺癌患者的个人情况，真诚理解与关心患者和他们的问题，做有效的倾听者。给患者做减压放松训练，使其体会到身体、精神放松的感觉，增加其对心理咨询与治疗的依从性。请主治医生配合宣传心理咨询与治疗的必要性，使得患者认可心理咨询及阅读治疗。

（2）问卷施测过程。

对被试施测 Olson 婚姻质量问卷（ENRICH）、自我和谐量表（SCCS）、特质应对方式问卷（TCSQ）及一般情况问卷。

首先，对符合本研究纳入标准的乳腺癌患者，告知本实验研究目的及保密条款，患者知情同意参加本项观察后指导其在候诊时间或就诊完毕后填写本问卷。然后，向乳腺癌患者介绍阅读疗法及阅读材料内容，并将阅读材料送予有阅读意愿的患者，嘱其在空闲时阅读。复诊时就阅读材料内容治疗师与患者进行一对一的交流和探讨。

（3）阅读治疗具体操作。

第一，知识准备和认知建立。为了提高被治疗者对阅读治疗的认识和信心，在阅读治疗实施前运用口头陈述、幻灯或指导手册，用成功的案例，向成员介绍阅读治疗的功能、原理等内容。

第二，示范与讨论。分析过去读书的体验，启动对阅读的意义与作用的讨论，明确治疗目标。指导者先向成员介绍一篇示范性的故事材料（用朗读或播放磁带的方式），让成员倾听或阅读完后静思片刻，然后展开讨论。讨论的目标是促进团体共识的达成和个人对自我的了解。讨论的内容是：谁是故事的主角？他遭遇了什么问题？问题是如何演变的？问题是如何解决的以及在问题解决的过程中主角的感受、情绪、意志、想法和行为方式如何？假如你是故事中的主角或某人，你将会怎样想和怎样做？

采取一对多或一对一的方式让成员讲述自己曾经读过并且最喜欢或印象最深

刻的一本书或一篇文章，尤其要突出表达当事人当时的真切体验，内化对阅读的意义和作用的认识。然后分析材料与当事人问题之间有何种关系，鼓励成员讲述自己目前的心理问题或心理需求，并依据成员的心理问题、需求、认知能力与兴趣由指导者或其他有经验的成员向当事人推荐合适的作品或书籍。阅读的题材分为小说、散文、故事三类，阅读的材料形式是书籍和录音。让各成员独自阅读材料或以聚会的形式阅读。

第三，在阅读中经历的心理变化。阅读治疗时，成员一般经过如下心理历程：

①认同阶段。成员有选择性地注意作品中自己喜欢的某角色或词句，并对其人生经历和遭遇、问题、思想、情感以及行为产生认同、移情和共鸣，无意触及自己的内心世界，也可能因作品中的某些词句和对话而增进了对过去习以为常或未曾意识到的认知和情感的察觉。

②比较和省察。当事人在阅读和欣赏作品时自然会将自己与故事中的人物角色相比较，将自己经历的挫折与别人遇到的困难进行比较，试图回答“为什么”，省察自己的责任和失误，澄清自己迷惘的感觉和情感。

③投射阶段。当事人不经意地用自己的经验和认识，解释书中人物的想法、情感和行为，并可能设身处地地尝试为书中的人物提供解决问题的策略，常见的想法就是：“假如是我，我会……”

④净化阶段。作品中对美好事物或复杂情感或剧烈情节的描述，会引发当事人相应的思想、情感以及行为的自然反应，形成同感，导致情绪和压力的纾解。

⑤领悟阶段。当事人从与作品角色的对照与反思中，不仅明白了自己的认识、态度和情绪问题，而且还发展出解决问题的新方法，获得了面对问题的勇气并勇于实践的力量。

⑥模拟与应用阶段。当事人将自己的领悟应用到日常生活中去，并通过经验的反馈修改原来不合理的信念、态度和情绪反应的过程。

在第一、二个阶段中成员“入而化其中”，暂时忘却了自我，中断了日常心态，进入角色，与角色同一化。在第三、四个阶段，成员“出而分析玩味”，魂归躯壳，神归现实，理性复兴，反观自我。在第五、六个阶段中，成员的心理结构可能因为吸收了新鲜的精神元素和动力而发生自我的重建。

第四，写下或与别人交流阅读心理历程和体会。采用分次聚会的方法，让成员带感情地复述故事和文章（应有足够的时间让其讲述故事的细节），谈谈自己对阅读材料的理解，以及与自己生活的对照和模仿应用的体会。其他成员除给予鼓励和支持之外，也可以进行面质和交流体验。

第五，经验的扩展与应用。成员可根据自己的问题和心理需求多选择新的阅读材料，创造性地运用于日常生活之中。团体成员可以定期在聚会上与别人分享自己的经验；鼓励参与者运用想象，创造性地把故事情节或结局发展下去，鼓励为故事中的人写几段心灵日记。在此过程中，指导者根据具体情况，用开放式提问（如用“何时”“何地”“如何”“何人”“何事”五个W的语句）引导成员对问题进行领悟和深入讨论。

第六，整合与评价。在阅读治疗结束前，要求当事人对自己阅读的体验进行整合。指导者对成员取得的新经验和行为反应给予适当的评价和鼓励是十分重要的。意见和观点的整合与治疗效果的评价可以由当事人自评、团体成员互评、当事人亲友评价、指导者评价等不同的方式进行。

2. 乳腺癌患者阅读疗法病案举例

【案例1】基本情况：许某，女，55岁，已婚，退休人员。

2011年6月7日初诊。主诉：乏力易倦、失眠1月余。

自诉：因乳腺癌行乳房切除手术5年余，末次化疗时间为2008年2月，因性激素、孕激素均为阴性，C-cerbB-2阴性，未采用内分泌治疗，只能用中药调理身体。最近出现乏力易倦、消化差，睡眠较差，浅睡眠较多，夜尿多，曾服用安定类药物，但效果不明显。与丈夫关系一般，认为丈夫对自己态度不耐烦，总喜欢挑剔、批评自己，双方有争执时经常以自己沉默、忍让的方式结束。心情不太好。平日有阅读习惯。

心理测量结果：婚姻满意度：41分，夫妻交流：20分，解决冲突的方式：30分；自我与经验的不和谐：51分，自我的灵活性：44分，自我的刻板性：21分，自我和谐总分：100分；积极应对：33分，消极应对：36分。

评估诊断：来访者个性敏感、内向，不善与丈夫积极主动交流，加之患病后情感脆弱，负面情绪则以躯体不适的形式表现出来。

治疗目标：(1) 近期目标：缓解焦虑、抑郁情绪，改善睡眠；学会与丈夫积极沟通的方式。(2) 远期目标：①改善夫妻关系，促进婚姻和谐；②树立乐观积极的生活态度；③减少对躯体的过度关注，正视癌症，寻找患病后的生活意义。

治疗技术和方法：

(1) 减压放松训练：减压放松训练采用梁瑞琼教授策划、邱鸿钟教授撰稿编辑的《减压放松训练》CD。治疗时选择一个没有噪音干扰的安静场所，环境光线适中，并采取舒适坐姿、半躺或侧卧姿势，排除心中的杂念，集中注意力于每一句指导语。首次治疗由咨询人员向患者系统介绍减压放松训练的理论、方法及操作程序，并详细说明注意事项：训练时意念既要专注，又要顺其自然，不可过分执着僵守；呼吸应以鼻吸—鼻呼的腹式呼吸为主，吸要深，呼要长而细。有下列情况时应暂时停止练习：精神受到强烈刺激，情绪不稳定；受到惊吓时；太饥太饱时。另外，让患者学会体会肌肉放松后的感觉，确认肌肉放松后的感觉指标主要有：身体局部温暖感、身体局部沉重感、肌肉疲劳感、皮肤紧贴支撑面以及由于意志力和皮层控制减弱产生运动不能感等。

（2）阅读治疗：向来访者介绍阅读疗法及阅读材料内容，并将材料送予来访，嘱其空闲时间阅读，复诊时可与咨询师就阅读材料内容交流感想。

6 月 27 日二诊：来访者自诉腰背部、四肢、头部疼痛，有不适感，咨询师通过认知疗法解释躯体症状与情绪之间的转换关系，嘱其调节情绪，减少对躯体的关注，注意饮食。来访者自诉身体不适，因此未进行阅读。对其丈夫进行引导，配合进行婚姻治疗。针对来访者病情，保持逍遥丸原用药量，加开黛立新。嘱其复诊，并鼓励其坚持阅读。

7 月 5 日三诊：自诉近来头部后侧无故生出小肿块，但现已消失，但仍有喉咙痛。服用逍遥丸后自觉睡眠变好，醒后易入睡。感觉精神变好，笑容变多。

来访者按照约定阅读医师给的阅读材料。看到《土中有春夏》的作者在书中写道：得了癌症觉得很开心，来访者产生怀疑，认为文章很虚伪，一般人得了癌症都会不开心，作者怎么可能还开心得起来。通过与来访者的交流使其认识到作者的感受是一种情感转移，就像母亲愿意代替自己的孩子生病，甚至愿意为孩子舍弃生命一样。来访者谈到自己也曾经有过这样的想法，当自己小孩生病的时候宁愿得病的是自己，知道自己患癌症的时候也曾想过还不如将生命送给有需要的年轻人，让别人好好生活。引导其认识到自己身上的闪光点，鼓励其投身公益。（阅读治疗心理历程的认同阶段）

看到《笑口常开》文章的作者碰到这样那样的倒霉事也可以笑着面对，反观自己，觉得自己好像对什么事情都很在乎，好事坏事都看得很重，不能够以积极、坦然的心态和方式去面对。（比较和省察阶段）受到《笑口常开》文章的启发，在处理问题或与丈夫相处的过程中，来访者自诉能够换一种积极的方式去应对。来访者自诉：有一次因使用消毒柜操作不当被丈夫责怪了很久，如果按照自己以前方式，即使心里很不服气，也会选择沉默，但现在会和丈夫说："你不要再说了，我以后改就是了；""另外，丈夫经常让我坐的士来医院看门诊，我也明白丈夫是关心自己，但觉得能坐公车就坐公车节约一些，经常因为这样引起两个人争吵，这一次顺从了丈夫的意愿，避免了不必要的争吵。"来访者表示能够尝试和丈夫主动进行交流，与丈夫的争吵也变少了，夫妻关系变得比以前和谐。（领悟阶段）

来访者自诉：看完《人生不是一个目的》《我与地坛》系列文章，觉得作者在事情开始发生的时候，也是看不开，但是最终能坚持下来挺不错的。看完《人生不是一个目的》，也主动了解了作者的事情，觉得她很了不起，看透了很多事情，但觉得自己现在还是放不下很多东西，但是会配合医生积极治疗、调养身体，希望自己能陪家人的时间更长久一些。（净化阶段）

7月18日电话随访：来访者表示阅读过材料之后知道很多人和自己一样患病，觉得心里有了依靠，心境变得开阔，现在和丈夫的关系也变得好一些，对生活较为满意。

本案例说明，通过阅读治疗，并与治疗者进行讨论，来访者能够结合自身情况进行思考，学习了积极、有效的应对方式，与丈夫的交流也变得顺畅和有技巧，阅读治疗达到了一定的效果。后期测量结果也能有所印证，夫妻交流方式得到改善，自我和谐程度有所提高，能够有意识地采取积极应对方式处理问题。

心理测量结果：婚姻满意度：41分，夫妻交流：23分，解决冲突的方式：32分；自我与经验的不和谐：53分，自我的灵活性：45分，自我的刻板性：20分，自我和谐总分：96分；积极应对：31分，消极应对：40分。

【案例2】

陈某，女，55岁，2011年7月27日初诊。基本病情：2007年9月因“（右侧）乳腺浸润性导管癌（Ⅱ级）”行“右乳保乳手术”后进行化疗，化疗结束后现进行内分泌药物治疗。育有一子现在某大学就读，丈夫木讷寡言，两人很少交流，夫妻关系一般。爱好阅读，平时喜欢读书看报，比较关注养生保健信息。现自己比较担心病情反复。治疗者向患者介绍阅读疗法及阅读材料内容，并将材料送予来访者，嘱其空闲时间阅读，可与治疗者就阅读材料内容进行交流讨论。

8月10日二诊：来访者自诉：看完《我与地坛》系列文章比较有感触，作者的经历和自己也很类似，他年纪轻轻有所作为的时候发病，而自己刚刚退休想要好好安排晚年生活时就发现自己患癌症，都觉得受到很大打击。（认同阶段）不同的是，作者的心态比较好，但也不是没有绝望过，也曾经想要自杀，不过最后还是挺了过来。（比较和省察、投射阶段）读完阅读材料，以及《癌症的益处》一文时，有一种冥冥中自有定数的感觉，老天爷安排了每个人走的路，作者说“死是一个必然会降临的节日”“剩下的就是怎样活的问题”，什么时候走是老天爷管的，但是怎样活就是我自己的事了，所以我也慢慢有点明白了，得了病也要好好安排我自己的生活，虽然心里还是害怕、担心，但是我会好好治病，好好养身体，争取多陪陪儿子，他放假回家能让他喝上妈妈煲的汤。（净化阶段）最近加入了一个乳腺癌患者的联谊会，和很多一样情况的病友一起爬山、唱歌、旅游，感觉心情变好了，生活也慢慢丰富起来，对自己的病情也没有那么担心了。（领悟阶段）

本案例说明通过阅读材料，患者能够坦然看待自己的病情，认识到虽然“不能把握生命的长度，但自己可以控制生命的深度和质量”，能够主动为自己的生活寻求寄托。

从以上案例来看，阅读治疗能够对乳腺癌患者起到一定的临床心理干预效果。通过阅读相关材料并与治疗者讨论，案例 1 中患者能够客观看待患病现实，自我和谐水平提高，学会更好地表达夫妻情感及积极的解决问题态度和方式。案例 2 的患者宣泄了负面情绪，并坚定了治疗的信心。但笔者发现，阅读治疗的效果与阅读材料的感人或引人共鸣性、阅读者的文化素质，以及阅读者是否愿意与别人分享内心想法等因素有关。同时在医院病房开展阅读疗法遇到一些不尽如人意的地方，例如因被试身体、阅读爱好等原因，收集病例较为困难，且经常有脱落现象发生；乳腺癌术后患者住院时间较短，化疗时间也不统一，团体治疗形式不易实施；此外，大部分乳腺癌术后患者为中老年女性，视力、体力均有下降，长时间阅读文本会感觉疲倦，因此可以将阅读文本录制成普通话版和粤语版方便患者选择。参加阅读治疗的被试需要有一定文化基础和文字理解能力，对阅读感兴趣，并且乐于思考、善于思考，才能与治疗师形成良好交流和互动。

舞蹈治疗对抑郁症患者自我和谐与应付方式的影响研究

陈泳如

一、研究目的、对象和方法

（一）研究目的

探究舞蹈治疗对中轻度抑郁症患者的自我和谐与应付方式的积极干预作用；借鉴和学习调查中轻度抑郁症患者的自我和谐与应付方式的特点；探查中轻度抑郁症患者的自我和谐与应付方式的相关性；探习西方舞蹈治疗课程的设计技巧，探索符合中国本土文化的舞蹈治疗课程设计。

（二）研究对象

（1）纳入标准：①符合中国精神障碍分类与诊断标准（CCMD－3）中抑郁症的诊断标准。②用抑郁自评量表筛选出轻度和中度的抑郁症患者。③自愿参加，有改变自我的强烈愿望，愿意与他人交流，并签署知情同意书。④能坚持参加每次的团体辅导。排除标准：第一，语言交流障碍；第二，严重躯体疾患；第三，双向情感障碍。

（2）被试分组情况：实验组 32 例，为广州市白云心理医院与广州中医药大学第一附属医院 2011 年 3—9 月的门诊及初入院患者，年龄为 18～42 岁，平均 28.28±5.18 岁，男性 3 例，女性 29 例，学历为初中—本科，小学、中学或中专 21 例，大专或本科以上为 11 例。

对照组 36 例，为年龄、性别、文化程度与实验组相匹配的患者，年龄为 20～40 岁，平均 27.89±5.74 岁，男性 7 例，女性 29 例，学历为初中—本科，小学、中学或中专 23 例，大专或本科以上为 13 例。

被试分为年龄、文化程度、抑郁自评量表分无显著差异的实验组与对照组两组：实验组 32 人，采取舞蹈心理治疗加药物治疗；对照组 36 人，只采取药物治疗。

(三) 研究工具和方法

1. 研究工具

(1) 自评抑郁量表(SDS):又称 Zung 氏抑郁量表,为 Zung 于 1965 年编制,包括 20 个条目,采用 1～4 级评分,在国内已广泛使用。调查中量表 Cronbach α 系数为 0.752。

(2) 应付方式问卷:应付方式问卷,应付方式问卷由肖计划等人编制,共设 62 道题,包括解决问题、自责、求助、幻想、退避、合理化 6 个分量表,其内部一致性系数依次为 0.94,0.57,0.91,0.73,0.67,0.67,总体一致性系数 α 为 0.765。其中,解决问题、求助表示成熟型应付方式,退避、幻想、自责表示不成熟型应付方式,合理化表示混合型应付方式。

(3) 自我和谐量表(SCCS):王登峰编制。包括自我与经验的不和谐、自我的灵活性、自我的刻板性 3 个分量表。本量表共有 35 个项目,采用 5 点式(1～5)评分,将自我的灵活性反向计分,再与其他两个分量表得分相加计为总分,总分越高,自我和谐程度越低。

2. 研究方法

(1) 文献研究法:查阅维普资源系统及中国期刊网等数据库的相关文献共 54 篇,了解国内外舞蹈治疗研究现状,明确舞蹈心理治疗的相关理论及方法。

(2) 治疗工具:①呼吸放松训练:本次舞蹈治疗所采用的呼吸放松训练 CD 是参考由广东音像出版社出版、梁瑞琼教授策划、邱鸿钟教授撰稿编辑的《减压放松训练》编辑而成的。其包括指导者带教姿势放松法、腹式呼吸放松法、想象放松法等训练。②舞蹈训练:本次舞蹈治疗所采用的舞蹈训练 VCD 由邱鸿钟教授搜集的 20 支广场舞蹈及音乐组成,如“芭比恰恰”“荷塘月色”“好日子”“好运来”“大草原”“幸福花儿开”“红歌恰恰”“红歌唱不完”等曲目。广场舞特点是舞蹈动作简单易学,音乐通俗、节奏感强,一直深受大众所熟悉与喜爱。每支广场舞教学都分为两个部分:第一部分(约 5 分钟),指导者会完整地示范一次舞蹈动作;第二部分(约 25 分钟),指导者会将一支广场舞分为多段多个练习段落,并逐一详细带教舞蹈动作。③其他音乐 CD:本次舞蹈治疗采用的其他背景音乐 CD 由希曼肚皮舞工作室提供。其包括热身运动训练、放松运动训练及想象放松训练等音乐。

3. 操作程序

(1) 对照组的治疗:对照组的抑郁症患者仅接受常规药物治疗。除医院开的治疗药物外,患者在治疗期间不使用其他药物,对治疗药物有严重过敏反应或出现严重不良反应而不能耐受者终止试验。

(2) 实验组的治疗:实验组在进行上述常规药物治疗的基础上,接受舞蹈治疗。该组患者每周进行 2 次到 3 次的舞蹈治疗,每次治疗持续 60—90 分钟,疗程为2个月。

（3）抽样及统计学分析：实验前后，运用自评抑郁量表、自我和谐度量表和应付方式问卷对所有被试进行评估。数据统计分析采用SPSS 16.0软件建立数据库并进行描述统计、均值比较、方差分析、相关分析等统计分析。

4. 实施步骤与过程

整个舞蹈治疗训练由暖身和情绪调整、广场舞训练和拓展身体语言、个性主题的设定与自编舞蹈、体验分享讨论四个环节组成，下面对各环节进行逐一阐述：

（1）暖身和情绪调整（10分钟）。

让患者进行自我介绍，增加成员间的交互反应和接触，让其熟悉并适应团体。以动作、音乐节奏、呼吸等各种方式进行暖身。首先，让患者采取舒服的坐姿，进行音乐呼吸放松训练，以调节呼吸，平复情绪；然后，进行肢体的拉伸延展动作。暖身是动员团体情绪表达和互动的能量。当大多数人都加入时，就会逐渐增加患者们的身体活动力，速度和能量也会逐渐增强，并且配合呼吸，使得活动达到整体性，再逐渐让患者们感觉自己所处的空间，同时增加人与人之间的互动。

在本次实验中，主要借鉴与采用的是简单的古典现代舞。通常使用简单、有节奏、重复的移动，使团体成员很容易加入团体的行动，并感觉自己是团体中的一分子。以“圆”的结构建立团体之间的信任感，并创造出一种团体的节奏感，使用圆的循环特性使人们聚在一起。舞蹈治疗创始人玛丽安·雀丝认为，所有的团体治疗，不管患者的病情程度如何，都会在圆的模式中受到影响（引导）。大家围成圆圈，对患者而言有相当大的帮助，因为围成圆形会使团体成员间目光交视，进而调节自己的动作，在交视过程中达到自我内在的调整。雀丝模式的暖身意义在于“转化”和“觉察”并由语言形态逐渐转化至非语言表达；暖身的效果也带来释放感，身体的紧张、思想的束缚，在暖身之后都得到舒解，因而能准备接受拓展身体语言的阶段。

（2）广场舞训练和拓展身体语言（40分钟）。

各种舞蹈动作的练习，让患者们逐渐熟悉身体，并增加身体的动作功能，其中特别重视呼吸的增强与肌肉的锻炼。在本次实验中，主要借鉴和采用的是广场舞。

阿德勒的理论认为，身体器官的功能和心理、情绪连接，并有交互作用。舞蹈治疗师使用适当的动作方法，即运用广场舞，让患者将以往与隐藏的感情展现出来。让患者自己察觉这种情感，引导和鼓励患者将感情表现出来，同时接受自己那一部分的存在，让患者学习面对自己。舞蹈治疗师用舞蹈使患者的身体作为组合的工具，将主观、自由浮现的感受，用一种客观、无保留的形式呈现出来。

特定的舞蹈部分，可以让患者借由这些舞蹈动作来表达与抒发自己被压抑的情感，从而得到心理的疏泄与放松。同时，特定的动作，可以对患者起到一定的

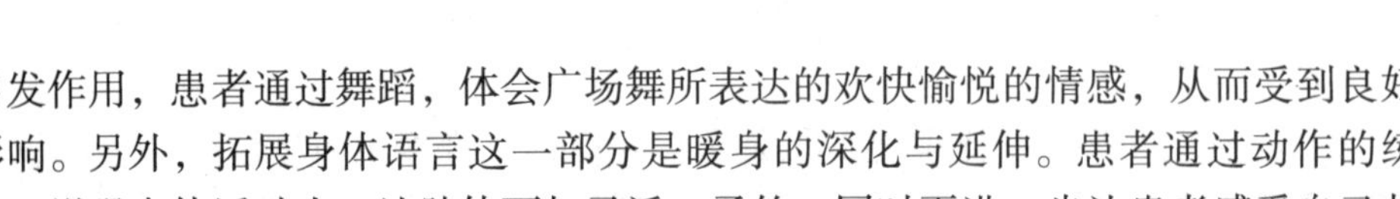

启发作用，患者通过舞蹈，体会广场舞所表达的欢快愉悦的情感，从而受到良好影响。另外，拓展身体语言这一部分是暖身的深化与延伸。患者通过动作的练习，增强身体活动力，让肢体更加灵活、柔软。同时再进一步让患者感受自己与他人的一种集体关系，更加深人际交往互动。

（3）个性主题的设定与自编舞蹈。

引导患者将生活中的感受和情绪的冲突导入身体表达的形式，让患者学习在身体和心灵之间建立一种互动的表达关系，实际体验个体在身心之间的变化。设定主题后，舞蹈治疗师就引导患者开始进行想象。通过简单的想象，透视个人内在的历程变化。在身体活动中，个人所经历的过程与内在的反应息息相关。而本次实验借鉴和采用的主题有以下几个：

①我与父母的关系：首先，让患者感受身体的“上”“下”力量的发展，如向下感受自己的脚部与地板的接触及地板给自己的支撑力量，向上感受双手高举乃至无限延伸向高空的感受等等。然后，延伸对“上”“下”的联想，如向下代表着一种支撑力量，患者会感受到强壮、稳固或软弱、不稳固；而向上代表着一种延伸的力量，患者会感受到可触碰、可获得或者空洞、无法接触。最后，加入对“父母”的投射概念，幻想“地板是我的母亲，天空是我的父亲”，并感受自己与地板和天空的连接关系，从而体会与父母之间的关系。整个想象过程中，患者可以体验到个人内在历程的变化，从“上”“下”动作延伸到与父母之间的关系，让其从身体动作上了解自己与父母之间的情感联结。

②我与同伴的关系：首先，把团体随机分成两排，面对面站立，并通过接近与远离对应的同伴，感受自己内心对同伴的趋同与排斥，如体会与同伴走得最近时和最远时的感觉；然后，通过肢体的接触，感受同伴间的信任和支持，如牵手、搀扶，并做某些需要对方扶持的舞蹈动作，感受自己对对方的信任度和对方对自己的支持力量等；最后，学习与同伴间建立信任和支持的关系，如鼓励和帮助患者逐步适应与完成舞蹈动作，并引导他们感受从中得到的信任和支持。整个过程中，患者可以体验到自己与同伴的关系的内在历程变化，从距离、动作等的变化联系到与同伴之间的关系，让其了解自己与同伴间的情感联结。

③自我身心关系探寻：首先，引导患者对身体的各个部分分别随音乐舞动，尽量尝试和探索肢体动作的各种可能性，如手部可以随音乐向前后上下自由舞动，随心而动；然后，治疗师或其他患者模仿其动作，去感受动作所表达的隐含意义，如治疗师会模仿患者的某些具有特别意义的手部动作，并说明手臂代表拒绝或愿意和外界接触，交抱手臂放在胸前则表示不愿做某事，抵抗或沉溺在自己的世界中等；最后，舞蹈治疗师会引导患者创作出新的舞蹈动作，如手臂的逐步舒展与向前打开，并感觉其带来的情绪变化。整个过程中，患者可以体验到自己的身体动作与心理的关系，体验到内心历程的变化，让其探索与反思自己的内心世界与情感。舞蹈治疗师凌洁·爱斯本的心理动能舞蹈治疗法中提到身体的上半

身是“人”的部分，表示思考、自我控制、聪明及智慧等；下半身表示“动物性”的部分，包含生命活力、探索性等。

（4）体验分享讨论。

活动结束时，舞蹈治疗师通常会使患者们又回到圆圈的形式，鼓励参与成员积极分享自己参与舞蹈治疗的实际体验，以及自己在训练过程中身心之间发生的各种变化。针对活动过程中的问题做好收尾工作，让每一个患者在没有受到攻击或伤害的状态下离去。若是患者有不舒服的感觉，舞蹈治疗师会带他们做一些简单、重复的动作，并鼓励他们在互信与平静的气氛下结束。结束的时候是一种治疗过程的转换，由非语言的活动再回到语言的形态。

二、舞蹈治疗的结果

（一）一般资料分析

本次研究共有被试 68 人，实验组 32 人，对照组 36 人，对两组被试在性别、年龄和文化程度方面分别进行比较，实验组和对照组在性别、年龄和文化程度上均差异不显著（$p>0.05$），说明两组被试在性别、年龄和文化程度上匹配度较好。

（二）实验组治疗前后 SDS 评分对比

实验组治疗前后 SDS 评分结果，见表 1：

表 1　实验组治疗前后 SDS 评分对比（$M \pm S$）

组别	实验组前测	实验组后测	t	p
实验组（$n=32$）	66.88 ± 3.42	52.81 ± 4.20	40.644***	0.000

注：*表示 $p<0.05$，**表示 $p<0.01$，***表示 $p<0.001$ 下同

表 1 显示，实验组治疗后 SDS 评分较治疗前有显著下降（$p<0.001$），说明舞蹈治疗结合药物治疗对抑郁情绪有着较好的治疗效果。

（三）对照组治疗前后 SDS 评分对比

对照组治疗前后 SDS 评分结果，见表 2：

表 2　对照组治疗前后 SDS 评分对比（$M \pm S$）

组别	对照组前测	对照组后测	t	p
对照组（$n=36$）	64.90 ± 3.84	54.51 ± 3.33	22.503***	0.000

表2显示，对照组治疗前后SDS评分较治疗前有着显著下降（$p<0.001$），说明单纯药物治疗对抑郁情绪也有着较好的治疗效果。

（四）实验组与对照组前后SDS评分对比

实验组与对照组前后SDS评分差值结果对比，见表3：

表3　实验组与对照组前后SDS评分差值对比（$M \pm S$）

	实验组差值（$n=32$）	对照组差值（$n=36$）	t	p
抑郁	-14.06 ± 1.957	-10.38 ± 2.768	6.257***	0.000

表3显示，实验组治疗前后SDS差值评分与对照组治疗前后SDS差值评分有极显著差异（$p<0.001$），说明舞蹈治疗结合药物治疗较单纯药物治疗对抑郁情绪有着较好的治疗效果。

（五）实验组治疗前后应付方式各因子评分对比

实验组治疗前后应付方式各因子评分结果，见表4：

表4　实验组治疗前后应付方式各因子评分对比（$M \pm S$）

因子	实验组前测（$n=32$）	实验组后测（$n=32$）	t	p
解决问题	0.37 ± 0.108	0.53 ± 0.098	-7.350***	0.000
自责	0.72 ± 0.163	0.47 ± 0.146	6.954***	0.000
求助	0.33 ± 0.159	0.60 ± 0.159	-9.684***	0.000
幻想	0.31 ± 0.162	0.21 ± 0.124	2.899**	0.007
退避	0.74 ± 0.164	0.48 ± 0.216	7.974***	0.000
合理化	0.44 ± 0.125	0.46 ± 0.109	-0.588	0.561

表4显示，实验组治疗前后应付方式的六个因子中，幻想因子得分有显著性差异（$p<0.01$），合理化因子得分没有显著性差异（$p>0.05$），解决问题、自责、求助、退避因子得分均有极显著差异（$p<0.001$）。说明舞蹈治疗结合药物治疗对抑郁症患者应付方式中的解决问题和求助两个积极应付方式有着积极的影响，而对自责、幻想、退避三个消极应付方式也有着较好的治疗效果。

（六）对照组治疗前后应付方式各因子评分对比

对照组治疗前后应付方式各因子评分结果，见表5：

表5　对照组治疗前后应付方式各因子评分对比（$M \pm S$）

因子	对照组前测（$n=36$）	对照组后测（$n=36$）	t	p
解决问题	0.37 ±0.143	0.44 ±0.121	−1.961*	0.058
自责	0.68 ±0.182	0.58 ±0.165	3.250**	0.003
求助	0.35 ±0.183	0.50 ±0.193	−4.120**	0.000
幻想	0.31 ±0.165	0.24 ±0.125	3.224**	0.003
退避	0.71 ±0.186	0.61 ±0.171	4.925**	0.000
合理化	0.43 ±0.117	0.44 ±0.149	−0.488	0.629

表5显示，对照组治疗前后应付方式的六个因子当中，合理化因子和解决问题得分没有显著性差异（$p>0.01$），自责、幻想因子得分具有显著性差异（$p<0.05$），而求助、退避因子得分具有极显著差异（$p<0.001$）。说明单纯的药物治疗对抑郁症患者应付方式中求助的积极应付方式有着积极的影响，而对自责、幻想、退避三个消极应付方式也有着较好的治疗效果。

（七）实验组与对照组治疗前后应付方式各因子评分对比

实验组与对照组治疗前后应付方式各因子评分差值结果对比，见表6：

表6　实验组与对照组治疗前后应付方式各因子评分差值对比（$M \pm S$）

因子	实验组差值（$n=32$）	对照组差值（$n=36$）	t	p
解决问题	0.16 ±0.122	0.06 ±0.198	−2.318*	0.024
自责	−0.24 ±0.198	−0.10 ±0.223	2.794**	0.007
求助	0.28 ±0.161	0.14 ±0.210	−2.894**	0.005
幻想	−1.00 ±0.195	−0.07 ±0.134	0.690	0.493
退避	−0.26 ±0.186	−0.11 ±0.129	3.995**	0.000
合理化	0.02 ±0.164	0.01 ±0.093	−0.288	0.775

表6显示，实验组治疗前后应付方式各因子差值评分与对照组治疗前后应付方式各因子差值评分中，幻想与合理化因子差值评分没有显著性差异（$p>0.05$），解决问题、自责、求助因子差值评分有着显著性差异（$p<0.05$或$p<0.01$），而退避因子差值评分有着极显著性差异（$p<0.001$）。说明舞蹈治疗结合药物治疗较单纯的药物治疗对抑郁症患者的应付方式总体上有着更好的治疗效果。

(八) 实验组治疗前后自我和谐各因子评分对比

实验组治疗前后自我和谐各因子评分结果，见表7：

表7　实验组治疗前后自我和谐各因子评分对比（$M \pm S$）

因子	实验组前测（$n=32$）	实验组后测（$n=32$）	t	p
自我与经验的不和谐	57.97 ± 10.117	55.16 ± 9.052	5.267***	0.000
自我的灵活性	42.47 ± 4.697	44.28 ± 4.692	−8.004***	0.000
自我的刻板性	21.00 ± 2.095	19.78 ± 1.896	6.445***	0.000
自我和谐的总分	108.50 ± 11.581	102.66 ± 10.279	9.725***	0.000

表7显示，实验组治疗前后自我和谐的四个因子评分均有极显著性差异（$p<0.001$）。说明舞蹈治疗结合药物治疗对抑郁症患者的自我和谐有着较好的效果。

(九) 对照组治疗前后自我和谐各因子评分对比

对照组治疗前后自我和谐各因子评分结果，见表8：

表8　对照组治疗前后自我和谐各因子评分对比（$M \pm S$）

因子	对照组前测（$n=36$）	对照组后测（$n=36$）	t	p
自我与经验的不和谐	57.83 ± 9.849	56.53 ± 9.726	3.330**	0.002
自我的灵活性	43.69 ± 4.857	44.58 ± 4.994	−4.159***	0.000
自我的刻板性	20.64 ± 2.282	20.17 ± 1.920	3.228**	0.003
自我和谐的总分	106.78 ± 12.417	104.11 ± 11.923	6.060***	0.000

表8显示，对照组治疗前后自我和谐的四个因子评分中，自我与经验的不和谐和自我的刻板性两个因子具有显著性差异（$p<0.01$），而自我的灵活性与自我和谐的总分两个因子则具有极显著性差异（$p<0.001$）。说明单纯药物治疗对抑郁症患者的自我和谐也有着较好的治疗效果。

(十) 实验组与对照组治疗前后自我和谐各因子评分对比

实验组与对照组治疗前后自我和谐各因子评分差值结果对比，见表9：

表 9　实验组与对照组治疗前后自我和谐各因子评分差值对比（$M \pm S$）

因子	实验组差值（$n=32$）	对照组差值（$n=36$）	t	p
自我与经验的不和谐	-2.81 ± 3.021	-1.31 ± 2.352	2.308*	0.024
自我的灵活性	1.81 ± 1.281	0.89 ± 1.282	-2.966**	0.004
自我的刻板性	-1.22 ± 1.070	-0.47 ± 0.878	3.159**	0.002
自我和谐的总分	-5.84 ± 3.399	-2.67 ± 2.640	4.329***	0.000

表 9 显示，实验组与对照组治疗前后自我和谐四个因子评分差值中，自我与经验的不和谐、自我的灵活性和自我的刻板性三个因子具有显著性差异（$p<0.05$ 或 $p<0.01$），而自我和谐的总分因子则具有极显著性差异（$p<0.001$）。说明舞蹈治疗结合药物治疗较单纯药物治疗对抑郁症患者的自我和谐有更好的治疗效果。

（十一）抑郁症患者各应付因子与抑郁的相关性

抑郁症患者的抑郁与应付方式因子的相关性分析，见表 10：

表 10　抑郁症患者各应付因子与抑郁的相关性分析（r 值）

	解决问题	自责	求助	幻想	退避	合理化
抑郁	-0.782**	0.426**	-0.847**	0.250*	0.746**	0.104

表 10 显示，抑郁症患者 SDS 得分与合理化因子不存在相关作用，与幻想呈一定正相关，与退避、自责因子呈显著正相关，而与解决问题、求助因子呈显著负相关。

（十二）抑郁症患者各自我和谐因子与抑郁的相关性

抑郁症患者的抑郁与自我和谐因子的相关分析，见表 11：

表 11　抑郁症患者各自我和谐因子与抑郁的相关性分析（r 值）

	自我与经验的不和谐	自我的灵活性	自我的刻板性	自我和谐的总分
抑郁	0.689**	-0.489**	0.089	0.749**

表 11 显示，抑郁症患者 SDS 得分与自我和谐四个因子中的自我与经验的不和谐、自我和谐的总分两个因子呈显著正相关，与自我的刻板性无相关作用，而与自我的灵活性因子呈显著负相关。

（十三）抑郁症患者自我和谐因子与应付方式因子的相关性

抑郁症患者的应付方式因子与自我和谐因子的相关分析，见表12：

表12　抑郁症患者自我和谐因子与应付方式因子的相关性分析（r值）

	自我与经验的不和谐	自我的灵活性	自我的刻板性	自我和谐的总分
解决问题	-0.503**	0.362**	0.176	-0.525**
自责	0.425**	-0.156	-0.037	0.344**
求助	-0.650**	0.441**	0.096	-0.696**
幻想	0.140	-0.297*	0.065	0.246*
退避	0.548**	-0.403**	-0.058	0.604**
合理化	0.040	-0.027	0.173	0.075

表12显示，抑郁症患者的自我与经验的不和谐因子和应付方式中的解决问题、求助两个因子呈显著负相关，与自责、退避两个因子呈显著正相关，而与合理化因子则没有相关作用；自我的灵活性因子和应付方式中的解决问题、求助两个因子呈显著正相关，与幻想因子呈一定负相关作用，与退避因子呈显著负相关，与自责、合理化因子则没有相关作用；自我的刻板性因子与应付方式因子则没有相关作用；自我和谐的总分因子和应付方式中的解决问题、求助两个因子呈显著负相关，与自责、退避两个因子呈显著正相关，与幻想因子呈一定的相关作用，而与合理化因子则没有相关作用。

（十四）抑郁症患者的自我和谐各因子评分与常模对比

抑郁症患者的自我和谐因子和常模比较，见表13：

表13　抑郁症患者的自我和谐各因子评分与常模对比（$M \pm S$）

因子	抑郁组（$n=68$）	常模（$n=502$）	t	p
自我与经验的不和谐	57.90±9.901	45.44±7.44	9.696**	0.000
自我的灵活性	43.12±4.790	45.44±7.44	2.704**	0.009
自我的刻板性	20.81±2.187	-0.44±0.877	4.358**	0.000

注：常模参考自我和谐量表信效度检验中对502名大学生（男260人，女242人，平均年龄18.5）进行的测试结果

表13显示，抑郁症患者的自我与经验的不和谐、自我的灵活性、自我的刻板性因子和常模相比，均具有极显著性差异（$p<0.01$）。说明抑郁症患者的自我

与经验的不和谐、自我的灵活性、自我的刻板性与正常人群有较大的差别。

三、舞蹈治疗的机理分析

（一）舞蹈治疗对抑郁症患者抑郁情绪的治疗效果分析

抑郁症是临床精神疾病中的常见类型，它是以显著而持久的心境低落、思维迟缓、意志活动减退为主要临床特征，并伴随一定的躯体症状为临床表现的心理疾病。抑郁自评量表得分低表示抑郁水平越低，反之亦然。

近年来，抑郁症的非药物治疗越来越引起广大学者的重视，本研究显示，舞蹈治疗结合药物治疗较单纯的药物治疗有更好的效果。原因在于单纯药物治疗着重于在生理上对抑郁症患者进行治疗，其药理作用与阻断脑内去甲肾上腺素及5－羟色胺再摄取有关，而舞蹈治疗则是结合身心的一种治疗方法。在生理上，舞蹈治疗起着一定的锻炼作用，抑郁症患者长期处于心境低落的状态，甚至引发一系列的生理疾病，而舞蹈治疗则让抑郁症患者在舒适愉快的情景中，适度地运动起来。运动在生理上的作用有发达肌肉、增长力量，增进健康、增强体质，改善体形体态、矫正畸形，因此，对抑郁症患者的身体素质有良好的影响。另外音乐是情感的载体，优美和谐的音乐声波作用于大脑，可通过神经体液的调节，改善器官活动，加速人体的新陈代谢，使人精神饱满，精力充沛。在心理上，舞蹈治疗有助于提高患者的唤醒水平，使人精神愉悦，降低抑郁情绪，产生良好的情绪状态；舞蹈追求人体的形态美、精神美，将通过肢体语言进行充分展示，优美的体态、良好的表现力是疏泄内心抑郁情绪的前提和基础；舞蹈治疗中的互动环节，可以改变抑郁症患者的孤独倾向，促进人际交往；舞蹈治疗风格多样，可以根据抑郁症患者的不同需要，选择不同的舞风，具有针对性地消除不良心理障碍，提升心理健康的作用。

（二）抑郁症患者应付方式特点及舞蹈治疗的影响

1. 抑郁症患者的应付方式特点

本研究显示，抑郁症患者的抑郁与解决问题、求助因子达到了一定正相关甚至显著负相关，自责、幻想、退避达到了显著正相关，而合理化则无显著相关。从抑郁症患者对六种应付方式的采用情况来看，可以从较多采用到较少采用排序为：退避→自责→合理化→解决问题→求助→幻想。解决问题、求助是面对应急时的积极表现，自责、幻想、退避等是消极表现。这说明，总体上来说，抑郁程度越高，抑郁症患者就越多地采用消极的应付方式；而抑郁程度越低，则越多地采用积极的应付方式。这与过往有关研究结论较为一致。

在本次研究中，抑郁症患者采用最多的是退避的应付方式，这与抑郁症临床症状典型表现中三个维度活动之一——意志活动的减退，有着极大的联系。患者得病后，表现出缺乏动力，什么也不想干，以往可以胜任的工作生活现在感到无法应付的情况，从而在实践中表现为一种退避的现象，而解决问题则成为较少采用的应付方式。

自责为抑郁症患者仅次于退避的另一种主要应付方式。抑郁症患者通常会出现自我评价降低，有时还会将所有的过错归咎于自己，常产生无用感、无希望感、无助感和无价值感，甚至开始自责自罪，严重时可出现罪恶妄想（反复纠结于自己的一些小过失，认为自己犯了大错，即将受到惩罚）。显然，抑郁症病症与自责这一应付方式密切相关。相反，求助则成为较少采用的应付方式。抑郁症患者通常抵触社交，不想和较多人接触，也不想旁人靠近自己，喜欢独处，因而对人际关系交往具有较大的影响。但是求助这一应付方式，恰恰需要与人接触，并主动向他人索取帮助，因此，求助因子和抑郁呈显著负相关。幻想在本研究中与抑郁呈正相关，这与过往研究相一致，但其却为六种应付方式中患者运用比例最少的，究其原因，本研究筛选的抑郁症患者为中轻度抑郁症患者，因此，一般不会出现妄想等症状，幻想比例较低；另外，抑郁症患者通常情绪低落、思维迟缓，看问题比较悲观，较少以幻想作为应付方式。

抑郁症患者有应付方式不良的特点。由于其多采取自责、幻想、退避等消极应付方式，在生活中，如遇到应激事件，易陷入回忆和幻想，把烦恼的事，沉闷的情绪压抑在心底，而不表现出来，苦苦思索，矛盾重重。另外，抑郁症患者通常喜欢一个人独处，从而影响疾病的复发。

2. 舞蹈治疗对抑郁症患者应付方式的影响

本研究发现，舞蹈治疗前后，自责、幻想、退避得分有所下降，而解决问题、求助得分有所提高，均有极显著性差异。因此可得出，舞蹈治疗对抑郁症患者消极应付方式有积极影响，并有效增强了其积极应付方式。但合理化的应付方式治疗前后无显著变化，说明合理化应付方式在抑郁症患者中具有相对稳定性，提示患者虽然看问题比较悲观，但处理事情可能比一般人群更为现实、准确。但在现实生活中，自我评价过分客观、准确、缺乏积极的合理化应付方式，往往难以调动积极的情绪，阻碍了个体的情绪表达，反而不利于心理健康。

抑郁症患者自我评价较低，并且因此较常人更容易出现自责的应付方式。而舞蹈治疗的过程中，患者要通过自己的感觉、理解、体验，通过舞蹈，用自己的身体将形象展现出来，这就要求患者要有一定的创造力和想象力、自信心和勤奋精神，因而舞蹈治疗可以让患者培养自信心，获得成就感和满足感，从而提高抑郁症患者的自我评价，并重新获得希望感和价值感，降低负罪感和自责。

抑郁症患者在舞蹈治疗后，解决问题的应付方式有所提升，而退避的应付方式明显下降。原因有：第一，舞蹈治疗能够有效地让患者树立自信心，提高主动性、自觉性。第二，舞蹈治疗从身体表达的角度去调适、面对，进而处理情绪困扰，引导情绪恢复到正常健康的轨道上来，然后再以健康、冷静的情绪重新去面对、解决这一问题，最终重塑完整的身心健康。这是“舞蹈治疗”的根本原理，这个身与心的交流过程就是“舞蹈治疗”的基本模式。第三，人们内心深处有太多复杂的感情，有时候是不能通过语言或文字表达出来的，例如挫折、恐惧、气馁、爱等情绪，不管在文字上还是语言上都会出现表达上的死角，而舞蹈动作就有弥补语言或文字所不能完全表达的功能。“舞蹈治疗”通过舞蹈动作的创造来抒发人们那些复杂的情感情绪，并将消极的情绪都发泄出来，让患者更有勇气走出来，面对问题，解决问题。了解患者的应付方式，通过多种手段和方式进行治疗与改善，帮助抑郁症患者学习和掌握积极应付技能，改变消极态度和不良适应行为，关系到抑郁症患者的康复速度与情况。

（三）抑郁症患者自我和谐特点及舞蹈治疗的影响

1. 抑郁症患者的自我和谐特点

自我和谐指的是自我内部的协调一致以及自我与经验之间的协调，其对个体的身心健康有重要影响。诸多研究表明，自我和谐作为一种人格特征与心理健康呈显著正相关，可以作为评估心理健康状况的一个指标。

本研究结果显示，抑郁症患者的自我与经验的不和谐、自我的灵活性、自我的刻板性程度较常模高，以下将进行逐一分析。自我与经验的不和谐反映个体过去对自己的认识和目前对自己认识的不一致状况。个体自我观念中的冲突与矛盾，是导致心理异常的原因，而抑郁症患者则明显表现为对自我的不满和排斥。由于抑郁症患者意志活动减退，缺乏动力，心中有欲望，但往往难以实际行动起来，因此容易产生低现实自我与高理想自我的不和谐，形成心理困惑与冲突。另外，抑郁症患者常产生无用感、无希望感、无助感和无价值感，它所产生的症状更多地反映了对经验的不合理期望，从而产生过去经验自我与现实自我的不和谐。因而抑郁症患者的自我与经验的不和谐程度高于正常人群。

自我灵活性，是指个体自我概念的灵活性，即个体在人格成长中总是灵活巧妙地依照内生的机体估价过程而不是外在的价值条件来应对生活环境的变化。其与“敌对”“恐怖”的相关显著，可能预示着自我概念的刻板和僵化。抑郁症患者不善与人沟通，人际关系敏感，较正常人群容易产生易激惹性及敌对情绪。另外，他们对生活失去信心，出现退缩现象，害怕接触社会与面对生活，常出现恐惧感。因此抑郁症患者的自我灵活性程度低于正常人群。

自我的刻板性主要反映个人较为古板、僵化，不能根据事情的变化做出一定的改变。抑郁症患者的症状特点导致其出现思维僵化、古板甚至偏执。另外，生活环境比较局限，可能倾向于采取简单、刻板的行为方式，所以影响了他们解决问题的灵活性和创造性。再者，抑郁症患者思考问题的角度比较单一，不会设身处地为他人着想，因此，其自我的刻板性程度较正常人群高。

2. 舞蹈治疗对抑郁症患者自我和谐的影响

本研究结果显示，舞蹈治疗对抑郁症患者的自我与经验的不和谐、自我的灵活性、自我的刻板性三个因子具有显著性差异，而自我和谐的总分因子则具有极显著性差异。因此可得出，舞蹈治疗对抑郁症患者自我与经验的不和谐、自我的刻板性、自我和谐有积极影响，并有效提高了其自我灵活性。

抑郁症患者的自我与经验的不和谐，明显表现出对自我的不满和排斥。而李宗芹曾描绘舞蹈治疗的五个轮廓之一，就是在无技巧、无规则中，肢体自然舞动，并接受自己的身体形貌。在舞蹈治疗中，“身体—动作”（Body - Movement）是不需矫饰的，完全回归到自然原貌，身体就是主角，有自己的意识，并且提供了人与人之间的交流和讯息的传递。这一舞蹈治疗的原貌，让抑郁症患者能够通过重新审视自己的身体形貌，反思自我意识与过去经验，并让患者经过逐渐接受自己的身体形貌，而慢慢认识自我，接受过去经验，做到自我与经验的和谐统一。

由以上对抑郁症患者自我和谐的特点分析可知，抑郁症患者的自我的灵活性较低，容易产生易激惹性及敌对情绪。另外，他们意志行为出现倒退，害怕接触社会与面对生活，常出现恐惧感。而舞蹈治疗中的另外两个轮廓：动作的“引进”具有发展性和借着接触建立关系，对提高抑郁症患者自我的灵活性具有重要的积极影响。舞蹈治疗过程会让患者习得新的发展性动作，并通过动作让患者获得新的良好的内部体验，从而能够更好地接纳与包容外部世界，降低其敌对情绪，透过动作来发展个体。另外，身体动作是尝试促进个体与他人建立关系和互动的开始，身体的互动是人们修正与他人沟通的方式。这对抑郁症患者由于意志行为倒退、害怕接触社会与面对生活、害怕人际交往而导致的恐惧感具有重要的治愈作用。

抑郁症患者的自我的刻板性程度较高，容易出现思维僵化、古板、偏执。而舞蹈治疗的过程中，通过体验不同模式的舞蹈动作，体会不同的思想感情，从而促进思维的灵活性，改善僵化、古板、偏执思维。另外，舞蹈治疗本身也是一种创造性的心理疗法，自发、自由的舞动激励了个性化的表现，启发舞者尝试新的思维方式和行为。

（四）抑郁症患者的应付方式和自我和谐的关系分析

本研究总体结果显示，采用消极的应对方式对自我和谐存在着不利的影响，而积极应对方式有助于自我和谐。同时，应对方式和自我和谐也不是单向的，二者互相影响互相转化，个体采取积极的应付方式有助于缓解精神紧张，促进自我和谐；而消极的应付方式则使心理平衡遭受到破坏。

如果个体体验到自我与经验之间存在着差距，就会采取各种各样的防御方式来维持其自我概念，以达到自我与经验的再协调。而个体若采用积极应付方式来解决问题，就会对自我有一个更新的认识，个体能更好地评价自我，把与自我概念不和谐的经验纳入自我系统中，并调整自我概念，增强自我效能感。随着解决问题经验的积累，自我概念将更有弹性，从而达到自我和谐。然而在面临应激状态下，个体若采用消极应付方式，如逃避、自责、幻想等，则可能暂时会保持自我在应急状态下和谐，但这种自我和谐是不稳定的，一旦环境变化超出个体的经验范围就会陷入不和谐，这样循环往复必然导致心理问题的产生。

四、结语

本研究从文献整理入手，总结归纳了舞蹈治疗的历史发展、抑郁症的古今认识状况及治疗进展，运用量表测量法、问卷调查法研究了抑郁症患者的应付方式与自我和谐的特点，并实际运用团体舞蹈训练对一批抑郁症患者实施了为期三周的舞蹈治疗，观察了舞蹈治疗对抑郁症患者自我和谐与应付方式等方面的影响和治疗效果。

调查表明，大部分抑郁症患者首先采用自责、退避的消极应付方式；抑郁症患者也表现出自我与经验的不和谐、自我的刻板性、自我和谐的总分均较常模高，而自我的灵活性程度较常模低，抑郁症患者表现出较明显的自我不和谐。实验表明，舞蹈治疗作为一种非言语性的身心整合方法对抑郁症患者的抑郁情绪、应付方式和自我和谐均有着较好的治疗效果。

本研究综合文献研究、跨文化比较法和问卷调查研究，突破了以往本项目研究中理论与实践脱节的不足。在研究内容上，与以往单因素相比，本研究综合分析了抑郁症患者的抑郁状况、应对方式和自我和谐的交互影响，研究了舞蹈治疗对抑郁症患者自我效能及康复的影响。本研究对抑郁症患者自我和谐与应对方式之间联系的研究将拓展国内目前在本领域的关注。另外，由于舞蹈治疗在中国处于萌芽阶段，是一种较新的心理治疗方法，因而目前国内对患者所实施的舞蹈治疗大多是直接套用国外的一些方法。本研究基于中国人的文化背景、民族特征和心理特征，大胆地应用了具有中国特色的广场舞和具有东方文化色彩的舞蹈作为治疗手段，将中国传统文化中的舞蹈动作和舞蹈心理紧密结合到治疗中，一方面体现了舞蹈治疗中融入的心理学思想和技术；另一方面又充分地考虑到如何使舞蹈治疗更加符合我国本土文化的土壤。

躯体形式障碍的应对方式及中医内观疗法临床观察

吴志雄

一、研究背景、意义和方法

（一）研究背景

躯体形式障碍是一类以各种躯体症状作为其主要临床表现，不能证实存在器质性损害，但有证据表明与心理因素或内心冲突密切相关的精神障碍。Gureje 等报道 14 个国家利用 ICD-10 诊断标准进行调查发现，2.8%被调查对象患躯体化障碍，而在基层保健机构及综合医院就诊人群中，躯体形式障碍患者占就诊患者的 16.7%。国内孟凡强等利用 ICD-10 诊断标准，发现综合医院门诊就诊患者 18.2%为躯体形式障碍，躯体化障碍占门诊总就诊数的 7.4%。一般认为，躯体化障碍患者以女性多见，女性人口中的患病率约 1%，发病多在 30 岁之前。

躯体形式障碍不仅会对患者的工作、学习和生活造成严重的影响，造成患者社会功能的损害，还会使患者产生焦虑、抑郁等情绪。患者常在各种综合医院反复就诊，接受多种不必要的医学检查、治疗甚至探查性手术，造成医疗资源的浪费和对患者自身及其家庭造成严重的经济负担。并且，躯体形式障碍病程迁延，可以持续几年甚至几十年，部分患者可出现明显的抑郁、自杀等消极行为。因此有必要进行更多科学设计的试验，寻求安全有效的治疗方法，解除患者疾苦。

（二）研究目的与意义

观察躯体形式障碍者的人格特点和应对方式的特点；探讨影响躯体形式障碍的病理机理及其相关因素；研究中医内观认知疗法对躯体形式障碍的治疗机理与治疗效果。

本研究拟运用中医内观认知疗法治疗躯体形式障碍，一方面，探讨该疗法对改善和消除躯体化症状的疗效，为临床上治疗躯体形式障碍提供一种新的技术；另一方面，为发展中国本土化心理治疗技术提供实践基础。本研究希望通过中医内观认知疗法使一些长期依赖服药的躯体形式障碍患者达到逐渐减少用药量或停药的目的。

(三) 研究对象和方法

(1) 研究对象：62 例来自广州中医药大学的学生和社会人员，入组标准：一是无严重躯体疾病；二是目前精神状况良好，无既往精神疾病史。(2) 研究方法：文献分析法、问卷法、临床实验法、统计法、个案研究法。(3) 研究工具：一般情况问卷、症状自评量表 (SCL-90)、艾森克人格问卷 (EPQ)、汉密尔顿焦虑量表 (HAMA)、特质应对方式问卷 (TCSQ)、《减压放松训练》CD、内观手册。

(四) 实施方法和步骤

1. 前测过程

采用症状自评量表、艾森克人格问卷、汉密尔顿焦虑量表、特质应对方式问卷、一般情况问卷对对照组和实验组患者进行施测，记录测量结果。

2. 治疗过程

对照组的躯体形式障碍患者仅接受常规治疗，包括药物治疗以及常规的健康宣教。除门诊开的治疗药物外，患者在治疗期间不使用其他药物，对治疗药物有严重过敏反应或出现严重不良反应而不能耐受者终止试验。

实验组在进行上述常规治疗的基础上，接受中医内观认知疗法的治疗，整个中医内观认知训练由放松、内观练习、认知调节三大部分组成，按照下面的步骤进行：

(1) 放松环节：实验组被试选择一个没有噪音干扰的安静场所，环境光线适中，并采取舒适坐姿、半躺或侧卧姿势，排除心中的杂念，注意倾听每一句指导语、首次治疗由咨询人员向被试介绍呼吸放松的机理、方法和操作程序。另外，叮嘱被试自己练习时播放《减压放松训练》的第一部分，进行注意集中放松方法和腹式深呼吸法的练习。(10 分钟)

(2) 内观练习环节：在音乐的引导下，按照内观手册的指引进行内观练习。内观内容分为以下五个部分（内观内容按照患者的病情和症状而定，每个患者的每个阶段内观内容均不一致，具体内容按照患者的内观手册指引)。

第一部分，情绪的内观。(10 分钟)

保持平缓的呼吸，开始有目的地、不带有批判地感受自己此时此刻的情绪，思考：①此时此刻的情绪体验是由何引起的？②这种情绪会对我的工作、学习、生活造成什么影响？③回忆首次出现躯体症状时的情绪感受是怎样的？带着你的问题以及感悟慢慢地过渡到下一个阶段的内观。

第二部分，症状的内观。(10 分钟)

①身体有哪些不适？从头到脚慢慢地去体会。②躯体不适部位经检查后是否有病变？如有，与其他同类病患对症状的感受有何异同？如无，思考为什么会产生这种不适感。③回忆自己什么时候开始出现这种躯体症状的？④首次出现躯体症状的那一阵子发生了什么事情？当时自己有什么感受？⑤这些躯体不适感在什

么情况下会加重，又在什么情况下会减轻？

第三部分，情绪与症状关系的内观。（10 分钟）

刚才体验到的情绪与我的躯体症状有没有什么关系？（引起与被引起）

第四部分，人格的内观。［此处的内观内容与艾森克人格问卷（EPQ）和特质应对方式（TCSQ）问卷结果结合，按照患者的实际情况制定］（20 分钟）

觉得自己的性格是怎么样的？能够用什么词语形容自己？平日里和别人是怎么相处的？自己是否满意？不满意的地方在哪里？怎么应对学习、工作、生活上的压力？

第五部分，对身边的人物的内观。（该部分的内观对象根据患者的实际情况制定）（20 分钟）

我对身边的人做过什么？身边的人对我做过什么？我给身边的人添了什么麻烦？患病前与患病后身边的人对待我有什么变化？我现在这种状态给我身边的人带来了什么影响？

（3）认知调节环节：聆听邱鸿钟教授研制开发的《减压放松训练》的第二部分（中医认知疗法），聆听作者整理编写的“收心、清心、虚心、静心”八字养心箴言。

试验组患者每周进行至少两次中医内观认知训练，每次持续 50 分钟，每一到两周复诊一次。复诊时由咨询人员检查患者中医内观认知训练的完成情况，并记录患者最近的心得、体会。

3. 后测过程

治疗三个月后采用症状自评量表（SCL－90）、艾森克人格问卷（EPQ）、汉密尔顿焦虑量表（HAMA）、特质应对方式问卷（TCSQ）、一般情况问卷分别对对照组和实验组患者进行施测，记录测量结果。

二、研究结果

（一）入组情况

1. 躯体形式障碍组

在广州中医药大学第一附属医院心理门诊收集符合入组标准的躯体形式障碍患者 62 例，其中实验组 30 例，男性 12 例，女性 18 例；对照组 32 例，男性 13 例，女性 19 例；入组对象年龄在 18～57 岁，平均（30.16±8.25）文化水平分布在小学—大学本科之间。其中有胃肠道症状者 46 例（74%），症状具体表现有胃部不适、恶心、腹胀、大便稀等；有皮肤感觉异常或疼痛症状者 39 例（63%），症状表现为全身疼痛、身体局部麻木感、手脚无力感、头部胀痛、身体忽冷忽热等；有呼吸系统症状者 21 例（34%），表现为胸闷、气促、心悸、心前区不适等；有泌尿生殖系统症状者 8 例（13%），主要表现为尿频、排尿困难等。两组在性别、年龄上差异均无统计学意义（$p>0.05$），说明两组被试在性别、年龄上匹配度较好。

2. 正常人群组

62 名来自广州中医药大学的学生和社会人员，其中男性 26 例，女性 36 例。年龄在 19～54 岁，平均（29.26±7.45）。与躯体形式障碍组在性别、年龄上差异无统计学意义（$p>0.05$）。

（二）躯体形式障碍组（SD 组）与正常人群组 SCL－90、EPQ、TCSQ 基本情况

表 1　SD 组与正常人群组 SCL－90 总分及各因子评分的差异性比较（$M\pm SD$）

项目	躯体形式障碍组（$n=62$）	正常人群组（$n=62$）	t	p
总分	203.39±42.74	119.98±17.96	14.166**	0.000
躯体化	2.50±0.58	1.16±0.20	17.333**	0.000
强迫	2.24±0.45	1.58±0.41	8.437**	0.000
人际关系	2.30±0.72	1.46±0.34	8.302**	0.000
抑郁	2.26±0.61	1.32±0.30	10.949**	0.000
焦虑	2.40±0.56	1.33±0.25	13.664**	0.000
敌对	2.00±0.76	1.26±0.30	7.197**	0.000
恐怖	1.87±0.71	1.21±0.25	6.872**	0.000
偏执	2.18±0.70	1.32±0.26	9.048**	0.000
精神病性	2.17±0.65	1.35±0.29	9.076**	0.000
其他	2.14±0.65	1.15±0.32	10.820**	0.000

注：**$p<0.01$，*$p<0.05$，下同

表 1 显示，与正常人群组相比，躯体形式障碍组 SCL－90 总分及各因子得分均明显高于正常人群组，且具有显著性差异（$p<0.01$）。

表 2　SD 组与正常人群组 EPQ 和 TCSQ 各因子的比较（$M\pm SD$）

项目	躯体形式障碍组（$n=62$）	正常人群组（$n=62$）	t	p
EPQ－E	55.03±12.25	49.19±10.79	2.728**	0.008
EPQ－N	57.85±10.66	42.26±11.65	7.238**	0.000

（续上表）

项目		躯体形式障碍组（$n=62$）	正常人群组（$n=62$）	t	p
EPQ－E		55.03±12.25	49.19±10.79	2.728**	0.008
EPQ－P		52.71±9.51	50.81±6.66	1.376	0.174
EPQ－L		45.48±9.70	42.26±6.38	2.177*	0.033
TCSQ	积极分	26.26±3.33	33.08±2.38	－13.274**	0.000
	消极分	32.06±4.50	25.52±2.14	9.892**	0.000

表2显示，躯体形式障碍组的EPQ－E和EPQ－N、EPQ－L分明显高于正常人群组，差异具有统计学意义（$p<0.01$ 或 $p<0.05$），在特质应对方式的比较上，躯体形式障碍组的积极应对因子分明显低于正常人群组，而消极应对因子分明显高于正常人群组（$p<0.01$）。

（三）实验组与对照治疗前SCL－90总分及各因子评分的差异

表3　实验组与对照组治疗前SCL－90总分及各因子的比较（$M \pm SD$）

项目	实验组	对照组	t	p
总分	209.83±48.84	197.34±35.84	1.153	0.253
躯体化	2.59±0.75	2.41±0.33	1.208	0.234
强迫	2.39±0.52	2.09±0.32	2.743**	0.009
人际关系	2.20±0.74	2.39±0.70	－1.054	0.296
抑郁	2.32±0.54	2.21±0.67	0.716	0.477
焦虑	2.47±0.67	2.33±0.43	1.003	0.321
敌对	2.19±0.83	1.82±0.65	1.939	0.057
恐怖	2.01±0.82	1.73±0.56	1.593	0.117
偏执	2.16±0.84	2.20±0.55	－0.237	0.814
精神病性	2.23±0.71	2.12±0.59	0.237	0.492
其他	2.21±0.72	2.08±0.57	0.173	0.436

表3显示，实验组与对照组治疗前仅强迫因子得分有显著差异（$p<0.01$），表明两组数据具有可比性。

表4　实验组治疗前后 SCL－90 总分及各因子评分的差异性比较（$M \pm SD$）

项目	实验组前测	实验组后测	t	p
总分	209.83±48.84	149.67±33.75	9.249**	0.000
躯体化	2.59±0.75	1.63±0.33	8.886**	0.000
强迫	2.39±0.52	1.58±0.42	7.903	0.111
人际关系	2.20±0.74	1.82±0.46	3.328**	0.002
抑郁	2.32±0.54	1.65±0.48	6.872**	0.009
焦虑	2.47±0.67	1.70±0.46	6.728*	0.018
敌对	2.19±0.83	1.79±0.59	3.143**	0.001
恐怖	2.01±0.82	1.78±0.61	1.397	0.345
偏执	2.16±0.84	1.43±0.45	6.052**	0.000
精神病性	2.23±0.71	1.67±0.47	4.787*	0.011
其他	2.21±0.72	1.58±0.42	5.267*	0.015

表4显示，实验组治疗前后，SCL－90总分以及躯体化因子、人际关系因子、抑郁因子、焦虑因子、敌对因子、偏执因子、精神病性因子及其他因子得分均有显著性差异（$p<0.01$）。说明中医内观认知疗法结合药物治疗对躯体形式障碍患者的心理健康水平有着积极的影响。

表5　对照组治疗前后 SCL－90 总分及各因子评分的差异性比较（$M \pm SD$）

项目	对照组前测	对照组后测	t	p
总分	197.34±35.84	154.03±30.01	7.001**	0.000
躯体化	2.41±0.33	1.77±0.31	9.645**	0.000
强迫	2.09±0.32	1.68±0.47	4.595**	0.000
人际关系	2.39±0.70	1.67±0.40	5.314**	0.000
抑郁	2.21±0.67	1.72±0.49	4.117**	0.000
焦虑	2.33±0.43	1.74±0.47	6.474**	0.000
敌对	1.82±0.65	1.77±0.59	0.421	0.677
恐怖	1.73±0.56	1.81±0.55	－0.635	0.530
偏执	2.20±0.55	1.69±0.36	4.687**	0.000
精神病性	2.12±0.59	1.65±0.45	4.014**	0.000
其他	2.08±0.57	1.63±0.38	4.036**	0.000

表5显示，对照组治疗前后，SCL－90总分、躯体化因子、强迫因子、人际关系

因子、抑郁因子、焦虑因子、偏执因子、精神病性因子及其他因子得分均有显著性差异（$p<0.01$）。说明单纯药物治疗对躯体形式障碍患者的心理健康水平有着积极的影响。

表6　实验组与对照组治疗前后 SCL－90 总分及各因子评分差值比较（$M \pm SD$）

项目	实验组差值（$n=30$）	对照组差值（$n=32$）	t	p
总分	−60.17 ±6.51	−42.10 ±6.86	−2.027*	0.050
躯体化	−0.96 ±0.11	−0.65 ±0.65	−2.248*	0.019
强迫	−0.81 ±0.10	0.50 ±0.08	−2.200*	0.036
人际关系	−0.38 ±0.11	−0.71 ±0.14	2.247*	0.032
抑郁	−0.67 ±0.10	−0.49 ±0.13	−1.228	0.229
焦虑	−0.77 ±0.12	−0.59 ±0.10	−0.510	0.142
敌对	−0.40 ±0.13	−0.02 ±0.13	−2.695*	0.012
恐怖	−0.24 ±0.17	0.11 ±0.12	−2.318*	0.028
偏执	−0.73 ±0.12	−0.49 ±0.11	−1.684	0.103
精神病性	−0.56 ±0.12	−0.46 ±0.12	−0.714	0.481
其他	−0.63 ±0.11	−0.33 ±0.13	−1.909	0.066

表6显示，实验组治疗前后SCL－90总分差值与对照组治疗前后 SCL－90 总分差值差异有统计学意义（$p<0.05$）；实验组治疗前后 SCL－90 各因子差值与对照组治疗前后SCL－90各因子差值中，躯体化、强迫、人际关系、敌对及恐怖因子差值差异有统计学意义（$p<0.05$）。表明中医内观认知疗法结合药物治疗与单纯药物治疗相比，前者更能有效地提高躯体形式障碍患者的心理健康水平，主要表现在躯体化、强迫、人际关系、敌对、恐怖等方面。

（四）实验组与对照组治疗前后 EPQ 各因子评分的差异

表7　实验组与对照组治疗前 EPQ 各因子比较（$M \pm SD$）

	实验组	对照组	t	p
EPQ－E	52.67 ±11.27	57.03 ±9.99	−2.267*	0.028
EPQ－N	59.07 ±9.12	55.47 ±12.56	0.873	0.387
EPQ－P	54.77 ±10.03	51.25 ±9.84	1.673	0.100
EPQ－L	47.43 ±9.36	41.88 ±9.98	1.838	0.071

表7显示，实验组与对照组仅在EPQ－E上差别有统计学意义（$p<0.05$），表明两组数据具有可比性。

表8　实验组治疗前后EPQ各因子评分差异性比较（$M \pm SD$）

项目	实验组前测	实验组后测	t	p
EPQ－E	52.67±11.27	53.83±5.68	－0.587	0.090
EPQ－N	59.07±9.12	52.67±7.40	2.705*	0.011
EPQ－P	54.77±10.03	51.50±4.58	1.647	0.110
EPQ－L	47.43±9.36	42.50±7.85	2.244*	0.033

表8显示，实验组治疗前后EPQ－N、EPQ－L得分差异有统计学意义（$p<0.05$），表明中医内观认知疗法结合药物治疗对躯体形式障碍患者的人格有一定的改善作用。

表9　对照组治疗前后EPQ各因子评分差异性比较（$M \pm SD$）

项目	对照组前测	对照组后测	t	p
EPQ－E	58.28±7.79	57.03±9.99	1.000	0.325
EPQ－N	56.72±11.96	55.47±12.56	1.137	0.264
EPQ－P	50.78±8.72	51.25±9.84	－0.385	0.703
EPQ－L	42.97±9.74	41.88±9.98	0.942	0.353

表9显示，对照组治疗前后EPQ各因子得分均无显著性差异。表明单纯的药物治疗对改善躯体形式障碍患者的人格作用有限。

表10　实验组与对照组治疗前后EPQ各因子评分差值比较（$M \pm SD$）

项目	实验组差值（$n=30$）	对照组差值（$n=32$）	t	p
EPQ－E	1.17±1.99	－0.67±1.17	0.931	0.360
EPQ－N	－6.40±2.37	－1.67±1.11	－1.813*	0.080
EPQ－P	－3.27±1.98	－0.67±1.07	－1.347	0.188
EPQ－L	－4.93±2.20	－0.33±1.10	－2.122*	0.043

表10显示，实验治疗前后与对照组治疗前后EPQ－L、EPQ－N分差值差异有统计学意义（$p<0.05$），表明躯体形式障碍患者在接受中医内观认知疗法结合药物治疗后在自我掩饰上有所改善。

(五) 实验组与对照组治疗前后 TCSQ 各因子评分的差异

表 11　实验组与对照组治疗前 TCSQ 各因子评分比较（$M \pm SD$）

	实验组	对照组	t	p
积极应对	27.03 ±3.55	25.47 ±2.82	1.929	0.061
消极应对	32.63 ±5.83	31.53 ±2.72	0.944	0.351

表 11 显示，实验组与对照组治疗前 TCSQ 各因子差异均不显著（$p > 0.05$），表明两组数据具有可比性。

表 12　实验组治疗前后 TCSQ 各因子评分差异性比较（$M \pm SD$）

项目	实验组前测	实验组后测	t	p
积极应对	27.03 ±3.55	29.40 ±3.06	−2.427*	0.022
消极应对	32.63 ±5.83	26.77 ±4.14	4.508**	0.000

表 12 显示，实验组治疗前后 TCSQ 积极应对因子得分差异有统计学意义（$p < 0.05$），在消极应对因子得分上有显著性差异（$p < 0.01$）。表明中医内观认知疗法结合药物治疗能有效改善躯体形式障碍患者的应对方式。

表 13　对照组治疗前后 TCSQ 各因子评分差异性比较（$M \pm SD$）

项目	对照组前测	对照组后测	t	p
积极应对	25.47 ±2.82	26.34 ±3.12	−1.159	0.255
消极应对	31.53 ±2.72	29.44 ±2.48	3.583**	0.001

表 13 显示，对照组治疗前后 TCSQ 消极应对因子得分有显著性差异（$p < 0.01$），而在积极应对因子得分上差异无统计学意义（$p > 0.05$）。表明单纯药物治疗对躯体形式障碍患者的消极应对上有改善作用，而在积极应对方面无影响。

表 14　实验组与对照组治疗前后 TCSQ 各因子评分差值比较（$M \pm SD$）

项目	实验组差值（$n = 30$）	对照组差值（$n = 32$）	t	p
积极应对	2.37 ±5.34	0.97 ±4.23	0.975	0.338
消极应对	−5.87 ±7.13	−2.40 ±0.58	−2.401*	0.023

表 14 显示，实验组治疗前后 TCSQ 各因子差值与对照组治疗前后 TCSQ 各因子差

值中，消极应对因子差值差异有统计学意义（$p<0.05$），而在积极应对因子差值上差异不显著（$p>0.05$）。表明中医内观认知疗法结合药物治疗与单纯药物治疗相比，前者能更有效地改善躯体形式障碍患者的消极应对方式。

（六）实验组与对照组治疗前后 HAMA 总分及各因子评分的差异

表 15　实验组与对照组治疗前 HAMA 总分及因子评分比较（$M \pm SD$）

	实验组	对照组	t	p
总分	24.83 ±4.63	25.47 ±3.46	−0.609	0.545
躯体性焦虑	10.93 ±3.37	11.28 ±2.17	−0.476	0.634
精神性焦虑	13.90 ±2.60	14.19 ±1.82	−0.501	0.619

表 15 显示，实验组与对照组实验前 HAMA 总分及因子评分差异均不显著（$p>0.05$），表明两组数据具有可比性。

表 16　实验组治疗前后 HAMA 总分及各因子评分差异性比较（$M \pm SD$）

项目	实验组前测	实验组后测	t	p
总分	24.83 ±4.63	11.57 ±2.76	15.592**	0.000
躯体性焦虑	10.93 ±3.37	6.33 ±1.56	7.571**	0.000
精神性焦虑	13.90 ±2.60	5.23 ±1.85	18.811**	0.000

表 16 显示，实验组治疗前后 HAMA 总分及各因子得分上均有显著性差异（$p<0.01$），表明中医内观认知疗法结合药物治疗能有效地改善躯体形式障碍患者的焦虑状况。

表 17　对照组治疗前后 HAMA 总分及各因子评分差异性比较（$M \pm SD$）

项目	对照组前测	对照组后测	t	p
总分	25.47 ±3.46	13.06 ±3.70	12.383**	0.000
躯体性焦虑	11.28 ±2.17	5.53 ±1.78	10.671**	0.000
精神性焦虑	14.19 ±1.82	7.53 ±2.53	11.485**	0.000

表 17 显示，对照组治疗前后 HAMA 总分及各因子得分上均有显著性差异（$p<0.01$），表明单纯药物治疗对躯体形式障碍患者的焦虑状况有显著疗效。

表 18 实验组与对照组治疗前后 HAMA 总分及各因子评分差值比较（$M \pm SD$）

项目	实验组差值	对照组差值	t	p
总分	−13.27 ±4.66	−12.70 ±5.73	−0.410	0.685
躯体性焦虑	−4.60 ±3.33	−5.83 ±3.13	1.338	0.191
精神性焦虑	−8.67 ±2.52	−6.87 ±3.26	−2.401*	0.023

表 18 显示，实验组治疗前后 HAMA 总分及各因子差值与对照组治疗前后 HAMA 总分及各因子差值比较中，精神性焦虑差值差异有统计学意义（$p<0.05$），而 HAMA 总分及躯体性焦虑因子差异不显著。表明中医内观认知疗法结合药物治疗与单纯药物治疗相比，前者能更有效地改善躯体形式障碍患者的精神性焦虑。

三、讨论分析

（一）躯体形式障碍患者的心理防御机制

有研究证明，心理问题受个性心理特征、应对方式等因素的影响。Stern 研究发现，躯体形式障碍患者存在人格障碍但不限于某一种类型；他发现被动依赖型、表演型、敏感型在躯体形式障碍患者中较多。许多研究证实，人格特征是躯体化障碍的重要发病基础，人格缺陷为躯体形式障碍的发生和发展提供了条件，对躯体形式障碍有一定的病因学意义。本研究结果显示躯体形式障碍患者的 EPQ－E、EPQ－N 和 EPQ－L 分均明显高于正常人群（$p<0.05$ 或 $p<0.01$），提示躯体形式障碍人格表现主要为外向、神经质、易掩饰自己的外向不稳定的性格特征，这与前人的研究结果相一致。正是由于这样的个性特征或个性易感素质，躯体形式障碍患者更多地把注意力集中于自身的身体不适及相关事件上，导致感觉阈值降低，增加了对身体感觉的敏感性，易于产生各种躯体不适和疼痛感觉。

应对方式是个体摆脱精神紧张的自我心理适应和心理支持机制，是指个体在应激情境或生活事件中，对该环境或事件作出认知评价以及认知评价之后平衡自身心理状态所采取的方法、手段或策略。本研究结果显示，躯体形式障碍组的消极应对方式分明显高于正常对照组，积极应对方式因子分低于正常对照组（$p<0.01$），提示躯体形式障碍患者多采用消极应对方式。躯体形式障碍患者对生活事件采取不成熟的应对方式，对生活事件的看法存在认知上的错误，遇到事情时，不是积极寻求帮助，而是过分自责和后悔，以逃避事件来缓解痛苦，靠幻想来安慰自己。精神分析理论认为，躯体形式障碍心理动力学的基础是成人在遇到压力时，会重现婴幼期对外界刺激的躯体反应，借此可将自己的内心矛盾或冲突转换成躯体障碍，从而摆脱自我的困境。弗洛伊德把这一过程叫做“再躯体化”，它是一个退化过程。

（二）中医内观认知疗法对躯体形式障碍患者的心理健康水平的影响

躯体形式障碍患者频繁就诊，辗转求医，在感到躯体不适的同时可能伴有焦虑、抑郁等各种负性的情绪和情感体验。有研究表明，躯体症状数目越多，躯体健康和精神健康损害越严重。Smith 等发现，躯体化疾病患者躯体症状数目越多，抑郁或焦虑障碍的评分越高，社会功能受损越严重。本研究调查结果显示，躯体形式障碍组患者 SCL－90 总分及各因子得分均明显高于正常对照组（$p<0.01$），说明躯体形式障碍患者的心理健康水平总体偏低。

在躯体形式障碍的治疗方面，本研究结果显示，中医内观认知疗法结合药物治疗与单纯药物治疗相比，前者能更有效地提高躯体形式障碍患者的心理健康水平，且主要体现在躯体化、强迫、人际关系、敌对、恐怖等方面。究其原因，单纯的药物治疗虽然对治疗躯体形式障碍的患者有一定疗效，在一定程度上减缓患者的焦虑、抑郁情绪，但没有从根本上解决病灶，仍然容易出现反复。而且长期服药会令中枢神经系统产生副作用，容易产生药物依赖，一旦停药，就会出现焦虑紧张、抑郁等症状。躯体形式障碍的主要表现特征是患者反复陈述躯体症状，不断要求给予医学检查，却无视检查的阴性结果或医生的解释。尽管症状的发生和持续与不愉快的生活事件、困难或心理冲突密切有关，但患者常常否认心理因素的存在和拒绝探讨心理病因的可能，甚至伴有明显的焦虑或抑郁情绪也是重要的影响因素。所以归根到底躯体形式障碍是心理紊乱的结果。中医内观认知疗法是集呼吸放松训练、内观练习、中医认知疗法及音乐治疗于一体，对患者的生理和心理紊乱发挥着综合治疗的作用。

首先，躯体形式障碍患者经常表现出过度紧张、焦虑等心理特征，会导致交感神经系统兴奋性增强，精神处于紧张状态。呼吸放松训练可以影响植物神经功能，抑制交感神经的兴奋水平，使紧张焦虑得以缓解。有研究表明，放松训练能够激活额叶的活动，增加其脑血流灌注，从而使训练者摆脱不良情绪，解除心理压力；通过激活下丘脑的活动进而调控自主神经系统的功能，使交感神经和副交感神经的活动维持在一个良好的平衡水平。

其次，躯体化同时涉及“生物、心理、社会”三方面的演化过程，由此过程，用躯体症状来表达、解释个人（心理方面）和人际间（社会方面）的种种问题，且体验为躯体症状（生理方面）。换言之，患者虽然诉说的是躯体症状，表达的却是社会、心理方面的问题。躯体症状和心理问题互相影响，互为因果，最终形成恶性循环。内观训练就是要患者通过对自己情绪、症状以及人际关系等方面的自我反思过程，以“自知其心”“以心觅心”的内求为特色。在这过程中，患者通过意识自觉的方式，直接体验到自身的心理，并直接构筑了自身的心理，它不仅是关于对对象（情绪、症状、人际关系等）的认知、理解，也包含关于对对象的感受。内观训练主要是想发展患者的觉知力，比如说躯体形式障碍病程迁延，患者在患病过程中常常受到症状的牵连而不去反思症状背后的原因，使生活充满了痛苦，通过内观的练习，使其觉知的能力增强，从而打破这种恶性循环。

躯体形式障碍患者的人格特征常表现为疑病、抑郁、癔症、病态人格、精神衰弱，对外界压力容易产生不合理的认知和消极应对方式，从而引发内心冲突导致躯体形式障碍的发病。中医认为，心神在情志活动中有主导作用。情志活动以五脏为生理基础，虽然它们之间有着某种相互对应的联系，但这种联系并不是不同性质的客观刺激直接作用于某个脏器的结果，而是首先作用于心，通过心神的调节而使五脏分别产生不同的变动，行于外则表现相应的情志变化，所以说七情皆从心发。如张介宾在《类经》中说："心为五脏六腑之大主，而总统魂魄，兼该志意，故忧动于心则肺应，思动于心则脾应，怒动于心则肝应，恐动于心则肾应。"当外界刺激因素作用于心神时，首先要由心神识别，而这个识别过程就相当于我们的认知过程，也就是说，认知过程对五脏情志具有主导作用。而中医认知疗法是一种传统修身养性的思想，它通过强调人生观、价值观和认识方法对人的精神体验和生活方式的重要影响。其包含"收心、清心、虚心、静心"八字养心箴言，转变日常生活中一些悲观消极的态度，祛除争强好胜、浮躁等不良心理，从而达到"恬淡虚无、精神内守"的心身平衡状态。另外，中医认知疗法也有利于帮助患者调整关于躯体化表现的不良认知，改变其对躯体化症状的恐惧心理与焦虑情绪，帮助患者建立健康的信念和良好的生活态度。

音乐对人的身心具有调节作用，不同乐曲的节奏、旋律、音调、音色对人体能起到兴奋、抑制、镇静、镇痛等作用。中华民族历来注意音乐对人的心身调节作用。《乐记》认为情感能影响音乐，音乐亦能影响情感，"乐者，音之所由生也，其本在人心之感于物也。是故其哀心感者，其声噍以杀；其乐心感者，其声啴以缓；其喜心感者，其声发以散；其怒心感者，其声粗以厉；其敬心感者，其声直以廉；其爱心感者，其声和以柔"。音乐对调剂人的和谐生活和增进健康都有益处，所谓"去忧莫如乐"。现代医学研究认为，音乐通过自己的振动频率、节奏和强度，作用于大脑皮层，并对丘脑下部、边缘系统产生效应，以调节激素分泌，促进血液循环，调整胃肠蠕动，促进新陈代谢，从而改变人的情绪体验和身体机能状态。本研究所采用的中医内观认知疗法以古筝音乐作为背景，古筝音乐含蓄柔美，清新舒展，可以起到放松肌肉和神经、减缓焦虑抑郁情绪的作用。

（三）中医内观认知疗法对躯体形式障碍患者个性特征的影响

人格特征在躯体化症状的产生、维持中有重要的作用。已有研究表明，躯体化患者中常见的几种人格特征是述情障碍、依恋类型、神经质与消极情绪特质。有述情障碍的个体虽然能有正常的情绪体验，但是在情绪表达上存在困难。情绪会引起一系列生理反应的产生，如激素分泌。如果情绪得不到适当的宣泄，会使情绪体验改变为一些异常的躯体感知觉，如胸闷、心悸等。这些感知觉在神经质倾向的个体身上很容易被理解为疾病信号，使这些个体对自己的身体状况产生过度的焦虑和担心，并四处求医。如果得到的诊断结果是没病的话，在非安全型依恋的个人看来，这是医生不关心自己，不给自己做详细检查的结果。这种消极的人际体验与躯体化症状之间可能产生一个恶性的循环：患者努力地表现出更多的症状来证明自己生病并求得关爱。

本研究结果显示，躯体形式障碍患组的 EPQ－E、EPQ－N、EPQ－L 得分显著高于正常人群组，提示躯体形式障碍患者人格表现为外向、神经质、易掩饰自己。他们过度关注躯体症状感觉，情绪体验敏感而不稳定，喜欢向他人诉说自己的躯体不适症状，拒绝探讨心理原因。本研究所采用的中医内观认知疗法就是通过让患者对躯体反应的觉察、自身情绪的再感受、躯体症状与情绪体验的关系、生活事件以及人际关系等方面的自我审视，让其了解到自己的躯体反应是由心理冲突引发的，而并非真的有器质性病变，而自己的个性特征是引发心理冲突的重要成因，让其在内观训练过程中逐渐接受自身的个性缺陷。在内观训练的基础上接受中医认知疗法的治疗，通过“收心、清心、虚心、静心”八字养心箴言，帮助患者重新审视了解自我，找到自己不安的根源，并找到自己存在的认知偏差和自动性思维，转变对待躯体化症状的不良认知，从而改变其对躯体表现的焦虑抑郁情绪，帮助当事人改变对人、对事的悲观、消极的态度，促进患者对人生意义的顿悟，恢复心理的平衡。第一要“收心”，先人说，“不见可欲使心不乱”；“养心莫善于寡欲”，“无思无虑是真修，养气全神物物休”“莫将外景心中蕴，好比灵丹性上求”，让躯体形式障碍患者放下对自身躯体症状的执着，理性地对待自身症状。第二要“清心”，结合内观训练对日常生活事件及人际关系的反思，可以认识到自身究竟受到哪些“有害之心”的影响，并进行清除。第三要“虚心”，《道德经》中说：“虚其心，实其腹。”《淮南子·精神训》里也说：“圣人以无应有，必究其理；以虚受实，必穷其节；恬愉虚静，以终其命。”躯体形式障碍患者往往受生活中的人和事所扰，承受着较大的精神压力且不能释怀，通过“虚心”环节，让其祛除了蒙在心灵上的污垢。第四要“静心”，结合内观训练，让患者明白“是什么令其心浊?”“是什么令其心动不安?”从而使自己的心静下来。心为五脏之主，心动则五脏六腑皆摇。故曰：“静而日充者以壮，躁而日耗者以老。”中医经典《黄帝内经》中说：“静则神藏，躁则消亡。”如果一个人总是沉浸在忧悲喜怒之中，则理智和聪慧就没有存留的地方了。万物要顺其自然，不必勉强，这样福将自归，道将自来。这是一个由对自身的自省逐渐到自悟的过程。

本研究结果显示，对照组治疗前后 EPQ 各因子无差异，而实验组治疗前后 EPQ－N 和 EPQ－L 得分差异有统计学意义，也就是说，单纯药物治疗对躯体形式障碍患者的个性特征无明显改变作用，而中医内观认知疗法能够比较有效地改善躯体形式障碍患者的个性特征。

(四) 中医内观认知疗法对躯体形式障碍患者应对方式的影响

应对方式作为应激与健康的中介机制，对心身健康的保护起着重要的作用。个体在高的应激状态下，良好的应对方式可以减轻心理损害，而消极的应对方式可以加重应激。国外学者也认为对应激因素不恰当的反应在躯体形式障碍的形成中起了重要的作用。躯体形式障碍患者对生活事件采取消极的应对方式，遇事采取自责与退避来缓解痛苦，靠幻想来安慰自己，而且患者往往存在不同程度的述情障碍，描述情感能力有欠缺，认识、区分情绪与躯体感受的能力低下，往往描述躯体不适而不谈自己的情绪。其实，类似相关研究早已表明，不成熟的应对方式或防御机制在躯体化症状形成中的作用。心理动力学理论认为，躯体化症状是患者心理问题和负性情绪的一种表达方式，是心理防御的结果。刘娟美等研究发现躯体形式障碍患者与对照组相比在成熟的防御机制、不成熟防御机制的使用上有显著差异，即躯体形式障碍患者多采用被动攻击、潜益显现、幻想、退缩、躯体化等不成熟防御机制，而较少使用升华、幽默等成熟防御机制。赵长银研究发现，躯体化障碍患者较多地应用不成熟及中间型防御机制，在归因上常把疾病归因于外部，缺乏自省。

另外，以躯体化症状为主诉在东西方人中都存在，但中国患者更倾向于仅陈述躯体症状，希望能解决身体不适。西方文化中的个体较多关注心理而较少关注于躯体，而中国人长期接受儒家文化的影响，强调克制、隐忍、以和为贵，在人际交往中倾向于尽量避免直接表露个人情感，习惯于压抑。过多的压抑会导致恐惧、焦虑、自卑等负性情绪，由于羞于表达这些情绪，个体必然会对其进行排斥、压抑和否认。这是一个恶性循环的怪圈，其结果是一方面压抑的情绪导致躯体化症状，另一方面他们正好利用躯体化症状堂而皇之地去求医问药，避免暴露内心情感和冲突。

本研究中采用中医内观认知疗法对躯体形式障碍患者进行治疗，首先通过指导患者进行内观训练，并嘱咐其坚持进行。目的在于引导患者思考躯体症状、日常生活事件、人际关系、情绪情感体验等以及它们之间的相互关系，以及自我对这些内容所持的态度和采取的应对措施，从而让其领悟到躯体症状其实是心理冲突的外在表现，并且要用积极的态度和方式去处理心理冲突。其次，中医认知疗法有利于帮助躯体形式障碍患者缓解负面情绪，减弱躯体的“唤醒”状态，最终帮助患者重新建立起合理的认知模式。

四、结语

(1) 与正常人群相比，躯体形式障碍患者的心理健康水平明显偏低；躯体形式障碍表现为外向不稳定的人格特征，多采用消极的应对方式。

（2）实验组患者与对照组患者的心理健康水平均有积极的改善，实验组患者治疗前后在 SCL－90 总分及各因子得分上差值显著大于对照组患者，提示实验组患者的心理健康水平改善幅度更大，主要表现在躯体化、强迫、人际关系、敌对、恐怖等方面。显示中医内观认知疗法结合药物治疗躯体形式障碍效果优于单纯药物治疗。

（3）中医内观认知疗法结合药物治疗对患者的个性特征有一定的改善作用，主要表现在 EPQ－N 与 EPQ－L 上，而单纯药物治疗对患者个性无影响。

（4）实验组患者与对照组患者经过治疗后，应对方式均有一定的改善，实验组患者在积极应对和消极应对上均有明显改善，而对照组患者仅在消极应对上有明显改善；实验组治疗前后 TCSQ 得分上的差值显著大于对照组患者，主要体现在消极应对上。显示中医内观认知疗法结合药物治疗与单纯药物治疗相比，前者能更有效地改善躯体形式障碍患者的消极应对方式。

（5）实验组和对照组患者治疗后在 HAMA 上的得分显著低于治疗前，显示经过治疗，两组患者的焦虑症状均有明显改善，单纯药物治疗和中医内观认知疗法结合药物治疗对改善患者当前焦虑症状均有显著疗效；实验组患者治疗前后在 HAMA 得分上差值显著大于对照组患者，主要体现在精神性焦虑上，提示中医内观认知疗法结合药物治疗改善患者当前焦虑症状效果优于单纯药物治疗。

放松训练对焦虑障碍患者不同应激下心率、心率变异性的影响

池思晓

一、研究背景、意义和方法

（一）研究背景、目的

应激是日常生活中不可避免的一部分，过度的应激易导致心理问题，影响个体的认识活动，甚至导致心身疾病的产生，机体的心理生理指标也会出现相应的变化。大量的研究已经表明，应激是焦虑障碍的主要诱发因素之一，如何对应激进行干预成为当前应激相关研究的热点。但是研究者主要关注于应激干预后被试认知观念的改变，对心理生理指标的研究却较少，而在部分涉及应激任务下心理生理指标的研究中，实验对象多采用正常人群。焦虑障碍是临床最常见的精神障碍之一，对焦虑障碍患者的应激干预进行研究，将对焦虑障碍的预防和诊治有着重要的借鉴意义。

本研究拟通过实验室的方法，以心算、连线测验和视频材料作为应激源，心率、心率变异性作为心理生理学指标，采用想象结合腹式呼吸的放松训练和静坐两种干预手段对焦虑障碍患者的三种应激状况进行干预，探讨焦虑障碍患者与正常人在基线情况下和不同的应激任务中心率、心率变异性存在的差异，利用想象结合腹式呼吸的放松训练能否对抗不同的应激任务和对不同应激任务的干预是否收到相同的效果。

本研究将通过对焦虑障碍患者心率变异性（HRV）的测量，探讨其在不同心理应激状态下自主神经功能的特点，为进一步了解焦虑障碍患者的心理生理特点提供参考依据，并为焦虑障碍的临床干预和治疗等提供参考依据，更为焦虑障碍患者的临床治疗探索一种便捷有效的方式，减少其疾病负担，提高其生活质量。

（二）实验对象与方法

1. 实验对象

焦虑障碍组 42 例，均为广东省人民医院心理科 2011 年 5 月至 12 月门诊及

初入院患者。年龄为 18 ~ 55 岁，平均 33.64 ± 9.40 岁，男性 22 例，女性 20 例，学历为初中—硕士，符合美国精神障碍诊断与统计手册第 4 版（DSM - IV - TR）关于焦虑障碍的诊断及排除标准，经询问、查体、X 线和超声心脏检查无异常发现、排除其他精神疾病和严重躯体疾病，同时汉密尔顿焦虑量表（HAMA）评分 ≥14 分，焦虑自评量表（SAS）标准分 ≥50 分，将 42 例焦虑障碍患者按性别、年龄、学历和焦虑障碍亚型类别匹配分为放松训练组和静坐组，各 21 人。

健康人对照组，为年龄、性别、文化程度等与焦虑障碍组相匹配的健康人群，共计 42 例，为医院医护人员及患者家属，年龄为 22 ~ 54 岁，平均 34.10 ± 9.54 岁，男性 21 例，女性 21 例，学历为初中—硕士，既往无焦虑障碍等精神病史，无早搏等心脏病史和严重躯体疾病，同时汉密尔顿焦虑量表（HAMA）评分 <7 分，焦虑自评量表（SAS）标准分 <50 分，按年龄、性别、学历匹配分为放松训练组和静坐组各 21 人。

实验的进行均得到被试的知情同意，以上入组均由主治医师完成。

2. 实验仪器与材料

实验室为广东省人民医院惠福西门诊部心理科生物反馈治疗室，环境整洁、安静，室内光线较暗，室温保持在 23 ± 2 摄氏度。

实验仪器及技术指标：采用思必瑞特公司生产的多通道生物反馈仪同步记录心率（HR）；心率变异的频域成分：高频（HF）、低频（LF）、低高频比（LF/HF）。

3. 实验材料及评定工具

汉密尔顿焦虑量表（HAMA）：该量表包括 14 个项目，其评分为 0 ~ 4 分，5 级评分：按照全国精神科量表协作组提供的资料，总分超过 29 分，可能为严重焦虑；超过 21 分，肯定有明显焦虑；超过 14 分，肯定有焦虑；超过 7 分，可能有焦虑；如小于 7 分，便没有焦虑症状。一般划分界，HAMA14 项版本分界值为 14 分。HAMA 总分评定的信度系数 r 为 0.93；各单项症状评分的信度系数为 0.83 ~ 1.00。HAMA 总分能很好地反应焦虑状态的严重程度。

焦虑自评量表（SAS）：该量表包含 20 个项目，采用 4 级评分，主要评定项目为所定义的症状出现的频度。标准分 50 分作为焦虑分界值，50 ~ 59 分代表轻度焦虑，60 ~ 69 分代表中度焦虑，70 分以上代表重度焦虑。

应激材料：①心算题：一组难度适中的两位数减两位数错位减法测题。由主试读出，被试心算并口头报告结果。②连线测验 A、B：连线测验是一种知觉测验，用于检查注意和运动速度。它包括两种类型：A 型，一张纸上印有 25 个小圆圈，并标上数据 1 ~ 25，要求被试尽快按数字顺序用直线连接 25 个圆圈。B 型，一张纸上印有 25 个圆圈，其中 13 个标上 1 ~ 13 数字，另外 12 个标上 A ~ L 诸字母，要求被试按顺序连接诸数字和字母，即1 - A - 2 - B - 3 - C……12 - L - 13 等。③视频材料：泰坦尼克号沉船片段，时长 5 分 35 秒。

4. 干预材料

选用由邱鸿钟教授研制开发的《减压放松训练》CD（由广东音像出版社出

版）中的一部分作为干预材料，该材料时长5分30秒，以古筝弹奏曲作为背景，包含引导想象进入腹式呼吸的录音内容。

（三）实验设计

本研究采用四因素混合实验设计，实验自变量是：实验间期（基线期、应激期、干预期）、应激源（心算、连线测验、视频）、实验组别（焦虑障碍组、对照组）、干预方式（放松训练组、静坐组）。因变量是心率及心率变异性各指标（包括低频、高频、低高频比）。被试为广东省人民医院心理科2011年5月至12月门诊及初入院焦虑障碍患者42例，以及该院医护人员及家属42例。具体做法是将不同组别的被试分别按照干预方式随机分成两组，测试每组被试在三个实验间期、三种应激源的各因变量值，这样每一被试在一个因变量上获得9个数值。最后根据四因素混合实验设计的特点应用SPSS统计软件分析数据得出结果。

（四）实验程序

正式的生理指标记录过程主要分为九个间期：心算前基线期→心算→心算后干预期→连线前基线期→连线→连线后干预期→视频前基线期→看视频→视频后干预期。关于应激任务的顺序采用ABC－BCA－CAB的拉丁方设计。具体实验操作过程如下：

第一步：进入实验室前，由主试对被试进行汉密尔顿焦虑量表（HAMA）进行评定，并让被试填写焦虑自评量表（SAS）。在被试进入实验室后，首先向其介绍有关实验流程及简单原理，减轻其压力，取得其配合。指导语是："我们今天来学习一种放松自己的方法，但之前需要对你做一些测试。主要是测试不同实验条件下你的心理生理指标有什么变化。在实验过程中我们会在你的身上连接一些设备以检测你的生理信号，这些仪器对你没有任何不良影响，对你的身体也不会有任何伤害，请放心。在实验过程中请你一定要按照我的要求去做，尽量采取舒适的姿势坐好，尽量放松，保持安静，不要乱动，在不需要回答问题时不要讲话。"

第二步：安放传感器，然后休息10分钟。（用HRV传感器夹住左手食指，且传感器采样胶垫紧密接触手指指腹）

第三步：基线期一，记录被试自然安静状态下心率、心率变异性5分钟。

第四步：应激期一，各组被试均给予相应的应激任务（心算/连线/视频），同时记录此期间心率和心率变异性的值。

心算任务指导语：下面我们要做一些减法运算，只能心算，不能用笔，看看你在两分钟内可以算对多少道题，希望你能算得又准又快，运算现在开始。

连线测验：

A型指导语：现在在你面前有一张纸，纸上印有25个小圆圈，并标有数字1～25，请你尽快按数字从小到大的顺序用直线连接25个圆圈，计时开始。

B型指导语：这张纸上印有25个小圆圈，其中13个标有数字1～13，另外12个标有字母A～L，请你尽快按顺序连接诸数字和字母，即1－A－2－B－3－C……12－L－13。计时开始。

视频材料指导语：现在给你呈现一段视频，希望你能认真观看，设身处地地投入视频中，体验视频中人物的感受，现在开始播放视频。

第五步：干预期一，按照不同的实验干预组告知被试相应的指导语，放松组听CD指导5分30秒，静坐组静坐5分30秒，同时记录此期间心率和心率变异性的值。

第六步：基线期二，记录被试自然安静状态下心率、心率变异性5分钟。

第七步：应激期二，各组被试均给予相应的应激任务（心算/连线/视频），同时记录此期间心率和心率变异性的值。指导语同第四步。

第八步：干预期二，同第五步。

第九步：基线期三，记录被试自然安静状态下心率、心率变异性5分钟。

第十步：应激期三，各组被试均给予相应的应激任务（心算/连线/视频），同时记录此期间心率和心率变异性的值。指导语同第四步。

第十一步：干预期三，同第五步。

第十二步：实验结束，解除被试身上的传感器。

（五）数据的统计处理

心率和心率变异性的数据由生物反馈仪的配套软件直接记录，实验完成后由主试选取所需指标输入数据库，量表数据同样由主试进行录入。主要使用SPSS 17.0统计软件录入数据，采用描述性统计、独立样本t检验、卡方检验、重复测量多因素方差分析（Repeated Measures General Liner Models）、简单效应检验和LSD多重比较。

本研究中针对核心数据采用的最主要的统计方法是重复测量多因素方差分析，在方差分析结果的基础上，针对主效应显著的变量进行进一步的LSD多重比较，而针对出现交互作用的变量之间，则进行简单效应检验并做出交互作用图从而展开进一步的分析讨论。

二、实验结果

（一）人口学特征分析

本次研究共有被试84人，焦虑障碍组和健康人对照组各42人，对两组被试在性别、年龄和文化程度方面分别进行比较。对焦虑障碍组组内焦虑放松组和焦虑静坐组疾病亚型进行组间比较。

比较结果显示，焦虑障碍组和健康人对照组在性别、年龄和文化程度上均差异不显著（$p>0.05$），说明两组被试在性别、年龄和文化程度上匹配度较好。焦虑障碍组内放松组和静坐组在疾病亚型构成上的差异不显著（$p>0.05$），说明焦虑放松组和焦虑静坐组在疾病亚型构成上匹配度较好。

（二）基线值比较

1. 两组被试基线值的组间差异比较

将两组被试（焦虑障碍组、健康人对照组）基线期的心率（HR）、心率变异性（HRV）的低频成分（LF）、高频成分（HF）、低高频比（LF/HF）分别进行 t 检验，结果显示：

在第一个基线期，焦虑障碍组和健康人对照组在心率、低频（LF）、高频（HF）、低高频比（LF/HF）四个观察指标上均差异显著（$p<0.01$）。其中，焦虑障碍组的心率、LF 和低高频比（LF/HF）均显著高于健康人对照组，而高频（HF）则显著低于对照组。

在第二个基线期，焦虑障碍组和健康人对照组在心率、低频（LF）、高频（HF）、低高频比（LF/HF）四个观察指标上均差异显著（$p<0.01$）。其中，焦虑障碍组的心率、低频（LF）和低高频比（LF/HF）均显著高于对照组，而高频（HF）则显著低于对照组。

在第三个基线期，焦虑障碍组和健康人对照组在心率、低频（LF）、高频（HF）、低高频比（LF/HF）四个观察指标上均差异显著（$p<0.01$）。其中，焦虑障碍组的心率、低频（LF）和低高频比（LF/HF）均显著高于对照组，而高频（HF）则显著低于对照组。

2. 两组被试基线值的组内比较

对两组被试组内的放松训练组和静坐组在基线期的心率及低频（LF）、高频（HF）、低高频比（LF/HF）分别进行 t 检验，结果可见。在三个基线期里，两组被试组内差异均没有达到显著水平（$p>0.05$），表明各组被试组内的放松训练组和静坐组基线值没有差别，来源于同一总体。

（三）不同实验处理条件对心率（HR）变化值的影响

1. 不同实验处理条件对心率（HR）变化值的多因素方差分析

心率数据分为 3 个间期，基线期—应激期—干预期，后面两个间期的数据减去基线期数据为各间期数据变化值。由于两组被试基线期不等组，所以在统计数据的时候采用数据的变化值进行比较。对两组被试在实验过程中的心率变化值，进行重复测量的两个因素（实验间期、应激源）的四因素（实验间期、应激源、实验组别、干预方式）方差分析，结果见表 1。

表 1　影响心率变化值的多因素方差分析结果

变异来源		df	心率变化值 MS	心率变化值 F
组内因素	实验间期（A）	1	16 995.765	1 888.348**
	应激源（B）	2	172.303	77.551**
组间因素	实验组别（C）	1	26.108	1.967
	干预方式（D）	1	2 733.044	205.867**
交互作用	A*B	2	193.236	142.950**
	A*C	1	3.763	0.418
	A*D	1	953.288	105.917**
	B*C	2	0.358	0.161
	B*D	2	4.535	2.041
	C*D	1	268.742	20.243**
	A*B*C	2	1.665	1.232
	A*B*D	2	1.130	0.836
	A*C*D	1	24.796	2.755
	B*C*D	2	0.690	0.311
	A*B*C*D	2	1.048	0.775

注：** $p<0.01$，* $p<0.05$，下同

由表 1 可见，实验间期的主效应显著，$F=1888.348$，$p<0.01$，应激期的心率变化值为 7.148 ±0.214 次/分钟，干预期的心率变化值为 −4.466 ±0.207 次/分钟，表明应激期心率升高，而干预期心率降低，两组变化值差异显著。应激源主效应显著，$F=77.551$，$p<0.01$，表明被试的心率变化值在不同的应激源上差异显著，对不同应激源的心率变化值进行多重比较，结果见表 2。干预方式的主效应显著，$F=205.867$，$p<0.01$，放松训练组心率变化值为 −0.988 ±0.230 次/分钟，静坐组心率变化值为 3.669 ±0.230 次/分钟，表明放松训练组心率降低，而静坐组心率升高，两组变化值差异显著。

表 2　不同应激源影响心率变化值的多重比较

	心算（A）（$M\pm SD$）	连线测验（B）（$M\pm SD$）	视频（C）（$M\pm SD$）	LSD 多重比较 A−B	A−C	B−C
心率变化值	2.494 ±0.18	0.595 ±0.18	0.933 ±0.20	1.898*	1.561*	−0.337

由表2可见，心算应激下被试的心率变化值高于连线测验和视频应激（$p<0.05$），而连线测验与视频应激下心率变化值差异不显著（$p>0.05$）。

由表1可见，实验间期和应激源交互作用显著，$F=142.950$，$p<0.01$（见图1），这表明在不同的实验间期，不同的应激源对心率变化值的影响是不一致的，对此交互作用做简单效应检验，见表3。

表3　实验间期和应激源影响心率变化值的简单效应检验

	心算 （$M\pm SD$）	连线测验 （$M\pm SD$）	视频 （$M\pm SD$）	df	F
应激期	9.531 ±0.27	5.663 ±0.21	6.250 ±0.25	2	190.903**
干预期	-4.543 ±0.223	-4.472 ±0.245	-4.384 ±0.252	2	0.261

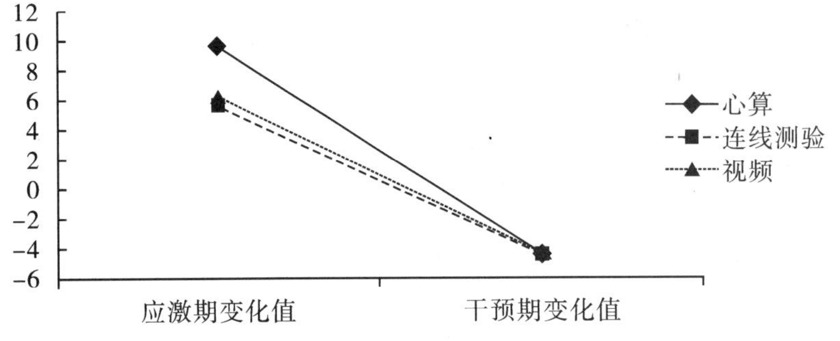

图1　实验间期和应激源影响心率变化值的交互作用（次/分钟）

从表3可知，应激期不同应激源影响下被试的心率变化值差异显著，$F=190.903$，$p<0.01$，而干预期不同应激源对被试心率变化值的影响差异不显著（$p>0.05$）。为进一步了解应激期三种应激源对心率变化值的影响差异，对心率变化值进行多重比较，见表4。

表4　应激期不同应激源影响下心率变化值的多重比较

	心算（A）	连线测验（B）	视频（C）	LSD多重比较		
	（$M\pm SD$）	（$M\pm SD$）	（$M\pm SD$）	A-B	A-C	B-C
应激期	9.531 ±0.27	5.663 ±0.21	6.250 ±0.25	3.868*	3.281*	-0.587*

由表4可以看出，应激期三种应激源影响下心率变化值两两差异达到统计学意义，心算应激下心率上升值高于连线测验（$p<0.05$）和视频应激（$p<0.05$），而视频应激下心率上升值也高于连线测验（$p<0.05$）。

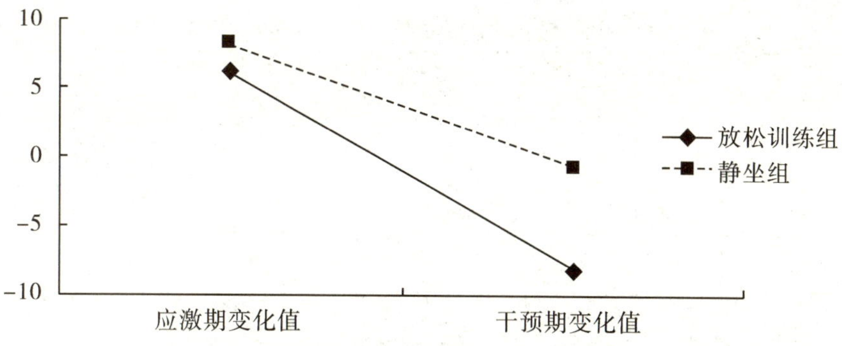

图2　干预方式与实验间期影响心率变化值的交互作用（次/分钟）

表1数据显示，干预方式和实验间期影响心率变化值的交互作用显著，$F=105.917$，$p<0.01$（见图2），这表明在不同的实验间期，不同的干预方式对心率变化值的影响是不一致的，对此交互作用做简单效应检验，见表5。

表5　实验间期和干预方式影响心率变化值的简单效应检验

	放松训练组	静坐组		
	（$M\pm SD$）	（$M\pm SD$）	MS	F
应激期	6.194 ±0.30	8.101 ±0.30	76.349	19.913**
干预期	−8.170 ±0.29	−0.762 ±0.29	1152.428	320.907**

从表5可以发现，应激期静坐组的心率变化值显著大于放松训练组心率变化值（$p<0.01$）；而干预期放松组心率变化值的绝对值显著大于静坐组心率变化值的绝对值（$p<0.01$），表明放松训练更好地对抗了实验应激引起的被试心率的提高。

表1数据显示，实验组别与干预方式交互作用显著，$F=20.243$，$p<0.01$（见图3），这表明在不同的干预方式下，不同的实验组别对心率变化值的影响是不一致，对此交互作用做简单效应检验，见表6。

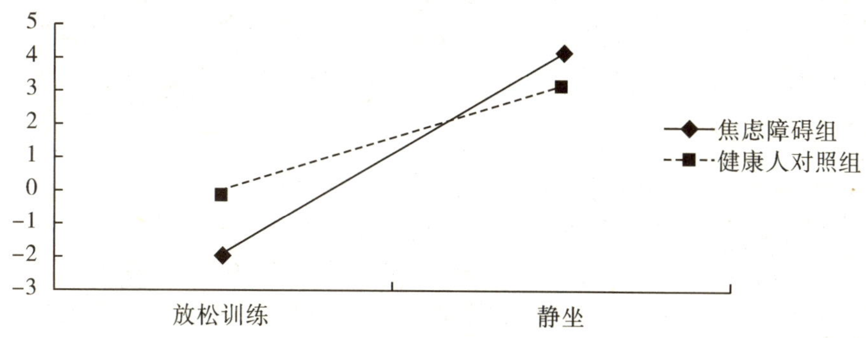

图3　干预方式与实验组别影响心率变化值的交互作用（次/分钟）

表 6　干预方式和实验组别影响心率变化值的简单效应检验

	焦虑障碍组 ($M \pm SD$)	健康人对照组 ($M \pm SD$)	MS	F
放松训练	-1.946 ±0.33	-0.030 ±0.33	38.531	17.414**
静坐	4.172 ±0.33	3.167 ±0.33	10.610	4.795*

从表 6 可以发现，放松训练下焦虑障碍组的心率变化值显著小于健康人对照组的心率变化值（$p<0.01$），由于两者均数为负值，说明放松训练使得焦虑障碍组被试的心率降低显著大于健康人对照组。而静坐条件下，焦虑障碍组的心率变化值大于健康人对照组（$p<0.05$），表明静坐对焦虑障碍组心率变化值的影响大于健康人对照组。

2. 干预方式对两组被试在不同实验间期的心率变化值的影响

由表 1 可见，对于心率变化值，干预方式的主效应显著，为进一步了解其对不同实验组别心率变化值的影响，对不同实验组别在不同实验间期的心率变化值进行比较，见表 7。

表 7　不同干预方式下两组被试在不同实验间期心率变化值的差异比较

		焦虑障碍组	健康人对照组	F
放松训练组	应激期变化值	8.928 ±0.43	7.460 ±0.43	4.557*
	干预期变化值	-8.820 ±0.41	-7.512 ±0.41	4.935
静坐组	应激期变化值	8.739 ±0.43	7.463 ±0.43	4.459*
	干预期变化值	-0.395 ±0.41	-1.130 ±0.41	1.577

由表 7 可见，对于放松训练组，焦虑障碍组在应激期心率值升高大于健康人对照组（$p<0.05$），在干预期焦虑障碍组心率下降值大于健康人对照组（$p<0.05$）；对于静坐组，焦虑障碍组在应激期心率值升高大于健康人对照组（$p<0.05$），在干预期两组被试心率值均稍微有所下降，但差异不显著（$p>0.05$）。

（四）不同实验处理条件对低频（LF）变化值的影响

1. 不同实验处理条件对低频（LF）变化值的多因素方差分析

低频（LF）数据分为 3 个间期，基线期—应激期—干预期，后面两个间期的数据减去基线期数据为各间期数据变化值。由于两组被试基线期不等组，所以在统计数据的时候采用数据的变化值进行比较。对两组被试在实验过程中的低频（LF）变化值，进行重复测量的两个因素（实验间期、应激源）的四因素（实验间期、应激源、实验组别、干预方式）方差分析。结果显示：

（1）实验间期的主效应显著，$F=177.720$，$p<0.01$，应激期的低频（LF）变化值为 $820.169\pm81.671ms^2/Hz$，干预期的低频（LF）变化值为 $-296.683\pm17.467ms^2/Hz$，表明应激期低频（LF）升高，而干预期低频（LF）降低，两组变化值差异显著。

（2）应激源主效应显著，$F=5.399$，$p<0.01$，表明被试的低频（LF）变化值在不同的应激源上差异显著，对不同应激源的低频（LF）变化值进行多重比较，结果显示，心算应激下被试的低频（LF）变化值显著高于视频应激下的低频（LF）变化值（$p<0.01$），而连线测验应激下被试的低频（LF）变化值与心算以及视频应激下的均没有显著性差异（$p>0.05$）。

（3）干预方式的主效应显著，$F=20.596$，$p<0.01$，放松训练组低频（LF）变化值为 $72.820\pm58.872ms^2/Hz$，静坐组的低频（LF）变化值为 $450.666ms^2/Hz$，表明两种干预方式对被试低频（LF）变化值的影响差异显著。

（4）实验间期和应激源的交互作用达到统计学意义，$F=3.712$，$p<0.05$，这表明在不同的实验间期，不同的应激源对低频（LF）变化值的影响是不一致的，对此交互作用做简单效应检验，检验结果显示：应激期不同应激源影响下被试的低频（LF）变化值差异显著，$F=109.521$，$p<0.01$，而干预期不同应激源对被试低频（LF）变化值的影响差异不显著（$p>0.05$）。为进一步了解应激期三种应激源对低频（LF）变化值的影响差异，对低频（LF）变化值进行多重比较，比较结果显示：应激期心算影响下被试的低频（LF）变化值高于视频应激影响下的低频（LF）变化值（$p<0.05$），而连线测验应激下被试低频（LF）变化值与心算、视频应激下被试的低频（LF）变化值差异均不显著（$p>0.05$）。

（5）实验间期和干预方式的交互作用显著，$F=6.996$，$p<0.01$，这表明在不同的实验间期，不同的干预方式对低频（LF）变化值的影响是不一致的，对此交互作用做简单效应检验，检验结果显示：应激期放松组和静坐组的低频（LF）变化值差异不显著（$p>0.05$），而干预期放松训练组低频（LF）变化值显著低于静坐组的低频（LF）变化值（$p<0.01$），且干预期放松训练组低频（LF）变化值为负值，表明放松训练更好地对抗了实验应激引起的被试低频（LF）的提高。

2. 干预方式对两组被试在不同实验间期的低频（LF）变化值的影响

对于低频（LF）变化值，干预方式的主效应显著，为进一步了解其对不同实验组别低频（LF）变化值的影响，对不同实验组别在不同实验间期的低频（LF）变化值进行比较。比较结果可见，对于放松训练组，焦虑障碍组在应激期的低频（LF）变化值与健康人对照组的差异不显著（$p>0.05$），在干预期焦虑障碍组的低频（LF）变化值下降显著大于健康人对照组（$p<0.01$）；对于静坐组，焦虑障碍组在应激期和干预期的低频（LF）变化值与健康人对照组的低频（LF）变化值差异均未达到统计学水平。

（五）不同实验处理条件对高频（HF）变化值的影响

1. 不同实验处理条件对高频（HF）变化值的多因素方差分析

高频（HF）数据分为3个间期，基线期—应激期—干预期，后面两个间期的数据减去基线期数据为各间期数据变化值。由于两组被试基线期不等组，所以在统计数据的时候采用数据的变化值进行比较。对两组被试在实验过程中的高频（HF）变化值，进行重复测量的两个因素（实验间期、应激源）的四因素（实验间期、应激源、实验组别、干预方式）方差分析结果显示：

（1）实验间期的主效应显著，$F=310.613$，$p<0.01$，应激期的高频（HF）变化值为$-399.990\pm57.84ms^2/Hz$，干预期的高频（HF）变化值为$279.866\pm29.80ms^2/Hz$，表明应激期高频（HF）降低，而干预期高频（HF）升高，两组变化值差异显著。

（2）应激源的主效应显著，$F=9.475$，$p<0.01$，表明被试的高频（HF）变化值在不同的应激源上差异显著，对不同应激源的高频（HF）变化值进行多重比较结果显示：心算应激下被试的高频（HF）变化值高于连线测验和视频应激下的高频（HF）变化值（$p<0.05$），而连线测验和视频应激下被试的高频（HF）变化值差异不显著（$p>0.05$）。

（3）实验间期和应激源的交互作用显著，$F=5.114$，$p<0.01$，这表明在不同的实验间期，不同的应激源对高频（HF）变化值的影响是不一致的，对此交互作用做简单效应检验，检验结果显示：应激期不同应激源影响下被试的高频（HF）变化值差异显著，$F=34.104$，$p<0.01$，而干预期不同应激源对被试高频（HF）变化值的影响差异不显著($p>0.05$)。为进一步了解应激期三种应激源对高频（HF）变化值的影响差异，对高频（HF）变化值进行多重比较，比较结果显示：应激期心算影响下被试的高频（HF）变化值显著低于连线测验和视频应激下被试的高频（HF）变化值（$p<0.01$），而连线测验和视频应激下被试的高频（HF）变化值差异不显著（$p>0.05$）。由于三者均值均为负值，表明应激期三种应激下被试的高频（HF）均降低，且心算应激下被试高频（HF）降低幅度显著大于另两者。

（4）实验间期和干预方式的交互作用显著，$F=77.567$，$p<0.01$，这表明在不同的实验间期，不同的干预方式对高频（HF）变化值的影响是不一致的，对此交互作用做简单效应检验，检验结果显示：应激期，放松训练组和静坐组的高频（HF）变化值差异不显著（$p>0.05$），而干预期放松训练组高频（HF）变化值显著高于静坐组的高频（HF）变化值（$p<0.01$），表明放松训练和静坐均使得被试在干预期高频（HF）升高，且放松训练组高频（HF）升高幅度显著大于静坐组的，说明放松训练更好地对抗了实验应激引起的被试高频（HF）的降低。

2. 干预方式对两组被试在不同实验间期的高频（HF）变化值的影响

对于高频（HF）变化值，为进一步了解不同干预方式对不同实验组别高频（HF）变化值的影响，对不同实验组别在不同实验间期的高频（HF）变化值进行比较。

结果显示，对于放松训练组，焦虑障碍组在应激期的高频（HF）值降低小于健康人对照组，而在干预期高频（HF）值升高大于健康人对照组，但差异均未达到统计学水平；对于静坐组，焦虑障碍组在应激期和干预期的高频（HF）变化值与健康人对照组在应激期和干预期的高频（HF）变化值差异均未显著。

（六）不同实验处理条件对低高频比（LF/HF）变化值的影响

1. 不同实验处理条件对低高频比（LF/HF）变化值的多因素方差分析

低高频比（LF/HF）数据分为 3 个间期，基线期—应激期—干预期，后面两个间期的数据减去基线期数据为各间期数据变化值。由于两组被试基线期不等组，所以在统计数据的时候采用数据的变化值进行比较。对两组被试在实验过程中的低高频比（LF/HF）变化值，进行重复测量的两个因素（实验间期、应激源）的四因素（实验间期、应激源、实验组别、干预方式）方差分析，结果显示：

（1）实验间期的主效应显著，$F = 176.394$，$p < 0.01$，应激期的低高频比（LF/HF）变化值为 1.283 ± 0.115，干预期的低高频比（LF/HF）变化值为 -0.306 ± 0.016，表明应激期低高频比（LF/HF）变化值升高，而干预期低高频比（LF/HF）变化值降低，两个实验间期变化值差异显著。

（2）应激源的主效应显著，$F = 10.060$，$p < 0.01$，表明被试的低高频比（LF/HF）变化值在不同的应激源影响下差异显著，对不同应激源的低高频比（LF/HF）变化值进行多重比较，比较结果显示，心算应激下被试的低高频比（LF/HF）变化值高于连线测验（$p < 0.05$）和视频（$p < 0.01$）应激下的低高频比（LF/HF）变化值，而连线测验和视频应激下被试的低高频比（LF/HF）变化值差异不显著（$p > 0.05$）。

（3）实验组别的主效应显著，$F = 9.297$，$p < 0.01$，焦虑障碍组的低高频比（LF/HF）变化值为 0.660 ± 0.08，健康人对照组的低高频比（LF/HF）变化值为 0.317 ± 0.08，表明焦虑障碍组的低高频比（LF/HF）变化值显著大于健康人对照组。

（4）干预方式的主效应显著，$F = 7.708$，$p < 0.01$，放松训练组的低高频比（LF/HF）变化值为 0.332 ± 0.08，而静坐组的低高频比（LF/HF）变化值为 0.645 ± 0.08，表明放松训练组的低高频比（LF/HF）变化值显著低于静坐组的低高频比（LF/HF）变化值。

（5）实验间期和应激源的交互作用显著，$F = 7.240$，$p < 0.01$，这表明在不

同的实验间期，不同的应激源对低高频比（LF/HF）变化值的影响是不一致的，对此交互作用做简单效应检验，检验结果显示：应激期不同应激源影响下被试的低高频比（LF/HF）变化值差异显著，$F=123.740$，$p<0.01$；干预期不同应激源影响下被试的低高频比（LF/HF）变化值差异显著，$F=6.378$，$p<0.01$。为进一步了解不同实验间期三种应激源对低高频比（LF/HF）变化值的影响差异，对低高频比（LF/HF）变化值进行多重比较，比较结果显示：应激期心算影响下被试的低高频比（LF/HF）变化值高于连线测验（$p<0.05$）和视频（$p<0.01$）应激下被试的低高频比（LF/HF）变化值，而连线测验和视频应激下被试的低高频比（LF/HF）变化值差异不显著（$p>0.05$）。对于干预期，心算影响下被试的低高频比（LF/HF）变化值高于连线测验（$p<0.05$）和视频（$p<0.01$）应激下被试的低高频比（LF/HF）变化值，而连线测验和视频应激下被试的低高频比（LF/HF）变化值差异不显著（$p>0.05$）。

（6）实验间期和组别的交互作用显著，$F=22.281$，$p<0.01$，这表明在不同的实验间期，不同的实验组别对低高频比（LF/HF）变化值的影响是不一致的，对此交互作用做简单效应检验，检验结果显示：应激期焦虑障碍组的低高频比（LF/HF）变化值显著高于健康人对照组的低高频比（LF/HF）变化值（$p<0.01$），表明应激期焦虑障碍组的低高频比（LF/HF）升高幅度显著大于健康人对照组低高频比（LF/HF）升高幅度；而干预期焦虑障碍组的低高频比（LF/HF）变化值显著低于健康人对照组的低高频比（LF/HF）变化值（$p<0.01$），由于两组的低高频比（LF/HF）变化值均为负值，表明干预期两组被试低高频比（LF/HF）均降低，且焦虑障碍组降低更明显。

（7）实验间期和干预方式的交互作用达到统计学水平，$F=5.238$，$p<0.05$，这表明在不同的实验间期，不同的干预方式对低高频比（LF/HF）变化值的影响是不一致的，对此交互作用做简单效应检验，检验结果显示：应激期放松训练组和静坐组的低高频比（LF/HF）变化值差异不显著（$p>0.05$），而干预期放松训练组的低高频比（LF/HF）变化值显著低于静坐组的低高频比（LF/HF）变化值（$p<0.01$），由于两组均值均为负值，表明干预期两组被试的低高频比（LF/HF）均降低，且放松训练组降低幅度显著大于静坐组的，说明放松训练更好地对抗了实验应激引起的被试低高频比（LF/HF）的升高。

（8）实验组别和干预方式的交互作用达到统计学水平，$F=4.897$，$p<0.05$，这表明不同的干预方式下，不同的实验组别的低高频比（LF/HF）变化值是不一致的，对此交互作用进一步做简单效应分析，分析显示：放松训练干预下，焦虑障碍组和健康人对照组的低高频比（LF/HF）变化值差异不显著（$p>0.05$），而静坐条件下，焦虑障碍组的低高频比（LF/HF）变化值显著高于健康人对照组的低高频比（LF/HF）变化值，表明静坐条件下，焦虑障碍组的低高频比（LF/HF）升高显著大于健康人对照组。

2. 干预方式对两组被试在不同实验间期的低高频比（LF/HF）变化值的影响

对于低高频比（LF/HF）变化值，干预方式的主效应显著，为进一步了解不同干预方式对不同实验组别低高频比（LF/HF）变化值的影响，对不同实验组别在不同实验间期的低高频比（LF/HF）变化值进行比较。

比较结果显示，对于放松训练组，焦虑障碍组在应激期低高频比（LF/HF）值升高大于健康人对照组，但差异不显著（$p>0.05$），而在干预期焦虑障碍组低高频比（LF/HF）值下降显著大于健康人对照组（$p<0.01$）；对于静坐组，焦虑障碍组在应激期低高频比（LF/HF）值升高显著大于健康人对照组（$p<0.01$），而在干预期两组被试的低高频比（LF/HF）值均有所下降，但差异不显著（$p>0.05$）。

三、讨论分析

（一）不同实验组别基线期心率、心率变异性的差异

既往国内心率变异性（HRV）在精神科患者的研究中不多见，类似的研究以焦虑症患者为多，对焦虑障碍这样一个大的疾病分类的研究未见报道。通常我们所说的焦虑症，主要是指广泛性焦虑症和惊恐障碍，而根据美国精神障碍诊断与统计手册第4版（DSM－IV－TR），焦虑障碍是包括广泛性焦虑症、惊恐障碍、恐惧症、强迫症和创伤后应激障碍在内的一类以焦虑情绪为主的疾病的总称。临床研究发现，焦虑症患者，除了焦虑心情外，还伴有显著的植物神经系统功能紊乱，不少研究显示焦虑症患者的心率、心率变异性的低频（LF）、低高频比（LF/HF）在静息状态下显著高于健康人对照组，提示焦虑症患者存在交感神经系统活动功能亢进。杨会芹等的研究结果表明，焦虑症患者自主神经功能下降，以迷走神经张力下降为主，交感神经活动相对亢进。

在本研究中，两组被试在3个基线期各观察指标的值均差异显著，具体表现为焦虑障碍组的心率、心率变异性的低频（LF）和低高频比（LF/HF）的生理反应值均显著高于健康人对照组，高频（HF）则显著低于对照组。心脏受交感神经和副交感神经支配，交感神经兴奋可使心率加快，副交感神经兴奋可使心率减慢。心率变异性（HRV）是心血管反应性的一部分，它指的是心跳快慢的变化情况，这种变化情况反映了交感和副交感神经系统的活动性。心率变异性的不同成分可以用作观察交感和副交感神经的活动的非侵入性独立指标。低频（LF）受副交感神经和交感神经共同调制但主要反映交感神经的活动性，即压力感受性反射和血压调节引起的心率变化，与外周血管温度调节、肾素—血管紧张素系统活动和心脏泵血功能等多种因素有关；高频（HF）是由副交感神经单独介导，主要受呼吸节律的变化影响；低高频比（LF/HF）则可以评估心脏交感神经和副

交感神经活动均衡性。Bemtson 提出自主神经活动可能存在两者同时增强、同时减弱或一方增强、另一方减弱等九种搭配模式。因此，本研究结果表明，焦虑障碍患者的交感神经和副交感神经的关系可能为此强彼弱的模式，与前人对焦虑症的研究结果一致，说明以焦虑为核心症状的焦虑障碍这样一个大的疾病分类，与焦虑症也有着同样的心率变异性特点。

综上所述，焦虑障碍患者与健康人对照组的心率、心率变异性的静息值是不一样的，且焦虑障碍患者的心率和心率反应性的反应特征与焦虑症患者的反应特征是相一致的，这提示临床工作者可以借鉴对焦虑症的一些干预手段，去减轻或者消除焦虑障碍患者中非焦虑症患者如强迫症患者、创伤后应激障碍患者的焦虑症状，这样对于焦虑障碍各亚型患者的治疗可能起到一定的促进作用。

（二）干预方式对不同实验组别心率、心率变异性的影响

研究发现，心血管反应性与自主神经的激活有密切关系，当个体处于休息或松弛状态时，副交感神经系统功能占优势，此时个体心率变慢，血压下降，体表毛细血管扩张；当机体面对应激源时，机体对应激作出反应，副交感神经系统的紧张性被抑制，交感神经系统兴奋性加强，机体心率加快，血压上升。放松训练是通过一定的训练使练习者学会精神及躯体放松的一种行为治疗，通过反复练习，它能使人有意识地控制自体的心理生理活动，以降低机体唤醒水平，调整因紧张性刺激而引起的机体心理生理功能的紊乱。它的理论基础是：放松所导致的心身改变对应激所引起的心理改变是一种对抗力量。根据拮抗说，放松可阻断焦虑。杨银等的研究证明，放松训练能使练习者的心率变异有明显改善，它可以降低交感神经张力，使机体紧张水平下降，能使练习者机体的迷走神经和交感神经活动维持在一个良好的平衡状态，有利于对抗各种应激。周玉来等的研究也表明，放松训练能增加迷走神经兴奋性，从而增强心理健康。Fergusson 的研究表明，静坐也可以缓解人的压力，使机体心率降低，呼吸减缓，大脑电波松弛，肌肉放松，基础代谢率显著下降。本研究结果发现，放松训练和静坐都能降低被试由于实验应激引起的心率升高。低频（LF）和低高频比（LF/HF）升高，同时对抗应激时高频（HF）的降低，表明放松训练和静坐都能缓解被试应激时的紧张度，使交感神经张力降低，提高迷走神经的兴奋性，但是两种干预方式的效果显著不同，放松训练的放松效果要显著好于静坐，能更好地对抗应激引起的紧张程度，且不同组别的被试对不同干预方式的反应不一致，具体情况如下：

实验结果显示，在应激期，所有放松训练组被试的心率升高，心率变异性的低频（LF）升高，高频（HF）降低，低高频比（LF/HF）增大，说明实验应激引起被试交感神经功能亢进，副交感神经活动减弱，这与前人的研究是相符的。而且，在放松训练组中，焦虑障碍组的心率变化值高于健康人对照组的心率变化值（$p<0.05$），表明实验应激对焦虑障碍患者的心率升高影响更大。应激期所有

静坐组被试也是心率升高，心率变异性的低频（LF）升高，高频（HF）降低，低高频比（LF/HF）增大。其中，焦虑障碍组被试的心率变化值（$p<0.05$）和低高频比（LF/HF）变化值（$p<0.01$）大于健康人对照组，说明实验应激对静坐组的焦虑障碍组被试的心率升高及交感和副交感神经活动的均衡性影响更大。由于在基线期比较中，焦虑障碍患者的交感和副交感神经活动的均衡性比健康人对照组要差，加之每个实验被试都经历了“基线期—应激期—干预期”的循环，后边两个周期循环可能会受到前边周期的后效应的影响，因而在前边的周期中习得过放松训练的焦虑障碍被试，可能在后边的周期中遇到应激时相比静坐组能更好地应对应激，从而使得放松训练组的焦虑障碍患者在应激期低高频比（LF/HF）的升高跟健康人对照组差异不显著，而静坐组的焦虑障碍患者在应激期的低高频比（LF/HF）升高比健康人对照组的更加明显。

在干预期，所有放松训练组的被试心率下降，心率变异性的低频（LF）下降，高频（HF）升高，低高频比（LF/HF）减小，说明经过放松训练后，被试的交感神经张力降低，副交感神经功能活动增强，这与前人对放松训练的研究结果是一致的。其中，放松干预下，焦虑障碍组的心率下降幅度比健康人对照组的更大（$p<0.05$），低频（LF）降低值比健康人对照组的更多（$p<0.01$），高频（HF）升高值虽比健康人对照组的大，但差异不显著（$p>0.05$），低高频比（LF/HF）减小值比健康人对照组的更大（$p<0.01$）。这可能说明放松训练对于焦虑障碍患者的心率及心率变异性的影响更大，也可能是由于初始律（Initial Law）的原因。研究皮肤温度变化的人们发现，在皮肤温度越低的情况下，通过自生训练可以使得皮肤温度升高得越高，而在皮肤温度接近正常温度的情况下，通过自生训练只能使皮肤温度稍有升高，这种情况研究者把它叫做初始律。李玉霞的研究也证明，伴有焦虑症状的抑郁症组心率和心率变异性的低频（LF）在基线期是最高的，经过放松训练后下降幅度最大，而单纯抑郁症组的皮电、心率和心率变异性的低频（LF）都接近健康人对照组，所以升高或降低的幅度就小。本研究结果显示，基线期焦虑障碍组的心率和心率变异性的低频（LF）、低高频比（LF/HF）显著高于健康人对照组，放松训练后这三个指标的下降幅度显著大于健康人对照组；而基线期焦虑障碍组的高频（HF）显著低于健康人对照组，放松训练后其升高幅度大于健康人对照组，但未达到显著性水平（$p>0.05$）。干预期在静坐条件下，不同实验组别对于心率和心率变异性的反应性不同。焦虑障碍组和健康人对照组的心率均有所下降，且健康人对照组下降更明显；而两组被试心率变异性的低频（LF）相对于应激期有明显下降，但未低过基线期水平；焦虑障碍组的高频（HF）与健康人对照组的高频（HF）值均有所升高，差异均未显著；焦虑障碍组和健康人对照组的低高频比（LF/HF）均下降到低于基线期水平，且两者降低幅度差异不显著。这些结果表明，静坐虽能在一定程度上缓解实验应激给被试带来的紧张水平，但是效果不如放松训练明显，尤其是焦虑障碍组的心率降低和高频（HF）升高幅度未能使其达到基线期水平，这说明静坐对于焦虑障碍患者干预效果不是很理想，这可能与焦虑障碍患者自身常伴有焦虑不安、难以静坐的症状有关。

焦虑障碍作为临床最常见的精神障碍之一，多是由于个体经常处于急性或亚急性的心理应激状态中，应付机制失败，导致机体功能削弱，从而使机体的正常生理反应受到影响，机体长期处于焦虑状态，交感神经功能持续亢进，就会导致体内神经递质的异常变化。本研究发现，放松训练对于焦虑障碍患者和正常人都有较好的放松效果，在临床上我们可以将这种方法作为一种辅助治疗手段，定期给焦虑障碍患者做放松训练，同时也可以让正常人在生活中练习放松训练，增强机体对抗突如其来的某些应激引起的心理生理反应的能力。静坐对于正常人对抗应激效果尚可，而对于焦虑障碍患者对抗应激效果不是很理想。

（三）三种应激源的不同自主神经反应模式

本研究结果显示，应激源在心率和心率变异性的低频（LF）、高频（HF）、低高频比（LF/HF）上均主效应显著，且和实验间期的交互作用显著。由于各应激源主要作用于应激期，故主要讨论应激期不同应激源对被试的心率、低频（LF）、高频（HF）和低高频比（LF/HF）的影响，多重比较结果显示：心算应激引起的心率升高高于连线测验和视频应激（$p<0.05$），视频应激引起的心率升高也高于连线测验（$p<0.05$）；做心算时引起的低频（LF）升高显著高于连线测验和视频应激（$p<0.01$），而连线测验作为应激源引起的低频（LF）升高和心算、视频引起的低频（LF）升高均差异不显著（$p>0.05$）；对于高频（HF）的降低幅度，心算应激引起的大于连线测验和视频应激所引起的（$p<0.05$），而连线测验和视频应激所引起的高频（HF）减低幅度差异不显著（$p>0.05$）；心算引起的低高频比（LF/HF）值升高大于连线测验（$p<0.05$）和视频应激（$p<0.01$），而连线测验和视频应激对低高频比（LF/HF）的影响差异不显著（$p>0.05$）。

心率和心率变异性各自都受到自主神经的支配，心率受交感神经和副交感神经的双重支配，低频（LF）主要反映交感神经的张力，高频（HF）主要反映副交感神经的张力，低高频比（LF/HF）反映交感神经和副交感神经的调节平衡。从本研究的四个生理指标可以看出：从数值变化上，三种应激源引起的被试的生理指标的变化趋势是相一致的，但是变化幅度差异较大。心算引起被试的心率、低频（LF）显著升高，低高频比（LF/HF）极大不平衡，而引起高频（HF）显著降低；连线测验和视频应激引起被试心率升高、低频（LF）升高幅度显著小于心算，高频（HF）降低幅度显著小于心算，且较之心算，连线测验和视频应激引起的低高频比（LF/HF）要平衡多了。结果表明心算应激对于提高交感神经活动张力、降低副交感神经活动性的作用更大，对交感/副交感神经平衡的影响更大，进一步表明在三种应激源中，心算更能引起实验被试的应激反应。连线测验作为应激源，虽与心算有着同样的智力操作成分，但可能由于测验难度相对心算来说较小，因而引起的应激反应不如心算的大。而视频应激所引起的应激主要是情绪应激，过往有学者曾采用恐怖影片片段对大学生群体进行研究，而本实验考虑到实验被试中包含惊恐障碍患者、创伤后应激障碍患者等而未采用恐怖影片作为实验材料，可能由于视频片段的刺激程度不是很大，因而把视频材料作为应激源时引起的应激反应未及心算的大；此外，也有研究表示，心算相对于恐怖影片更能引起交感神经和副交感神经的不平衡，从事智力操作性紧张活动更容易引起自主神经活动的失调。所以本研究结果显示的视频材料引起应激反应不如心算的大，也可能是由于紧张性智力操作应激与情绪应激本身所能引起的应激反应的程度不尽相同，对自主神经活动的影响也不一致，这也有待进一步考究。

四、结语

焦虑障碍是常见的心理障碍，疾病负担沉重，而应激是其主要的诱发因素之一，对焦虑障碍患者的应激干预进行研究，将对焦虑障碍的预防和诊治有着重要的借鉴意义。本研究通过实验室的方法，采用心率、心率变异性作为心理生理学指标，探讨了放松训练对焦虑障碍患者应激刺激下生理心理反应的影响，结论如下：

（1）静息状态下，焦虑障碍患者交感神经功能亢进，兴奋性高于正常人，副交感神经功能低于正常人，表现为心率和心率变异性的低频（LF）、低高频比（LF/HF）显著高于正常人，高频（HF）显著低于正常人。

（2）减压放松训练可以缓解交感神经的紧张程度，降低其兴奋性，并能对抗应激刺激引起的交感/副交感神经的失衡，所以临床上可以将放松训练作为焦虑障碍患者的辅助治疗手段，同时也可用于增强正常人机体对抗生活应激引起的心理生理反应的能力。

（3）静坐同样可以在一定程度降低焦虑障碍患者和正常人的交感神经兴奋性，但其效果不如放松训练。

（4）心算、连线测验和视频材料作为应激源，能够引起被试不同程度的应激反应，其中心算能更大限度地引起交感神经和副交感神经的不平衡。

本研究的结果进一步丰富了焦虑障碍患者心理生理特点的理论研究，同时为临床上对焦虑障碍的诊断和治疗等提供了参考依据，并验证了《减压放松训练》CD的临床干预效果，为临床上对此治疗工具的进一步推广应用提供了理论依据，希望此研究结果能为减压放松训练的临床推广、患者疾病负担的减轻及其生活质量的提高等起到一定的促进作用。

中编

心理问题的分析与心理疗法研究

音乐训练对儿童自我意识和适应力影响的观察研究

杨凌运

一、研究意义、对象和方法

（一）研究意义

本文通过对广州市天河区先烈东小学的实证调查，研究了解音乐训练对儿童的自我意识、自信心以及社会适应能力的影响，探讨音乐对心理健康促进的机理，为音乐教育实践的发展提供科学依据，进一步扩大音乐教育的作用，促进儿童的心理健康状况的提高。

（二）研究的对象与方法

1. 研究对象

随机抽取广州先烈东小学三到五年级的儿童共 350 人，男生 170 人，女生 180 人。按照是否受到音乐训练的情况，分为音乐训练组和对照组两个组，每组样本数量 175 人。

音乐训练组。按照学习器乐和音乐训练类型，把广州市先烈东小学三到五年级的儿童分为管乐组、民乐组、声乐组、弦乐组四组。其中管乐组 40 人，民乐组 45 人，声乐组 45 人，弦乐组 45 人，年龄均在 9 到 12 岁。

对照组。从广州市先烈东小学三到五年级的儿童中，随机抽取未受音乐训练的儿童为对照组，其中作为管乐组的对照组 40 人，民乐组的对照组 45 人，声乐组的对照组 45 人，弦乐组的对照组 45 人，年龄均在 9 到 12 岁。

2. 研究方法

本课题利用心理学与社会人类学的研究方法，采用文献分析法、量表测量法、问卷调查法、数据统计法等进行研究。

二、音乐训练对儿童自我意识和适应力的影响

（一）回收资料情况

1. 音乐训练组

发出问卷175份，共收回有效问卷140份，有效回收率为80.0%。其中男59人（占42.1%），女81人（占57.9%）；年龄9～12岁，平均10.17岁。9岁31人（占22.2%），10岁64人（占45.7%），11岁36人（占25.7%），12岁9人（占6.4%）。其中管乐组38人，民乐组20人，声乐组39人，弦乐组43人。

2. 对照组

发出问卷175份，共收回有效问卷166份，有效回收率为94.9%。其中男93人（占56.0%），女73人（占44.0%）；年龄9～12岁，平均10.13岁。9岁46人（占27.7%），10岁62人（占37.3%），11岁48人（占28.9%），12岁10人（占6.1%）。其中作为管乐组的对照组37人，民乐组的对照组45人，声乐组的对照组40人，弦乐组的对照组44人。

两组儿童性别、年龄、父母有无受过音乐训练经统计学处理，年龄有显著性意义($p<0.05$)，性别无显著性意义（$p>0.05$）。父母受到音乐训练情况比较差异有显著性意义（$p<0.05$），提示音乐组的儿童的父母受到音乐训练情况在构成上与对照组有差异。其中音乐组的儿童有37人（占26.4%）的父母曾受到音乐训练，对照组的儿童有28人（占16.9%）未受到音乐训练。

（二）自编问卷调查结果

1. 音乐组儿童

在音乐组中，有77名（占55.0%）儿童受音乐训练的时间达到3年以上，有30名（占21.4%）儿童受专门训练时间达到1～2年。

音乐组的儿童经过训练，有32名（占22.9%）儿童获奖次数达到5次以上，9名（占6.4%）儿童获奖次数达到3～5次。

在音乐组中，有48名（占34.3%）儿童参与表演活动次数达到5次以上，21名（占15.0%）儿童参与表演活动次数达到3～5次。

音乐组儿童的自信心主要来自两方面：成功演奏出新曲、获得家长和老师的赞许，按选择意向频数高低排列如下：成功演奏（52.1%）、获得赞许（42.9%）、处理音乐学习与课业学习的关系（32.1%）、学会合作（28.6%）、认为自己与众不同（17.1%）。

2. 对照组儿童

对照组儿童130人有聆听音乐的偏好，占对照组人数的78.3%，没有聆听音乐习

惯的有36人，占21.7%。认为学校应该安排更多、更有效的音乐聆听或赏析机会的儿童有110人，占对照组人数的66.3%，认为学校没有必要安排更多的学习音乐机会的人数有56人，占33.7%。

对照组儿童的自信心主要来自：人际关系良好、获得家长和老师赞许、学习成绩优异、有特长、认为自己与众不同。按选择意向频数高低排列如下：人际关系良好（52.4%）、获得家长和老师赞许（44.0%）、学习成绩优异（24.1%）、有除音乐以外的特长，认为自己与众不同（13.3%）。

3. 儿童对音乐缓解不良情绪作用的认知情况

音乐组的儿童认为音乐在缓解自己的不良情绪方面的作用“非常有帮助”和“很有帮助”和“有帮助”者共有132人（占94.3%）；同样对照组的儿童也有156人（占94.0%）认为。这表明儿童已普遍认识到音乐在缓解情绪方面的作用。经过方差分析，$\chi^2=0.223$，两组之间差异无统计学意义（$p=0.636$），表明不同组别儿童在音乐调节情绪的作用认识上无差异。

4. 儿童缓解情绪时对音乐的选择情况

音乐组的儿童选择“平时喜欢”的音乐缓解不良情绪的有76人，占54.3%；选择“与心境相同”的音乐有34人，占24.3%。对照组的儿童选择“平时喜欢”的音乐缓解不良情绪的有82人，占49.4%；选择“与心境相同”的音乐有43人，占25.9%。经过统计分析，差异无统计学意义（$p=0.384$，$\chi^2=0.759$），表明不同组别儿童在缓解情绪时对音乐选择无差异。

（三）音乐训练对儿童自我意识的影响

1. 音乐组与城市常模自我意识各因子及总分比较

统计结果显示，音乐训练组儿童的自我意识在整体水平上高于城市常模，差异具有统计学意义（$p<0.05$）。在行为、智力2个因子水平上，音乐组得分都高于城市常模，且具有统计学意义（$p<0.05$）。在躯体因子水平上，音乐组得分高于城市常模，而在焦虑、幸福2个因子水平，音乐组得分都低于城市常模，见表1。

表1　儿童音乐训练组自我意识水平与城市常模的比较（$\bar{x}\pm S$）

因子	音乐组（$n=140$）	城市常模（$n=589$）	t
行为	12.86 ± 2.83	12.35 ± 2.50	2.13*
智力	11.27 ± 3.33	10.60 ± 3.16	2.38*
躯体	7.86 ± 2.79	7.57 ± 2.93	1.23
焦虑	9.21 ± 2.90	9.28 ± 2.43	-0.29
合群	8.79 ± 2.06	8.79 ± 1.84	0.00

（续上表）

因子	音乐组（$n=140$）	城市常模（$n=589$）	t
幸福	7.59 ±1.56	7.61 ±1.62	-0.15
总分	57.42 ±11.54	54.98 ±10.32	2.50*

注：城市常模数据据2001年中南大学精神卫生研究所苏林雁教授制定，$*p<0.05$，$**p<0.001$，下同

2. 对照组与城市常模自我意识各因子及总分比较

统计结果显示，对照组儿童的自我意识在整体水平上低于城市常模，差异具有统计学意义（$p<0.05$）。在行为、合群、幸福3个因子水平上，对照组得分都低于城市常模，且具有统计学意义（$p<0.05$）。在智力、躯体2个因子水平上，对照组得分都高于城市常模，且具有统计学意义（$p<0.05$），见表2。

表2　儿童对照组自我意识水平与城市常模的比较（$\bar{x} \pm S$）

因子	对照组（$n=166$）	城市常模（$n=589$）	t
行为	10.37 ±2.84	12.35 ±2.50	-8.95*
智力	11.39 ±2.90	10.60 ±3.16	3.50*
躯体	9.55 ±2.42	7.57 ±2.93	10.51*
焦虑	9.17 ±2.38	9.28 ±2.43	-0.59
合群	7.40 ±1.90	8.79 ±1.84	-9.39*
幸福	6.54 ±1.48	7.61 ±1.62	-9.28*
总分	50.75 ±10.88	54.98 ±10.32	-4.76*

3. 音乐组与对照组自我意识各因子及总分比较

儿童自我意识量表包括6个分量表，其中行为是儿童行为表现的评价，智力因子是儿童理解客观事物并运用知识、经验解决问题的能力，躯体是儿童对自身躯体外貌的认可度，焦虑是儿童对自我控制情绪能力的评价，合群是儿童在社会上适应能力的评价指标，幸福是儿童对现实生活的满意度和主观幸福感。统计结果显示，音乐组儿童的自我意识在整体水平上高于对照组儿童，差异具有统计学意义（$p<0.001$）。在行为、合群、幸福3个因子水平上，音乐组得分都高于对照组儿童，且具有统计学意义（$p<0.001$）。

表3　儿童音乐组自我意识与对照组的比较（$\bar{x} \pm S$）

因子	音乐组（$n=140$）	对照组（$n=166$）	t	p
行为	12.86±2.83	10.37±2.84	7.640	0.000**
智力	11.27±3.33	11.39±2.90	-0.343	0.732
躯体	7.86±2.79	9.55±2.42	-5.675	0.000**
焦虑	9.21±2.90	9.17±2.38	0.107	0.915
合群	8.79±2.06	7.40±1.90	6.115	0.000**
幸福	7.59±1.56	6.54±1.48	6.047	0.000**
总分	57.42±11.54	50.75±10.88	5.194	0.000**

4. 音乐组和对照组儿童自我意识的分析

统计结果显示，不同组别的儿童自我意识水平有差异，组别的主效应显著（$p<0.001$），组别和年龄其交互效应不显著（$p>0.05$），见表4。经过多重比较分析，不同年龄组别儿童的自我意识水平差异不显著（$p>0.05$）。

表4　儿童自我意识的方差分析

变异来源	平方和	自由度	均方	F	P
组别	2201.820	1	2201.820	17.468	0.000**
年龄	35.657	3	11.886	0.094	0.963
组别*年龄	448.174	3	149.391	1.185	0.316

5. 音乐喜欢程度对儿童自我意识的影响

儿童对音乐喜欢程度按照程度分为“不喜欢”“有点喜欢”“中等”“比较喜欢”“很喜欢”五个等级。统计结果显示，对音乐喜欢程度对儿童自我意识水平有显著影响（$p<0.001$），比较喜欢音乐的儿童自我意识水平较高。

6. 父母对儿童自我意识的影响

统计结果显示，父母是否受过音乐训练对音乐组儿童自我意识水平有显著影响（$p<0.05$）。

7. 音乐组儿童自我意识因子的影响因素相关分析

统计结果显示，影响音乐组儿童自我意识中的行为、智力、合群、幸福等因子的因素主要有性别、年龄、父母受音乐训练情况、音乐喜欢程度，其中性别对行为、合群2个因子有低相关作用（$0.1<|r|<0.3$），年龄对行为因子有低相关作用（$0.1<|r|<0.3$），父母受音乐训练情况对行为、躯体、合群、幸福4个因子有低相关作用（$0.1<|r|<0.3$），音乐喜欢程度对躯体因子有中相关作用（$|r|>0.3$），见表5。

表 5　音乐组儿童自我意识因子的影响因素相关分析

	性别	年龄	父母受音乐训练情况	音乐喜欢程度
行为	-0.187	-0.109	-0.197	0.239
躯体	-0.013	-0.044	-0.188	0.309
合群	-0.160	0.008	-0.162	0.129
幸福	-0.046	0.020	-0.187	0.244

8. 管乐组和对照组儿童自我意识的分析

统计结果显示，管乐组的儿童的自我意识在整体水平上高于对照组的儿童，差异具有统计学意义（$p<0.001$）。在行为、幸福 2 个因子水平上，管乐组得分都高于对照组儿童，且具有统计学意义（$p<0.001$）；在躯体因子水平上，管乐组得分低于对照组儿童，且具有统计学意义（$p<0.05$）；在合群因子水平上，管乐组得分高于对照组儿童，且具有统计学意义（$p<0.05$）；而在智力、焦虑 2 个因子水平上两者均无统计学意义，见表 6。

表 6　儿童管乐组自我意识与对照组的比较（$\bar{x}\pm S$）

因子	管乐组（$n=38$）	对照组（$n=37$）	t	p
行为	13.16 ±2.34	10.00 ±2.75	5.360	0.000**
智力	11.47 ±3.20	10.24 ±2.77	1.777	0.080
躯体	7.95 ±2.69	9.19 ±2.04	-2.248	0.028*
焦虑	9.47 ±2.80	8.68 ±2.12	1.389	0.169
合群	8.32 ±2.10	7.24 ±2.09	2.214	0.030*
幸福	7.63 ±1.46	6.32 ±1.40	3.962	0.000**
总分	58.34 ±10.91	48.46 ±9.88	4.109	0.000**

9. 声乐组和对照组儿童自我意识的分析

统计结果显示，声乐组儿童的自我意识在整体水平上高于对照组儿童，差异不具有统计学意义（$p>0.05$）；在行为、智力与合群 3 个因子水平上，声乐组得分都高于对照组儿童，且具有统计学意义（$p<0.05$）；在躯体因子水平上，声乐组得分低于对照组儿童，且具有显著统计学意义（$p<0.001$）；而在焦虑、幸福 2 个因子水平上两者均无统计学意义（$p>0.05$），见表 7。

表 7　儿童声乐组自我意识与对照组的比较（$\bar{x} \pm S$）

因子	声乐组（$n=39$）	对照组（$n=40$）	t	p
行为	12.41 ±2.50	10.58 ±3.01	2.943	0.004*
智力	10.49 ±2.97	11.93 ±2.90	−2.175	0.033*
躯体	7.56 ±2.51	10.15 ±2.19	−4.881	0.000**
焦虑	8.79 ±3.49	9.58 ±2.32	−1.173	0.244
合群	8.82 ±2.28	7.63 ±2.03	2.460	0.016*
幸福	7.26 ±1.73	6.88 ±1.67	0.999	0.321
总分	54.95 ±11.79	52.98 ±11.29	0.760	0.449

10. 民乐组和对照组儿童自我意识的分析

统计结果显示，民乐组儿童的自我意识在整体水平上高于对照组儿童，差异不具有统计学意义（$p>0.05$）；在合群、幸福 2 个因子水平上，民乐组得分都高于对照组儿童，且具有统计学意义（$p<0.05$）；在智力、躯体 2 个因子水平上，民乐组得分都低于对照组儿童，且具有统计学意义（$p<0.05$），而在行为、焦虑 2 个因子水平上两者均无统计学意义（$p>0.05$），见表 8。

表 8　儿童民乐组自我意识与对照组的比较（$\bar{x} \pm S$）

因子	民乐组（$n=20$）	对照组（$n=45$）	t	p
行为	10.85 ±3.92	9.91 ±3.02	1.052	0.297
智力	8.80 ±3.09	11.41 ±3.04	−3.169	0.002*
躯体	6.50 ±2.86	8.86 ±2.97	−2.986	0.004*
焦虑	7.45 ±2.86	8.76 ±2.71	−1.761	0.083
合群	8.15 ±1.60	6.82 ±1.78	2.858	0.006*
幸福	7.15 ±1.53	5.93 ±1.32	3.262	0.002*
总分	50.25 ±11.49	48.07 ±11.80	0.691	0.492

11. 弦乐组和对照组儿童自我意识的分析

统计结果显示，弦乐组儿童的自我意识在整体水平上高于对照组儿童，差异具有统计学意义（$p<0.001$）；在行为、合群、幸福 3 个因子水平上，弦乐组得分都高于对照组儿童，且具有统计学意义（$p<0.001$）；在躯体因子水平上，弦乐组得分低于对照组儿童，且具有统计学意义（$p<0.05$），而在智力、焦虑 2 个因子水平上两者均无统计学意义（$p>0.05$），见表 9。

表9　儿童弦乐组自我意识与对照组的比较（$\bar{x} \pm S$）

因子	弦乐组（$n=43$）	对照组（$n=44$）	t	p
行为	13.93 ±2.40	10.95 ±2.53	5.617	0.000**
智力	12.95 ±3.01	11.86 ±2.66	1.793	0.077
躯体	8.67 ±2.91	10.00 ±2.12	−2.431	0.017*
焦虑	10.16 ±1.91	9.66 ±2.18	1.145	0.255
合群	9.49 ±1.87	7.91 ±1.61	4.224	0.000**
幸福	8.07 ±1.44	7.02 ±1.32	3.539	0.001**
总分	62.19 ±9.80	53.32 ±9.57	4.269	0.000**

12. 弦乐组和声乐组儿童自我意识的分析

统计结果显示，弦乐组儿童的自我意识在整体水平上高于声乐组儿童，差异具有统计学意义（$p<0.05$）。在行为、智力、焦虑、幸福4个因子水平上，弦乐组得分都高于声乐组儿童，且具有统计学意义（$p<0.05$ 或 $p<0.001$）；而在躯体、合群2个因子水平上两者均无统计学意义（$p>0.05$），见表10。

表10　儿童弦乐组自我意识与声乐组的比较（$\bar{x} \pm S$）

因子	弦乐组（$n=43$）	声乐组（$n=39$）	t	p
行为	13.93 ±2.40	12.41 ±2.50	2.806	0.006*
智力	12.95 ±3.01	10.49 ±2.97	3.729	0.000**
躯体	8.67 ±2.91	7.56 ±2.51	1.841	0.069
焦虑	10.16 ±1.91	8.79 ±3.49	2.229	0.029*
合群	9.49 ±1.87	8.82 ±2.28	1.455	0.149
幸福	8.07 ±1.44	7.26 ±1.73	2.325	0.023*
总分	62.19 ±9.80	54.95 ±11.79	3.152	0.002*

13. 弦乐组和管乐组儿童自我意识的分析

统计结果显示，弦乐组儿童的自我意识在整体水平上高于管乐组儿童，差异具有统计学意义（$p<0.05$）；在智力、合群2个因子水平上，弦乐组得分都高于管乐组儿童，且具有统计学意义（$p<0.05$）；而在行为、躯体、焦虑、幸福4个因子水平上两者均无统计学意义（$p>0.05$），见表11。

表 11　儿童弦乐组自我意识与管乐组的比较（$\bar{x} \pm S$）

因子	弦乐组（$n=43$）	管乐组（$n=38$）	t	p
行为	13.93 ±2.40	13.16 ±2.34	1.460	0.148
智力	12.95 ±3.01	11.47 ±3.20	2.144	0.035*
躯体	8.67 ±2.91	7.95 ±2.69	1.163	0.249
焦虑	10.16 ±1.91	9.47 ±2.80	1.307	0.195
合群	9.49 ±1.87	8.32 ±2.10	2.655	0.010*
幸福	8.07 ±1.44	7.63 ±1.46	1.359	0.178
总分	62.19 ±9.80	58.34 ±10.91	2.203	0.030*

14. 声乐组和管乐组儿童自我意识的分析

统计结果显示，声乐组儿童的自我意识在整体水平上低于管乐组儿童，差异不具有统计学意义（$p>0.05$），见表 12。

表 12　儿童声乐组自我意识与管乐组的比较（$\bar{x} \pm S$）

因子	声乐组（$n=39$）	管乐组（$n=38$）	t	p
行为	12.41 ±2.50	13.16 ±2.34	−1.353	0.180
智力	10.49 ±2.97	11.47 ±3.20	−1.401	0.165
躯体	7.56 ±2.51	7.95 ±2.69	−0.646	0.520
焦虑	8.79 ±3.49	9.47 ±2.80	−0.941	0.350
合群	8.82 ±2.28	8.32 ±2.10	1.008	0.317
幸福	7.26 ±1.73	7.63 ±1.46	−1.028	0.307
总分	54.95 ±11.79	58.34 ±10.91	−0.965	0.337

15. 讨论分析

自我意识又称自我概念、自我知觉、自我结构、自尊等，是个体对自身心理、生理、社会功能状态的知觉和主观评价。儿童自我意识反映了儿童对自己在环境和社会中所处地位的认识，也反映了自身的价值观念，是个体实现社会化目标、完善人格特征的重要保证。自我意识水平是影响儿童心理健康的一个重要因素，也是衡量儿童心理健康水平的一个重要指标。自我意识水平越高，表明心理健康状况越好。

本研究中的对照组儿童与音乐训练组儿童相比，没有受到专门的音乐训练，接触音乐的机会较少，在音乐才能方面对自己评价较低，对音乐喜好程度没有音乐组的高；统计结果显示，音乐喜好程度对儿童自我意识水平有显著影响。另一方面，对照组儿童在学校受到音乐教师的关注程度不高，在音乐才能方面获得的赞许较少；统计结果显示，对照组儿童的父母绝大部分没有受过音乐训练，音乐组的儿童的父母有部分人曾受到音乐训练，在家庭教育方面能投入更多的精力来培养孩子的音乐才艺。因此，对照组的儿童对于自己在音乐方面的才能与音乐组相比是不够肯定的，他们对自我认知的另外方面，如躯体外貌会投入更多的关注，强调自己与别人不同的地方，在平时的生活中更加注意自己的外貌修饰。

调查显示，管乐组的儿童的自我意识水平高，行为适当，幸福感强，合群。此外，弦乐组的儿童的自我意识水平也出现与之相同的特点。

音乐活动实践中，对声乐、器乐技能技巧成百上千次的练习，可培养儿童坚忍的意志。在合唱训练中，儿童的集体精神得到进一步培养。

此外，弦乐组的儿童的自我意识在整体水平上还高于管乐组的儿童，智力水平较高，较为合群。弦乐组的儿童主要学习的乐器是小提琴和大提琴，在乐队中，小提琴的演奏主要担任乐曲的主旋律，而大提琴在乐队中可扮演各种角色，有时加入低音部，或起到节奏中坚的作用。管乐组的儿童主要学习的乐器是单簧管、双簧管、小号、大号、长笛、萨克斯等。单簧管和双簧管在乐队中担任主要旋律的演奏，小号可以奏出优美而富有歌唱性的旋律，当小号使用弱音器的时候还可以改变音色。长笛音色柔美清澈，音域宽广，是重要的独奏乐器。萨克斯兼具铜管乐器和木管乐器的特点，演奏滑音、颤音等独树一格。由此看来，管乐组的儿童学习的乐器大多能吹出自己的特色，能单独演奏，而弦乐组的儿童要更多地与他人共同合作演奏，表现得更加合群。

（四）音乐训练对儿童自信和适应力的影响

1. 音乐组与对照组自信的比较

统计结果显示，音乐组的儿童的自信心在整体水平上高于对照组的儿童，差异具有统计学意义（$p<0.001$），见表13。

表13　儿童音乐组自信与对照组的比较（$\bar{x}\pm S$）

组别	$\bar{x}\pm S$	t	p
音乐组	3.02 ±0.64		0.000**
对照组	1.99 ±0.41	16.891	

2. 影响音乐组儿童自信心的相关分析

统计结果显示，获奖次数与儿童自信心提高存在正相关关系，且具有统计学意义，说明音乐组儿童获奖次数越多，自信心水平越高（$p<0.05$，$r=0.269$）。

3. 音乐组与对照组适应力的比较

统计结果显示，音乐组的儿童社会能力在整体上高于对照组的儿童，差异不具有统计学意义（$p>0.05$）。在活动、社交 2 个因子上音乐组的儿童高于对照组（$p>0.05$）。在活动、学校 2 个因子上，音乐组的儿童与对照组差异有统计学意义（$p<0.001$），见表 14。

表 14　儿童音乐组与对照组的比较（$\bar{x}\pm S$）

因子	音乐组	对照组	t	p
活动	4.48 ± 1.94	3.64 ± 1.78	3.756	0.000**
社交	7.09 ± 1.73	6.78 ± 1.74	1.489	0.138
学校	4.44 ± 0.75	5.04 ± 0.76	−6.678	0.000**
社会能力总分	16.00 ± 3.08	15.46 ± 3.15	1.456	0.146

4. 讨论分析

自信心，也称自信感，是个体对自身行为能力与价值的客观认识和充分估价的一种体验，是一种健康向上的心理品质。儿童自信心的发展是其自我意识不断成熟和发展的标志。

在音乐学习中儿童通过自己已有的学习经历来获得一种对自身学习能力的知识，认为这样的知识是最可靠的，一次成功的学习经历会使他们对自己的学习能力充满自信。

他人的言语说服是形成儿童音乐学习自我效能感的重要的外在因素之一。儿童通常是从音乐教师对他的评价和态度中获取有关自己能力高低的信息，音乐教师对儿童以正面的肯定的评价和真挚的热情的态度会有利于儿童自我效能感的提高，反之，音乐教师对儿童以否定的评价和冷淡的生硬的态度则会不利于儿童自我效能感的形成。音乐组的儿童在学校受到专门的音乐教育，家长和老师都给予重视。通过研究发现音乐组儿童自信心主要来自音乐演奏技能的进步、家长和老师的赞许两方面。他们在学校积极参与活动，与人交际能力强。对照组的儿童自信心主要来自和谐的人际关系、家长和老师的赞许两方面，与学习音乐的儿童比较，他们没有专业特长，但有超过一半数量的孩子希望能有更多机会学习音乐。

社会适应能力是儿童心理发展的重要组成部分。在音乐活动中，个体有更多与同伴的共享活动，在相互作用、平等交往的活动规则中，儿童获得规则意识，理解要把活动完成，必须遵守规则，这种意识为儿童今后适应社会秩序打下了基础，使儿童对周围的自然环境和社会需要的适从与对立的能力得到发展。

三、影响音乐训练的因素与机理分析

音乐教育是对儿童实施整体的、全面发展的基本素质教育，通过审美感染的过程来达到完美人格的塑造。下面从态度兴趣因素、获奖表演因素等几个方面来分析儿童在音乐训练过程中的影响因素，并讨论分析音乐训练对儿童自我意识和适应力影响的机理。

（一）影响音乐训练效果的因素

1. 态度兴趣

儿童学习器乐的兴趣，不仅直接影响着学习音乐的效果，还影响到儿童潜在素质和智力能力的开发。著名音乐家卡巴列夫斯基说："激发孩子对音乐的兴趣，是把音乐的魅力传送给他们的先决条件。"因此，教师在教学过程中，不能一次给儿童提出许多要求，急于求成，否则，就会使他们失去学习的信心和兴趣，产生烦躁、惧怕和反感的情绪。教师要有一个完整的器乐教学计划，整体上把握好器乐学习的进度与节奏。在每节课中，确定一个练习的重点和难点，学习器乐的时间也最好有所控制，使儿童认为自己能胜任，学起来较为轻松容易，并始终保持浓厚的学习兴趣。

2. 获奖表演

根据研究结果发现，音乐组的儿童自信心主要来自演奏的成功及获得赞许等方面，可见他们通过长时间的学习，在各种活动中受到家长和老师的赞许，对自我的评价比较积极。

3. 儿童学习

影响儿童音乐训练的因素还包括躯体生理问题、师生问题、情绪问题和教师灌输的价值观问题。

4. 家庭教育

根据研究结果发现，父母是否受过音乐训练对音乐组儿童自我意识水平有显著影响，这提示了家长的音乐修养对于孩子自我意识发展有影响作用。在儿童学习音乐的过程中，许多时间是和家长一起度过的，良好的家庭音乐环境不亚于老师的教育。父母的音乐素养可以提高儿童欣赏音乐的品位，让儿童在家里接触到更好的作品。

（二）音乐训练对儿童自我意识和适应力影响的机理分析

1. 器乐训练

器乐训练通常和手指连在一起，在传统音乐教学形式的基础上，增加双手的动作，并且是符合音乐表现所需要的或快或慢、或强或弱的动作，这都能强化对左右大脑的平衡发展。

（1）器乐训练促进儿童智力发展。

听觉、视觉、触觉等知觉能力以及记忆力都是智力的重要内容，器乐演奏是听觉、视觉、触觉等多种器官合作的活动，它促进了多个器官的协调发展，激发了儿童的变通性思维。音乐将高低不同、长短不同、强弱不同、音色不同的音响有机地组织在一起，这对于训练儿童“分辨音律的耳朵”来说，具有其他任何形式的听觉训练都难以达到的效果。学生在学习器乐时的视谱需要极灵敏的视觉，是对乐谱的某一个区域的音符、织体及速度、力度符号等整体综合的视觉判断反应。学习器乐时，儿童需要左右手并用，左右脑都得到锻炼，促进智力的发展。器乐学习能促进记忆力的增长，儿童通过识别不同符号组成的乐谱，提高了反应能力，从而强化了儿童的记忆能力。

（2）器乐训练促进儿童建立和谐人际关系。

在器乐学习中儿童的整体意识得到培养，因为器乐合奏课通常是以集体活动的形式展开。乐队是一个集体，儿童在与他人合奏时不仅要眼看曲谱，还要用手来弹奏乐器，同时要倾听别的乐器发出的声音。因此，每个儿童在音乐实践活动中，要以统一的节奏、声音的和谐、音高的准确、情绪和速度的一致来配合合奏中的要求。因此儿童在学习过程中逐渐形成具有统一意识的和共同情感的团结集体，儿童自觉自愿地接受规范纪律的约束，从而有利于培养儿童遵守纪律、协调一致的集体主义精神。

2. 声乐训练

歌唱是生理学的，也是物理学的，但归根到底是心理学的。

（1）儿童生理上的自我意识与音乐训练。生理上的自我意识主要指对自己躯体及其状态的意识，它是在自我意识的构成中最早萌生的意识。它首先表现为个体对于自身的生命机体及其运动状态的感知，将之与自身之外的其他物体及运动区别开来。许多音乐训练本身都是首先从严格而规范的肢体训练开始的。例如弹钢琴、古筝等乐器时对身形、手型的训练，演奏小提琴时对双手配合以及整个肢体协调能力的培养，练习声乐时对呼吸器官、发音器官的扩张及锻炼等，都有效地强化了儿童对于自身的生命机体及其运动状态的感知，从而促进了其生理的自我意识发展。舒缓的音乐让剧烈运动后的身体放松、节奏明快的音乐用于少儿广播体操的伴奏等，都是音乐作用于人的生理存在、辅助唤起和强化儿童的生理自我意识的运用。奥地利哲学家马赫早已指出此点：“在音乐中，声音感觉以简单明了的方式显露出自己的值得注意的特性。意志、情感、语音表现与语音感觉诚然有强烈的生理学联系。”

（2）儿童社会自我与音乐教育。从 3 岁开始是个体接受社会化最深的时期，也是社会自我迅速形成的时期。马克思说：“人的本质不是单个人所固有的抽象物，在其现实性上，它是一切社会关系的总和。”在音乐学习过程中，儿童逐渐认识到，世界不是为自己而设立的，真正的自我意识不是以自我为中心的利己主义，而是包含着群体意识、社会意识的自我意识。正如李岚清先生所说：“音乐正好能起到培养人尊重个性和群体意识的作用，将两种功能充分、有效地结合起来，有助于构建社会主义和谐社会。”

（3）儿童心理自我与音乐陶冶。心理自我是有关自我的认识，包括兴趣、爱好、理想、价值观、世界观、气质、性格和能力等。在儿童小学阶段，青春期性成熟使他们心理上产生剧烈变化，认为自己不是小孩子，要求独立、平等、自尊，看待事物不再以客观为唯一标准，有自己的观点和态度，提高了主观性和批判性，他们尝试用自己的行动来追求理想，在成功和失败中认识到个人能力的有限性和追求的无止境。而作为能够用抽象的形式表达丰富的情感的音乐，在儿童心理上的自我意识发展起到不可替代的作用。

网瘾青少年述情障碍与自我接纳的相关研究

林冬霓

一、研究背景、意义和方法

随着网络在社会生活中的普及，与网络使用相关的心理问题越来越受到人们的关注。网络对于在校的青少年学生来说，有利也有弊，由于青少年学生的自制能力还未成熟，易受到网络世界中丰富多彩的虚拟景象的吸引，而过分地沉溺于网络，无法有效地分配使用网络的时间，逐步发展为网络成瘾现象。本文拟对网瘾青少年的自我接纳和述情障碍进行相关研究，探讨自我评价、自我接纳与述情障碍的3个因子之间的关系，试图探明网瘾青少年沉溺于网络的个性方面的原因，从而为网瘾青少年重新建立社会功能提供建议。

我们实地调查了广州某青少年心理成长中心56名学员，采用方便取样的方法，派发问卷50份，对象为18～24岁的青少年。回收有效问卷89份。其中网瘾青少年49人，非网瘾青少年40人。

我们采用的工具与方法：①自我接纳量表（SAQ）。从初步拟定的34个条目中最终筛选确定出自我评价（SE）和自我接纳（SA）2个因子，共16个条目（每个因子各由8个条目组成），总量表得分越高，表明被试的自我接纳程度越高；反之则越低。②多伦多述情障碍量表（TAS－20）。它由3个因子组成，F1缺乏识别情感的能力，F2缺乏描绘情感的能力，F3外向性思维。TAS－20量表共20个条目，得分越高表明述情障碍越严重。③网络依赖问卷：由Young制定的网络依赖诊断标准，共20个条目，每个条目采取五级评分。得分为41～60分者为轻度网瘾青少年，61～80分者为中度网瘾青少年，81～100分者为重度网瘾青少年。④采用Excel录入数据，并使用SPSS 17.0软件对数据进行分析。

二、研究结果

（一）研究组与对照组一般情况

研究组与对照组比较网瘾青少年的年龄为18.88±3.967，非网瘾青少年的年龄为 19.05 ±3.967，两组年龄没有显著性差异。

研究组的网络依赖问卷得分为 55.47 ±14.298，对照组的为 32.00 ±5.593，网瘾青少年显著高于非网瘾青少年（$t=10.545$，$p<0.001$）。

TAS－20 测查结果显示网瘾青少年的述情障碍总分为 53.16 ±9.026，F1 为 18.59 ±5.369，F2 为 13.61 ±2.943，F3 为 20.96 ±4.335。其中，总分高于平均分以上的有 22 人，占 44.9%。

SAQ 测查结果显示网瘾青少年的自我接纳总分为 40.86 ±5.955，*SA* 为 19.88 ±3.678，*SE* 为 20.98 ±3.491。

（二）自我接纳和述情障碍的相关性分析

1. 研究组自我接纳与述情障碍的相关性

经过皮尔逊积差相关分析，结果表明，网瘾青少年的自我接纳总分与述情障碍总分及 F3 因子分在置信区间为 0.05 的水平上存在显著的负相关，而自我接纳因子和 F2、F3 也在置信区间为 0.05 的水平上存在显著的负相关。此外，自我接纳因子和述情障碍总分还在置信区间为 0.01 的水平上存在显著的负相关，如表 1 所示。

表 1　网瘾青少年的自我接纳和述情障碍的相关比较

	述情障碍量表总分	F1	F2	F3
自我接纳总分	－0.356*	－0.256	－0.191	－0.294*
自我接纳因子分	－0.391**	－0.221	－0.336*	－0.313*

注：＊＊置信区间为 0.01，＊置信区间为 0.05，下同

2. 网瘾青少年网瘾总分和自我接纳及述情障碍的相关性

网瘾青少年的网瘾总分和述情障碍量表的 F2（难以描述自己感情）因子在置信区间为 0.05 的水平上存在显著的正相关，与自我接纳量表中的自我接纳因子在置信区间为 0.05 的水平上存在显著的负相关，如表 2 所示。

表 2　网瘾青少年的网瘾总分和自我接纳及述情障碍的相关比较

	F2	自我接纳因子
网瘾总分	0.286*	－0.321*

3. 对照组自我接纳与述情障碍的相关性

从相关分析看，自我接纳总分以及两个因子与述情障碍总分及其三个因子之间存在负向的相关，而且都在 0.01 的水平上相关显著。此外，与研究组不同的

是，非网瘾青少年的网瘾总分与两量表及其各个因子均无显著差异。

（三）自我接纳和述情障碍的回归分析

1. 研究组自我接纳和述情障碍的回归分析

为了预测网瘾青少年自我接纳及其两个因子对述情障碍及其三个因子的作用，进行了回归分析。得出结果，如表3，自我接纳总分和述情障碍总分、自我接纳总分和F3之间，*SA*和述情障碍总分，存在很强的线性关系。自我接纳总分对述情障碍量表及其因子F3有显著的负向预测作用。*SA*对述情障碍及其因子F2、F3亦有显著的负向预测作用。

表3　网瘾青少年自我接纳和述情障碍的回归分析

因变量	自变量	*B*值	*β*值	*t*值	R^2
述情障碍总分	自我接纳总分	-0.539	-0.356	-2.610**	0.127
F3	自我接纳总分	-0.214	-0.294	-2.109***	0.086
述情障碍总分	*SA*	-0.960	-0.391	-2.912*	0.153
F2	*SA*	-0.268	-0.336	-2.442***	0.113

注：***置信区间为0.001，下同

2. 对照组自我接纳和述情障碍的回归分析

为了预测非网瘾青少年自我接纳及其两个因子对述情障碍及其三个因子的作用，故对对照组进行回归分析。以自我接纳量表及其两个因子为自变量，以述情障碍量表及其三个因子为因变量，得出结果，如表4，*SA*对述情障碍及其三个因子均有显著的负向预测作用。如表5，*SE*对述情障碍及其三个因子也有显著的负向预测作用。同样，如表6，自我接纳量表对述情障碍及其三个因子有显著的负向预测作用，且我们可以清楚地看到，自我接纳量表的预测作用更为显著。其中，自我接纳量表对述情障碍的影响最大。自我接纳量表可以解释述情障碍39.2%的变异（$p<0.001$）。

表4　非网瘾青少年的自我接纳因子和述情障碍的回归分析

因变量	自变量	*B*值	*β*值	*t*值	R^2
F1	*SA*	-0.509	-0.496	-3.525**	0.246
F2	*SA*	-0.285	-0.382	-2.549***	0.146
F3	*SA*	-0.340	-0.389	-2.602*	0.151
述情障碍总分	*SA*	-1.135	-0.526	-3.812***	0.227

表 5　非网瘾青少年的自我评价因子和述情障碍的回归分析

因变量	自变量	*B* 值	*β* 值	*t* 值	R^2
F1	*SE*	-0.535	-0.427	-2.909**	0.182
F2	*SE*	-0.491	-0.537	-3.925***	0.288
F3	*SE*	-0.393	-0.367	-2.434*	0.135
述情障碍总分	*SE*	-1.419	-0.538	-3.933***	0.289

表 6　非网瘾青少年的自我接纳和述情障碍的回归分析

因变量	自变量	*B* 值	*β* 值	*t* 值	R^2
F1	自我接纳总分	-0.365	-0.548	-4.042***	0.301
F2	自我接纳总分	-0.258	-0.533	-3.880***	0.284
F3	自我接纳总分	-0.254	-0.447	-3.080**	0.200
述情障碍总分	自我接纳总分	-0.877	-0.626	-4.954***	0.392

3. 网瘾青少年的网瘾总分和自我接纳及述情障碍的回归分析

为了预测网瘾青少年网瘾总分及其两个因子对述情障碍及其三个因子的预测作用，进行了回归分析。得出结果，如表 7，网瘾总分和 *SA* 之间，网瘾总分和 F2 之间，存在强线性关系。*SA* 对网瘾依赖行为有显著的负向预测作用。F2 对网瘾依赖行为有显著的正向预测作用。

表 7　网瘾青少年的网瘾总分和自我接纳及述情障碍的回归分析

因变量	自变量	*B* 值	*β* 值	*t* 值	R^2
网瘾总分	*SA*	-1.249	-0.321	-2.327*	0.103
网瘾总分	F2	1.388	0.286	2.044*	0.082

三、讨论分析

（一）述情障碍和自我接纳的关系

从对照组的相关和回归分析中，我们可以得出，自我接纳程度越低，有述情障碍的可能性越大，对自己情感的识别能力也越弱。自我评价越低，有述情障碍的可能性也会越大，对自己感情的描述能力也越弱。自我接纳是一个人对自己各个方面的接纳程度。青少年时期正是一个个体自我意识高度发展的时期，而自我接纳又是自我意识发展的一部分。个体如果从各个方面都接纳了自己，那么在一定程度上，我们也可以说，他可以正常地表达和描述自己的感情，能够认识和区分情感与躯体的感受，对自己的思维也具有内省性。

但是，在对研究组网瘾青少年的自我接纳量表和述情障碍的相关分析中，两者的相关性减弱。但是我们可以更直观地发现，自我接纳程度越低的青少年，述情障碍的症状越明显，其对自己思维的内省性越低，对自己情感的描述能力也越低。网瘾青少年是社会上的一个特殊群体，由于种种原因，他们沉迷于网络不可自拔，严重影响了他们的正常生活。如前面所述，青少年时期对于个体的成长是极其重要的。若在这一时期沉迷网络，不争取时间充实自我，完善自我，只求在网游或者网聊中寻找自己抑或是麻醉自己，这样只会更加迷失方向。这样的一个特殊群体，过着和周围同龄人不一样的生活。他们沉迷网络以致失去了建立人际关系的机会，失去了好好学习的机会。由于他们逃学，成绩不好，让父母长辈操心，一般他们受到的都是一些负性评价，自我接纳程度不高。但这一年龄阶段的一个重要的特点是需要其他人对自己的正性评价，在现实生活中要不到，网瘾青少年就更要到网络中去寻求。网络世界虽然丰富多彩，但其对于培养一个人的逻辑思维、创新思维、与人交往的能力是很有局限性的。所以，网瘾青少年一般对自己思维的内省性不够，对于描述自己感情的能力也有所缺乏。

（二）网瘾青少年网瘾总分和述情障碍及自我接纳的关系

在网瘾青少年网瘾总分和述情障碍量表及自我接纳量表的相关分析和回归分析，说明自我接纳程度对于网络依赖行为是有影响的，自我接纳程度越低，网络依赖行为的发生的可能性越大。若个体越难以描述自己的感情，网络依赖行为的发生可能性也越大。这个结论和李晏等关于青少年自我接纳意识与网络依赖行为的关系研究中得出的结论有相似之处，李晏等研究结果表明，*SE* 及 *SA* 对网络依赖行为均有一定的影响。

四、结语

网瘾青少年患述情障碍的可能性比非网瘾青少年高，自我接纳程度也比非网瘾青少年低。自我接纳程度低的青少年患网瘾的机会大，而难以描述自己感情的青少年患网瘾的机会也较大。自我接纳程度越低的网瘾青少年，述情障碍的症状越明显，其对自己思维的内省性越低，对自己情感的描述能力也越低。让网瘾青少年回归到社会生活中是很重要的，而要让其学会悦纳自我，网瘾青少年对自己情感的描述能力也需要加强。

本研究的研究结果显示，个体的青少年时期要发展得好，父母长辈等要关注其个体自我意识的发展，面对孩子的青春期的叛逆心理，家长不要和孩子硬碰硬。每个孩子都有他的优点，试着从孩子的角度去看问题，从心理上理解孩子，和孩子做朋友，安然地帮孩子度过青春期。孩子有了父母的支持，得到父母的肯定，也就不再需要从其他地方去证明自己的存在，去寻求肯定。那么，依赖网络的可能性也就大大减小。

道家的心身观与现代心理治疗学的比较

杨树英

一、研究目的、意义和方法

近年来，心理学的本土化研究成为国内外心理学界关注的焦点。有不少学者对此进行了探讨和研究，港台心理学界在心理学的本土化研究上也做了很多的努力，但形成一种理论体系和临床实用的疗法并获得心理学界肯定的甚少，而对道家心身观进行研究的文献还查阅不到，对于中国文化的心理咨询与治疗的模式还处于探讨之中。

作为建立具有中国文化模式特点的心理咨询理论的一股溪流，本研究旨在整理挖掘道家心理学的理论、方法与技术，总结其应用价值。

本研究在对道家心身观的整理提炼过程中，力图将所有的研究分析都建立在翔实的文献基础上，但中国文化的很多要素是以非文本的形式存留于社会生活中的，要对道家文化的心身思想有更好的理解，就要将视野扩大到文本之外的社会生活的宽阔领域，将典籍研习与社会考察结合起来，才能对道家心身思想有一个动态、全面的了解。在资料整理过程中，力求做到历史梳理与逻辑分析相结合，坚持用辩证的、一分为二的观点看问题，在史料的运用与分析中，既有开放的眼光，又有原则的把握，即批判继承与开拓创新相结合。最后，用比较研究的方法，将道家心身观和现代心理治疗学进行比较研究，找出二者之间的联系与区别。

二、道家心身观要旨

道家在贵己养生的思想基础上，由自然哲学深化为生命哲学，发展了“天人合一”“自然无为”“知足不争”“自知者明”“德如赤子”“致虚守静”“不见可欲，使心不乱”“形神统一，性命双修”“精神内守，以神御形”“积精成神，神成仙寿”等重要的心身思想。

1. 天人合一

在道家著述中，所谓“天”即自然。在《老子》（又称《道德经》）里，老子的“天”是自然之天，“天”是不以人的意志为转移，是规律性、长久性、客观性的自然存在。在《老子》中老子表达了他的天人合一的思想，天地合而为自然世界，而道则是贯穿“天”与“地”之间，“天地”遵从自然之道，人也遵从自然之道，“天地”与“人”合于自然之道。庄子对老子的天人学说作了进一步的发挥和发展。庄子的“天”是与“人”即人为造作相对应的。他明确反对以外在的人为强行破坏事物内在的本来性质或客观规律的做法。在这里，道家的思想表达的是人从自然中来的，人应该服从自然规律，也应当从情感上尊重自然、热爱大自然。道家在论述“人”与“天”的关系问题时，注重“人”的自然特征方面，强调人的主体性和自然规律的客观性，追求“天地与我共生，万物与我为一”的“天人合一”的精神境界，这正是一种有效的自我心理调节方式。人的心性通过修养之后，可以进入“大顺”的境界，这种境界就是人与自然、社会、他人高度和谐的状态。

2. 自然无为

自然无为是道家学说的核心思想。道是自然而然的。《老子》里的“自然”是指事物的本来状态，是一种没有人为的天然状态。道家的“自然”不仅是道的根本特性，还是天、地、人的终极价值。庄子继承了老子自然无为的思想，将“法自然”看作是人类应该的生存态度。万物都是不假外力自然而然的，而且是不得不然的。

“无为”，是以顺应自然的方式而进行的“为”。“无为”与“有为”的分界线要看是否顺应自然发展的规律，遵循和顺应自然规律就是无为，把个人主观意志强加于自然的就是“有为”。

“自然”是老子所赞美的一种存在状态，也是他所提倡的一种生活态度，更是他所崇尚的一种至高的人生境界。自然无为，是一种顺应自然，不藏机心，按照事物的发展规律办事的心态。对于生活在充满竞争，宣扬挑战极限的紧张氛围里的人们，道家自然无为思想可以起到很好的调节心身的作用。

3. 知足不争

人生来是有欲望的，但道家认为人的欲望是难以满足的，因此提倡知足不争的思想，作为获得心身健康的重要指导思想和人生理念。对于名利钱物，老子主张摆正认识，端正态度。“夫亦将知止，知止可以不殆。”知止，才能不受侮辱，避免危险，生命也能保全长久，但世人多不知足。因此道家主张少私寡欲，不争名利。但道家并不是要杜绝欲望，只是要让人们去掉以自我为中心，淡化私欲，克服贪得无厌的不知足，倡导人们要顺其自然。

道家在修身养性上，除了主张知足以外，还主张“不争”。老子认为水善于滋养万物而不与万物相争斗，因此最接近于道，也因为与人不争，所以才能没有过失。当人处于不争的状态的时候，就符合了自然的法则，因此老子把“不争”作为一种美德。也就是说只有真正地淡化了私欲，才是真正地顺应了天道。

4. 自知者明

老子主张人们对自身要有了解，对自我要有认识，只有认识自我，才能更好地顺应社会，顺应自然。人若能不贪婪，不强求，祛除野心，心灵自由，就不会让自己陷入困境。

老子除了主张对自我要有认识以外，还提倡对外界要有客观正确的认识，以便与社会、自然和谐相处。“知和曰常，知常曰明，益生曰祥，心使气曰强。”意思是说，知道和谐就叫做规律，知道规律就叫做明智，过分追求生就是祸患，受欲望驱使就是逞强。有心使气就是不道，不道就会夭折。

5. 德如赤子

道家认为，养生与修德是密不可分的，老子提出了尊道重德的修炼心身的思想原则。老子认为，道产生万物，德滋养万物，使万物成长并养育它们，生长了万物而不据为己有，推动了万物发展而不自持有功，长养万物而不以它们为主宰，这就是最大的德。而人在修炼心身过程中，德是需要不断累积的，只有累积了德，才可以深根固柢，长生久视。

婴儿的状态是一种无知无欲的纯朴的状态，赤子之心是自然之心，赤子依本性而存，因此老子主张心身修炼的最终目的是复归于婴儿。对于人来说，心中怀有厚德的人，就像初生的婴儿一样，即拥有赤子之心，赤子含德最厚，同时又与道紧密一体，赤子正是道与德未离的最佳象征。

老子认为，圣人无常心。无常心就是无是非分别之心，也就是赤子之心。

6. 致虚守静

道家认为，生命运动过程中只有立足于根本，处于虚静状态，才能保持长久，终身不出危险。老子指出，生命的源头，是以静态为根基的，所以要修养恢复到生命原始的静态，才合乎常道。人必须致虚，守静，才能使万物无足以挠其本心，捐情去欲，以达五内清静。

静的反面是动、躁。清静的反面是躁动，躁动是由于贪欲的诱惑所引起的。所以人无贪欲便不致躁动而能清静，能清静才能做天下之君长；人人能清静，天下将自然安定下来。所谓虚是指心智虚空而无杂念偏见；所谓静是使心灵安静而不妄动。虚的反面是实是盈。实是有偏见、有成见；盈表示骄傲、自满。所谓静胜躁，是指心只有不受外物所惑而保持专心致志，才能战胜世俗引起的躁动；只有心境清澈，而后才能体悟到道，而只有体悟到道才能超越时间的限制，既已超越时间的限制才能进入超越生死的境界。

老子的“虚静”思想为庄子所继承和发展，庄子认为圣人不是因为觉得清静有好处才有意清静，要万物不足以扰乱内心的清静才是真正的清静。

7. 不见可欲，使心不乱

道家认为，人们容易受到外界物欲的影响而不能保持平常之心，而让人们保持心不乱的方法就是不让其看到这些令人心受到干扰的东西，摒弃多彩的物质生活，转而追求平和宁静的精神生活和朴实的生存之道，培养超脱的心境。一个人存活于世上，总是受到各种各样的诱惑，这些诱惑容易使人身心失调。道家主张应付这些外界诱惑的方法，就是“不见可欲，使心不乱”，减缓外界环境与事物的刺激，降低传入神经对生理的负面影响，主张向内收束，戒除向外驰求，改善机体的生理机能，从而起到维护心理稳定状态的作用。

8. 形神统一，性命双修

道家认为，人是形神俱备，心身统一的整体。传统中医学在养生观上沿袭了道家的心身思想，《素问·上古天真论》提出养生的目标是“能形与神俱，而尽终其天年，度百岁乃去”。其中“形与神俱”涉及健康标准，形与神俱在，就是理想的摄生状态，反映了《内经》形神统一的学术思想。

内丹家在修炼实践中，以阴阳学说为指导思想，主张形神统一，性命双修。一般来讲，性指心性、理性、意识，丹经中谓之“真意”“真神”“元神”等；命指形体、精气、存在，丹经中谓之“元精”“元气”“炉鼎”等。炼心性、元神则叫做“修性”，炼元精、元气则叫做“修命”。形与神、性与命，简明地说，就是心与身。形神统一、性命双修，指的是在修炼过程中，要同时兼顾心身。可见，道家对心身关系的认识与现代对健康的概念是一致的。

性命双修，是人生命外在与内在的双重超越，既追求了肉体的康健，又追求了精神的升华，是一种全新的自我塑造。

9. 精神内守，以神御形

从心与身的关系来看，庄子认为养神高于养形。《庄子·在宥》说：“无视无听，抱神以静，形将自正。”意即“神”如果达到了宁静的状态，那么“形”也会随着自正，表达了精神状态能影响乃至决定形体的存在状况。在形神这个矛盾统一体中，神居于主导地位。以神御形关键在于“养静”，要求人们保持心境的安宁、愉快和达到虚怀若谷、无私寡欲的精神境界。“养静”的关键又在于节欲，要求人们对一切声名物欲应有节制，不能过分贪求，否则就会导致疾病。

深受道家影响的《黄帝内经》强调“心主神明”，把发挥“神”的作用作为保养形体的首要着眼点。传统医学非常重视人的精神因素致病，人的精神活动表现，是大脑皮层对外界刺激所作出的不同反映。在正常情况下，精神因素是不会损伤人体的。但超出了生理调节范围，就会影响到体内阴阳气血、脏腑功能的失调，因而导致多种疾病。“得神”“守神”，就能保持心身健康、祛病延年；反之，神伤则病，无神则死。《素问·上古天真论》云：“精神内守，病安从来？”可见养生以养神为首务。

金代名医刘守真把形神关系概括为“形质神用”，形体是心理活动的物质基础，心理活动是形体活动的功能体现。张景岳也指出：“形者神之体，神者形之用，无神则形不可活，无形则神无以生。”强调了形神（心身）之间的体用一源。并强调“虽神由精气所生，然所以统摄精气而为运之主者，则又在吾人心之神”。刘河间也认为：“精中生气，气中生神，神能御其形。”

10. 积精成神，神成仙寿

道家认为，保精、全神、养气调气，是互相联系、互相促进的，也就是说，保精可以生气，养气有助于全神。张道陵认为，如果人们按道的训诫去做，就可以“积善成功，积精成神，神成仙寿”。他在《老子想尔注》中特别强调“一”和“守一”，从精、气、神去讲修炼长生之道。它指出：精结为神，修道者欲令神不死，就应该“结精自守”，以清静为本。如陈抟确立的“炼精化气，炼气化神，炼神还虚”的内丹图式，也是表明躯体健康状态对精神的重要作用，对长寿的重要作用。

清代尤乘《寿世青编·疗心法言》指出“精气神为内三宝”。有精则有神，所以积精可以全神，精伤则神无所舍。只有精气充盈，神气旺盛，才能健康无病，才能延年益寿。精是由气所构成的，而精足才能使神的活动健全。

可以看出，道家既重视躯体的健康，并通过躯体的修炼（积精）来充养神（全神），也注重通过精神的调控来达到健康长寿的目的（仙寿）。道教，虽然追求的是虚幻的长生不老，但是其重视躯体的健康，重视躯体的锻炼对心理的正相调节作用，并因此为人类躯体健康长寿作出的贡献是值得肯定的，这也是道教与世界上其他只追求精神探索，寻求心理解脱而忽视躯体的健康的宗教的重要区别。

三、道家心身观与现代心理治疗学的比较

在西方，从19世纪心理学成为一门独立的科学以来，经过100多年的发展，心理咨询、心理治疗的各种学派、体系不断涌现，交叠更替。在美国，1959年哈泼（Haper）认定有36种心理治疗体系；至1976年，帕洛夫（Parloff）发现共有130余种疗法；到了1986年，卡拉瑟（Karasu）报告说有多达400种以上的心理治疗学派。人的心理是复杂的。如果有一个可以解决所有人的心理问题的学科和疗法，那么这门学科就会停止发展了，正因为现有的心理学知识和疗法不足以解决现存的心理问题，心理学才得到了迅速的发展。道家文化作为中国文化的重要组成部分，蕴含着丰富的心理学思想，要将这些心理学思想应用于现代生活中，就必须用现代语言进行新的表达，因此将道家的心身观与现代心理治疗学作比较，将有利于我们更好地理解道家心身观的深刻内涵，更好地挖掘道家心身观的现代心理治疗学价值。

（一）天人合一、形神合一与心身医学疗法

世界卫生组织（WHO）在其《世界卫生组织宪章》中开宗明义：健康不仅是没有疾病虚弱现象，而且是一种个体在身体上、心理上、社会上完全安好的状

态。也就是说，健康不仅涉及人的生理和心理，还涉及社会适应与发展的问题。一个健康的人，既要有健康的身体，还应有健康的心理和社会行为，只有当一个人身体、心理和社会适应都处在一个良好状态时，才是真正的健康。

虽然健康的概念是现代提出的，但有关心身健康的思想，在道家理论体系建立之初就提出来了，关于身心的健康问题，是道家最着重阐述的问题，道家的重要思想和观点都是围绕人怎样才是健康的和如何让人获得健康而展开和阐述的。道家认为，人是形神俱备，心身统一的整体。心与身，形与神，性与命，两者相辅相成，不可分离，形与神俱在，就是理想的摄生状态，这与现代医学健康的概念是一致的。

从适应的角度来看，人的健康就是一个人与自然、社会和谐相处，对此，道家早有论述。在道家的思想里，自然的范畴是天地或万物，人与自然的关系就是天人关系。“人法地，地法天，天法道，道法自然”（《老子·二十五章》）。老子在这里表达了他的天人合一的思想，天地和合而为自然世界，而道则是贯穿“天”与“地”之间，“天地”遵从自然之道，人也遵从自然之道，“天地”与“人”合于自然之道。庄子对老子的天人学说作了进一步的发挥和发展。追求“天地与我共生，而万物与我为一”（《庄子·齐物论》）的“天人合一”的精神境界，“复归于婴儿”（《老子·二十八章》），舒展身心的真正本性，这正是一种有效的自我心理调节方式。《庄子·天地》还说：“性修反德，德至同于初。同乃虚，虚乃大。合喙鸣，喙鸣合，与天地为合。其合缗缗，若愚若昏，是谓玄德，同乎大顺。”意思是说人的心性通过修养之后，可以进入“大顺”的境界，这种境界是一种与自然环境高度协调，与社会环境高度协调，与他人高度协调的和谐状态。因此，道家主张顺其自然，自觉地调整个体的行为，以求达到自身体内的和谐、与外界环境的和谐，从而更好地保持身心健康。

（二）自然无为与森田疗法

道家自然无为的原则已经被成功地运用于心理治疗的临床实践中，日本著名心理学家森田很好地理解了道家的自然无为思想，并结合自己的临床经验创造了森田疗法，并将之用于实践，取得了很好的效果。森田疗法为日本森田正马先生（1874—1938）创始的治疗神经衰弱和强迫观念的精神疗法。森田先生将神经衰弱和强迫观念这两种疾患称为神经质。其类型包括普通神经质（即所谓神经衰弱）、强迫观念（恐惧症）以及发作性神经症（焦虑神经症）三种形式。森田先生治疗这两种疾患的精神疗法后来被称为森田疗法，其学说称作森田学说或森田理论。森田认为焦虑、紧张、抑郁、恐惧等情绪困扰主要根源在于疑病性素质和由此而产生的精神交互作用和思想矛盾，他将这部分主观臆测性较强，且无器质性损伤、自知力完好、求治欲强，但症状影响到工作与生活的患者称为神经质症患者。森田认为神经质是一种先天性素质，是一种侧重于自我内省、很容易疑病的气质。森田曾指出："人究竟如何破除思想矛盾呢？一言以蔽之，应该放弃徒劳，服从自然。想依靠人为的办法，任意支配自己的情感，就如同要使鸡毛上天、河水逆流一样，不仅不能如愿，反而徒增烦恼。此皆力所不及之事，而强为之，当然痛苦难忍。然而，何谓自然？夏热冬寒乃自然规律，而想使夏不热、冬不寒，悖其道而行之，是人为的拙策。按照自然规律，服从之，忍受之，就是顺应自然。"因此，他把治疗的基本原理和途径定为顺应自然，为所当为。顺应自然就是让患者承认自己的症状，接受自己本来的状态，不要妄图改变它，并且将神经症的内在精神能量引导到日常生活中去，进行有目的、积极的建设性活动，就是过一种常规、普通生活，其实也就是"道法自然"。

半个世纪以来森田疗法在日本和中国得到了广泛的应用，使为数众多的神经症患者获得了新生。那些成功地使他们摆脱生活问题的缠扰，达到心理发展和整合的更高层次的患者，实质上什么也没做，只是简单地顺其自然，让该发生的事情发生。可见，道家自然无为的思想，可以帮助个体以豁达的态度对待生活和挫折，在遭受挫折之后，能够泰然处之，顺变不惊，保持心理的平衡。

（三）知足不争与理性情绪疗法

在心理咨询与治疗领域，一般有这样的共识：不能正确地认识自我，以自我为中心，个人主义极度膨胀，往往会产生烦恼、焦虑、孤独等心理障碍。理性情绪疗法（Rational Emotive Therapy，简称 RET），是指帮助患者以理性思维代替非理性思维，以减少或消除后者给情绪、行为带来的不良影响的一种心理治疗方法，RET 由美国临床心理学家艾尔伯特·艾里斯（Albert Ellis）于 20 世纪 50 年代后期创立。艾里斯认为，人的情绪障碍、行为问题是由于非理性信念、绝对性思考、错误的认知评价造成的。他提出了 ABCDE 理论，A 指诱发事件（Activating Events），B 指个体的信念系统（Belief System），C 指由事件引起的情绪后果（Consequence），D 指医生指导患者同错误的认知评价作斗争，用理性战胜非理性，即诘难（Dispute），E 指治疗效果（Effect）。他认为，环境中的各种刺激事件（A）是否引起某种情绪和行为后果（C），关键取决于个体（B）对这些刺激事件的认知评价和信念系统，即构成了 A→B→C 的反应链，其中 B，即主体因素才是如何反应的真正原因。

道家是一门修养身心的学问，老子主张不为形体和外物所累，保持心境的平和，老子认为对物质增加一分重视，精神便要增加一分苦恼，老子参透一切事物的最后价值，因此主张知足不争，见素抱朴，少私寡欲，并对自身有客观认识。如《老子·十三章》云："吾之所以有大患者，为吾有身，及吾无身，吾有何患？"《庄子·秋水》中也有论述："吾在于天地之间，犹小石小木之在大山也……此其比万物也，不似毫末之在于马体乎？"人在天地之间就像大山中的小石小草，就像马身上的一根毫毛，庄子将人类视为自然界中的一员，只有从日常生活的空间超脱出来，以开阔的视野和广阔的胸怀来审视自己，才能做到高瞻远瞩，超然物外。

道家思想和观点是指导修炼者们修炼心身的重要理念，如果一个修炼者不能把这些思想和观点融入自己的生命哲学中，那么就不可能取得很好的修炼效果，即达不到身心健康，和谐统一的境界。道家是很重视对修炼者认知教导的，在道家心身观里有很多这样的思想元素，取“知足不争”来论述与理性情绪疗法的比较，是因为在现代这个充斥着竞争的社会，要想有所作为，就必须积极地参与竞争。很多人被竞争压得喘不过气来，总体心理健康程度越来越低，有很多人已经到了不能正常学习和生活的地步。而这部分人群多半是因为对一切抱有过高的期望值，苛求自己也苛求社会，因此，把“知足不争”作为认识生活事件或精神创伤的出发点，使人们正确认识现实与欲望之间的矛盾，吸收道家清心寡欲、不为物累的主张，有助于人们摆脱一味追求金钱、权力、感官享乐等病态需要，追求精神的升华，获得人生的意义，实现人性的完满，达到身心健康的状态，这就是一种具有人生指导意义的理性情绪疗法。

（四）致虚守静与放松、静默疗法

放松疗法又称松弛疗法、放松训练，它是一种通过训练有意识地控制自身的心理生理活动、降低唤醒水平、改变机体紊乱功能的心理治疗方法。实践表明，心理生理的放松，均有利于身心健康、达到治病的作用。像我国的气功、印度的瑜伽术、日本的坐禅、德国的自生训练、美国的渐进松弛训练、超然沉思等，都是以放松为主要目的的自我控制训练。静默，通常是指个体将注意或意识集中到一个客体、声音、意念或体验而进行的一种训练。其应用的目的在于使练习者达到精神松弛、提高领悟力和随意控制自己的心理活动的境界，同时也为了保持心理健康。静默的技术相当简单，一般要求练习者坐在一个安静、隔音的环境之中，闭起双目，集中注意一个单调的声音、意念，或做一些单调刻板动作，如以拇指与其他四指重复接触等。“静默”可能是目前“新心理疗法”中传播最广、应用人数最多的一种方法。在近 20 年里，西方已掀起了静默热，它已成为应付现代社会应激的一种简单而有效的手段。

现代静默技术要求练习者摒除一切杂念和外部世界的牵累。努力使练习者体验一种特殊形式的心境，即所谓“静默心境”。在这种心境之下，意识进入一个自由漂游状态，使练习者进入与其自身内在节律相和谐一致的状态，有时甚至达到与自然融合于一体的感受之中。其实“放松”“静默”所体现的正是道家最重要的思想之“致虚守静”。老子认为，保持虚静的态度立身处世，才是大道，人们有了虚静之心，才能把握生命的根本，才能维持生命的长久。可是人心容易受万物的搅扰，外在的诱惑会导致人的情绪欲望的表现不得其正。因此，在修己方面，老子要人人致虚守静，才能常保心灵的安静与清明。人生要避免妄意造作和执着，就必须固守事物和生命的本原状态，而事物和生命的本原状态正是虚静。

由于认为精神能影响形体甚至整个生命，故庄子十分重视“神”，主张“养神”“全神”，并提出了养神的“心斋”法。“心斋”指的是静心的方法，讲的是精神专一，争取做到凝神静息的虚静状态。朱光潜说，“凝神”是一种“不费力的注意”（Attention Minuseffort）。在“凝神”状态，心境很空灵，精神聚于一个单独的事物，其他的事情不能牵动心绪，所谓“静听不闻雷霆之声，熟视不睹泰山之形，”就是“凝神”时的心境。“凝神”状态中注意力一方面可以说是凝聚的（Concentrated），因为心中只有一种对象；而另一方面却也可以说是弛懈的（Relaxed），因为旁的事物不惹注意，丝毫不用费力。我们对“凝神”并不陌生，我们每一个人都曾有过这样的体验。

凝神静息的状态也称“入静”，对于入静的效果，有学者做了相关研究。庄鼎等的研究工作结果表明，受试者“入静”过程中，体内植物性神经的紧张性和大脑皮层某些脑区的脑电 α，β 节律成分的能量发生了显著变化。经过一段时间的“入静”锻炼，可以使呼吸加深、节律减慢，影响到植物性中枢的紧张性，表现为迷走神经紧张性发放呈现更明显的与呼吸节律同步的周期性，交感神经系统的紧张性下降。单春雷等借助脑电地形图研究入静意念的客观作用，发现入静意念可使各脑区 α_2 波功率、部分脑区 α_1 波功率显著增加。曹红等观察了松静状态对心脏功能的潜在作用，研究结果显示，放松入静状态下，心脏对自我暗示的敏感性明显增加，不仅心率可随自我暗示升降，一些异常的 ST - T 波也得到明显的改善。故认为放松入静是自我暗示（或意念）调节心脏功能的重要背景（或基础）。孔健的研究显示，在“入静”期间，“入静”组 ERP 的 P3α 成分的幅值较“入静”前明显降低，而 ERP - P3b 成分的幅值比对照组明显降低，提示，低心理负荷、低心理能量消耗的大脑皮层状态很可能是产生循经感传的重要条件之一。也就是说，“入静”行为可以改变人体中枢神经系统特别是大脑皮层的机能状态，使人的大脑皮层进入低心理负荷、低心理能量消耗状态。以上的研究都表明，人在入静状态下，能使大脑皮层进入低心理负荷、能降低体内生理激活和减轻焦虑。

道家认为静心凝神则气充体健，养生的关键就在虚静，《性命圭旨》曰：“心中无物为虚，念头不起为静。”对此庄子亦有同样的见解，《庄子·在宥》说：“无视无听，抱神以静，形将自正。必静必清，无劳女形，无摇女精，乃可以长生。”《庄子·天道》中郭象注曰：“我心常静，则万物之心通矣。”“致虚守静”以直觉体悟的方式，有助于人身心的和谐统一，有利于发挥大脑的功能，促使主体的心理活动能够超越原有的思维定式向多维方向发展，开发智慧，增强创造力。

（五）以神御形与认知疗法

认知疗法（Cognitive Therapy）于20世纪60—70年代在美国产生，它是根据认知过程影响情感和行为的理论假设，通过认知和行为技术来改变当事人不良认知的一类心理治疗方法的总称。“认知”是指一个人对一件事或某对象的认知和看法，对自己的看法，对人的想法，对环境的认知和对事的见解等等。而道家正是通过改变认知来调解人们的情绪，加强人们的自控能力，使人们的身心得到调整，心灵得到超脱。林语堂先生曾说过：“道家……在世事离乱时能为中国人分忧解愁。……当肉体经受磨难时，道家学说给中国人的心灵一条安全的退路。”

在面对不正确的认知的时候，道家常用以下观念进行调节，继而达到“长生久视”(生理机能改善)，此即道家的以神御形。

第一，“知人者智，自知者明；胜人者有力，自胜者强。知足者富。强行者有志”(《老子·三十三章》)。道家用“自知”“自胜”来正确认识和评价自我，使人认清自卑或者自傲的心理状态。

第二，“飘风不终朝，骤雨不终日”(《老子·二十三章》)。告诉人们危难终究会过去，黎明终究会冲破黑暗。处境恶劣时不要沮丧，不要丧失信心。因为事物都在不断变化，“祸兮，福之所倚；福兮，祸之所伏”(《老子·五十八章》)。

第三，“反者道之动，弱者道之用”(《老子·四十章》)、“兵强则灭，木强则折，强大处下，柔弱处上”(《老子·七十六章》)。告诉人们处于弱势的时候不必要灰心沮丧，因为弱能胜强，柔能胜刚，并举“水”为例，从而赋予柔弱另一种意义，柔弱的意义得到提升，使人们处于弱势的时候扭转认识，重获信心，摆脱心理负担，以另一种方式向成功迂回前进。

第四，“名与身孰亲？身与货孰多？得与亡孰病？甚爱必大费，多藏必厚亡。故知足不辱，知止不殆”(《老子·四十四章》)、“五色令人目盲，五音令人耳聋，五味令人口爽。驰骋畋猎，令人心发狂。难得之货，令人行妨”(《老子·十二章》)。通过强调节制物欲，知足知止，调整期望值帮助患者调整自己的期望目标，告诫人们不能太贪求名利而设定不正确的目标或不切实际的目标，从而防治心身疾病。

第五，“人法地，地法天，天法道，道法自然”(《老子·二十五章》)。这里的道是指自然规律之意。使人们认识到凡事要法则自然，符合规律，不能急于求成，给自己施加过大压力，否则只能走向反面。

现代皮层—内脏相关学说证明，不同的内脏反应的操作性学习可以彼此独立发生，各种内脏反应都在大脑皮层上有其特殊的代表点，即它们都与高级神经中枢具有某种联系（如精神—神经—内分泌通路）；每一个体都有一种内脏反应的趋势，即以自己习得的内脏反应（如头痛或腹痛等）去应付某种心理压力。从某种意义上说，心身性疾病就是内脏对外界刺激的一种内隐的行为反应。在道家顺应自然、见素抱朴、少私寡欲的观念指导下，使神得到调节，而神可以御形，可以降低外界刺激，通过精神—神经—内分泌通路，从而释缓心理压力，减少心身疾病。

近年来道家认知疗法在临床上亦有应用。张亚林等对143名焦虑障碍患者进行了道家认知疗法、药物治疗、道家认知疗法合并药物治疗的随机分组对照实验，结果发现道家认知疗法能有效缓解患者症状，与药物疗法相比，起效慢但远期疗效好；道家认知疗法结合药物治疗，可以取长补短，是治疗焦虑障碍的最佳选择。黄庆元等采用中国道家认知疗法，治疗抑郁症35例，有效率达86.1%。秦竹等的研究发现，甘麦大枣汤配合道家认知疗法治疗考试焦虑症要明显优于舒乐安定配合贝克（A. T. Beck）认知转变法。张亚林等还研究了广泛性焦虑患者于中国道家认知疗法治疗前后的血浆肾上腺素（EPH）、去甲肾上腺素（NE）、促肾上腺皮质激素（ACTH）、皮质醇（CS）和白细胞介素Ⅱ（IL-2）水平的动态变化。发现中国道家认知疗法可使患者的临床症状缓解、上述生化指标恢复正常。黄薛冰等对63名神经质倾向人格的大学生进行随机对照实验，干预组给予道家认知疗法，发现中国道家认知疗法有助于改善大学生的心理健康。

道家以神御形的观念其实一直在默默扮演着中国人的认知疗法的心理治疗师，道家面对残酷的现实，深入人的心灵深处，从自然中寻找一条自我拯救的人生道路。现代的道家认知疗法实际上就是把道家以神御形的观念尝试变成一项可操作的现代心理学技术。

（六）坐忘与生物反馈疗法

生物反馈疗法（Biofeedback Therapy）又称生物回授疗法，或称植物神经学习法，是20世纪60年代在西方国家开始兴起的一种心理生理自我调节技术，是在行为疗法的基础上发展起来的一种新型心理治疗技术和方法。生物反馈疗法利用现代生理科学仪器，通过人体内生理或病理信息的自身反馈，使患者经过特殊训练后，进行有意识的“意念”控制和心理训练，通过内脏学习达到随意调节自身躯体机能，从而消除病理过程、恢复身心健康。

生物反馈仪并不直接治病，它只是告诉你身体的状态，改变或维持这种状态需要患者自己用意念进行调节的方法。而道家在修养心身的时候，正是运用了坐忘技术达到了对自己身体进行调节的目的。

“坐忘”以养神是道家追求的一种境界，《庄子·大宗师》里有：“仲尼蹴然曰：‘何谓坐忘？’颜回曰：‘堕肢体，黜聪明，离形去知，同于大通，此谓坐忘。’”唐代的司马承祯还著有《坐忘论》，探讨了坐忘之道的具体方法：“坐忘者，因存想而得，因存想而忘也”“坐忘者，长生之基也。故招真以炼形，形清则合于气，含道以炼气，气清则合于神……先定其心，则慧照内发，照见万境，虚忘而融心于寂寥，是之谓坐忘焉”。《天隐子》又云：“坐忘者，因存想而忘也。行道而不见其行，非坐之义乎？有见而不行其见，非忘之义乎？何谓不行？曰：心不动故……于是彼我两忘，了无所照。”司马氏之坐忘论与庄子的坐忘是一脉相承的。“存想”是指修炼的时候，用意念控制和引导自己的身体，从而发挥人体潜能，使自身的生理机能和病理状态得到改善。坐忘指的是动心寂灭，照心恒显的心灵状态，是一种心的自我超越的实现。

唐代中医家孙思邈沿袭炼心修性结合炼气方式，他在《存神炼气铭》云："夫身为神气之窟宅，神气若存，身康力健。神气若散，身乃死焉。若欲存身，先安神气。"存神炼气的方法很简单，就是"摄心静虑"。"摄心"可以"安神"，"安神"可以"气海充盈"，说的是一种心安神定的状态。

从某种意义上生物反馈疗法的出现是对道家修炼心身的方法和技术"坐忘"的最好注解。"坐忘者，因存想而得，因存想而忘也"，其中存想就是达到坐忘的途径，存想就是有意识地用"意念"来调控自己的身体，从而达到坐忘的境界。从这里我们可以看到，道家的坐忘技术与生物反馈疗法殊途同归。

（七）识神、元神与精神分析疗法

弗洛伊德的意识与潜意识学说以莱布尼茨、赫尔巴特、费希纳等的学说为思想渊源，弗洛伊德将人的精神活动分成三个层面，由低到高为潜意识、前意识和意识。在他看来，任何精神活动，若无法被意识到或经过努力集中也不能浮现于意识中，即属精神的最深区域——潜意识；若通过联想，努力集中注意而能被意识到的，则属于前意识；任何能被我们清醒地知觉到的，则属于意识层面。他把人的精神活动比喻为一座海洋中的冰山，在他看来，意识只不过是海洋上露出水面的冰山之巅，而在水下面还有一个看不见的巨大的冰山底部，这便是潜意识。其实，中国道家更早于西方学者认识了无意识现象，是最早对人类的意识结构进行划分的学派。

在道家看来，精、气、神是人身三宝，亦是人身修炼的三品上药。三宝又分先天三宝和后天三宝。即元精、元气和元神（又称不神之神，真意）为先天三宝；呼吸气、思虑神（又称识神）和交感精为后天三宝。宋·张伯端《青华秘文·神为主论》："夫神者，有元神焉，有欲神焉。元神者，乃先天以来一点灵光也。欲神者，气质之性也。元神者，先天之性也……将生之际，而元性始入。父母以情而育我体，故气质之性每逾物而生情焉。今则徐徐铲除，主于气质尽而本元始见。本元见，而后可以用事。无他，百姓日用，乃气质之性胜本元之性。善返之，则本元之性胜气质之性。"

清·李涵虚在《道窍谈》里说："元神是无知无识，识神是多知多识，真神是圆知圆识。"元神是一种纯粹的意识或精神，也正因为如此，它是不含任何意向或指称的"无知无识"，所以说元神"浑浑噩噩"。识神指思虑之神，也叫欲神，是后天建立的精神活动、思维活动，也包括各种情绪，也就是意识，其不仅在于活动自身，还在于其意向和指称接受了外在的尘染，故而以"多知多识"为特性。它与元神的区别在于：有意者为识神，无心者为元神。元神亦称"先天神"，即道家所说的"性命之根"。是与后天的"识神"相对的概念。古人认为，它是人体元气中最灵通、虚灵的部分，是人的先天之气，是与生俱来的，是人一切精神活动的基础。《黄庭外景经·石和阳注》："元神者，心中之意，不动不静之中，活活泼泼时是也。"元神也就是我们的潜意识。

在道家修炼的观念里，无论识神，还是元神，其实质都是心的功用，所以炼养识神与元神，本质上就是炼心，而炼心的根本原则，便是遣识神返元神，再养元神而最终变形升仙。《天仙金丹心法》云："然神曰元神，非思虑聪明之谓。藏诸真宰，秉于先天；喜不能伤，怒不能损。故一神两化，化于元神。神曰元，故能化；迨能化，自成神。是故炼而为心神，现而为阳神，飞而为天神。"柳华阳《金仙证论·序炼丹》："神乃元神，气乃元气。何以谓之先天？当虚极恍惚之时是也。既知恍惚，是谁恍惚？此即先天之神也。"大凡丹家所谓炼神，皆指炼此元神。修炼的本质就是经心理调节的过程，实现从世俗（成人）的意识状况返回到类似婴儿淳朴的意识状况，这是一个实现人格或意识状况的转换的过程。

弗洛伊德认为潜意识中的内容主要是个人的原始冲动。日常生活中的重大刺激和创伤都会在潜意识中留下印痕，甚至某些不符合社会规范的邪恶念头和禽兽般的欲望，包括名、利、色、权的诸般贪欲以及人生紧张状态的焦虑，也会透过表层的意识，被压抑到潜意识的深层心理层次里。据弗洛伊德和荣格的心理学理论，人的潜意识中埋藏着人在受压抑和挫折时形成的情结化（Complex），乃至与生俱来的心理原型（Archetype），它们属于个人无意识和集体无意识的深层心灵结构。

道家认为元神无识无知，梦是无意识的语言的观点与精神分析学说认为无意识即是没有被觉察的意识是同构的。

元神（潜意识）既然有与生俱来的心理原型，也就是源自父母和人类祖先那里继承而来的人类之本性，后天的修炼就是很有必要的。《天仙金丹心法》："所谓先天之神，可以飞形入石者也。众人不知，当以思虑为后天之神，而思虑至有得时，便是先天；以灵聪为后天之神，而灵聪至前知时，便是先天。所以戒用思虑灵聪者，非虑损后天之神，特恐有得与前知，足以损先天而不觉也。渐损渐减，始止散失而无归，后必消亡其殆尽。故精气将绝，先见其神之昏倦。"元神虽为人类心灵的最底层最核心的先天意识，但可以通过发现自我、开发自我的心灵修炼程序，将其心理能量激发，人的真知、前知和直觉，都是潜意识的激发效应。

荣格认为西方人的精神是意识太过发达，这种发达导致精神与原初状态（即集体无意识与意识）的分离。集体无意识是人类千百万年积累下来的行为模式或心理发展模式，而意识则完全是个人后天的经验内容。荣格认为在自我（Ego）形成之前，支配人的精神活动的主要是集体无意识，人主要依靠本能、情感活动。但随着人生经验的增多、自我的成长，人的活动渐为有意识。人变得老成持重，束缚在各种角色身份之下，失却了童年时期幼稚而真切的情感体验和天真有趣的幻想，产生了意识和生命的分离，这就是所谓的“精神失常”或“意识的连根拔起”。荣格对意识的理解已经比弗洛伊德前进了一步，但是却仍然没有解决意识和潜意识的冲突问题。

道家在数千年前就看到了人的欲望给人带来的危害，所以道家强调清心寡欲，淡泊名利。而且认为人的元神（潜意识）里有着美好的一面，可以通过修炼，袪除污染，超越自我，回归纯真，达到真人的境界。并在注重个体解脱与身心超越的思想指导下，发展了一套修炼心身的方法和技术。道家思想与精神分析学派最重要的区别是，道家是自觉的回归，而精神分析学派则是由他人奉劝的回归。

（八）微妙玄通与高峰体验

高峰体验（Peak - experiences），是美国心理学家马斯洛（Abraham H. Maslow）提出的一个心理概念，特指人的内心愿望得到满足时，即自我实现时，其内心所产生的一种瞬时的狂喜经验。这种使人情绪饱满、高涨的“高峰体验”往往难名其状。马斯洛等人本主义者认为，体验高峰状态时有真、善、美，完整、超越，独一无二，完善，必然、不费力、娱乐、自足等等感受，会具有一种人与自然合一的统合感（Identity - experience）和非常豁达的欢乐情绪。

道家的“道”用语言是难以表达的，“古之善为道者，微妙玄通，深不可识”（《老子·十五章》），因为能说出来的就不是道，“道可道，非常道”（《老子·一章》），只能是修道之士按照修道的指导理念修习到一定程度的自我体验，如果勉强用语言来形容，那就是：“豫兮，若冬涉川；犹兮，若畏四邻；俨兮，其若客；涣兮，其若凌释；敦兮，其若朴；旷兮，其若谷；混兮，其若浊；澹兮，其若海；飂兮，若无止。”（《老子·十五章》）老子从“豫兮，若冬涉川”到“飂兮，若无止”这九句，描述体道者的容态和心境；慎重、戒惕、威仪、融和、敦厚、空豁、浑朴、恬静、飘逸等人格修养的精神面貌，这是老子修道的高峰体验。

庄子所描述的“真人”的修道高峰体验则是显现得胸次悠然、气象恢宏、高迈凌越且舒畅自适，充分表现出庄子那种超俗不羁，“独与天地精神往来”的人格形态。《庄子·天地》所谓“视乎冥冥，听乎无声。冥冥之中，独见晓焉，无声之中，独闻和焉”也正是悟道之时的独特体验。《庄子·天地》曰：“性修反德，德至同于初”，道生万物乃已然之事，而今的关键是如何修道、体道，达到与道玄同的状态，而要想达到庄子所描绘的“与万物相融，与天道相合，绝对自由”“独与天地精神往来”的境界，所采取的就是“心斋”“坐忘”“心养”“朝彻”等手段，通过这些方法来追求道的高峰体验。

丹家的修道体验《慧命经》第八图（粉碎图）所描述的那样：“一片光辉周

法界，虚空朗彻天心耀。双忘寂净最灵虚，海水澄清潭月溶。”这首诗生动形象地表达了炼丹者那种豁然开朗，与天地合一的高峰体验。《金华宗旨》用“真虚真寂，真净真无，一颗玄珠，心心相印”的“玄秘”之语来描述它，极为恰切。道作为自性（Self）归一的象征，在悟道之刻，“一旦机合神融，洞然豁然，或相视一笑，或涕泣承当，入道悟道，均有同然者”。《回光守中章》更对丹成有形象的描绘：“光不在身中，亦不在身外。山河、日月、大地，无非此光，故不独在身中。聪明智慧，一切运转，亦无非此光，所以亦不在身外。天地之光华，布满大千。一身之光华，亦自漫天盖地。所以一回光，天地山河，一切皆回矣。”

从老庄到丹家，修道体验有一些区别，老子说“善为道者，微妙玄通，深不可识”，庄子的“独与天地精神往来”，以及丹家体会到豁然开朗的“虚空朗彻天心耀”，而他们都是得道的一种状态，这种状态的现代心理学本质其实就是一种高峰体验，尤其类似于高峰体验中的“窥见终极真理”之说。可以看出道家身心修炼的共同点是把体道的高峰状态当作人格开始升华的标志，通过追求体道的高峰状态达到人格的转化与升华的目的。马斯洛说：“总的来说，我相信我的这些发现与佛教禅宗和道家哲学更吻合，远远超过其他任何宗教神秘主义。”

然而并非高峰体验就等同于微妙玄通等体道之验，马斯洛还同时指出：“我发现高峰体验有一点与神秘主义特别是与东方的神秘主义相反，即所有的高峰体验都是转瞬即逝的，而非永存不变。虽然其影响和作用可能长期存在，但是体验出现的一刹那却是短暂的。”究其原因可以发现，道家的心身修炼方式是用息心无为、顺应自然、反观自性的理念，通过“致虚极，守静笃”（《老子·十六章》）的方式而实现体道的。其所获得的内心平衡，并不是人为造作而产生的，而是人的自性中本来具足的平衡，一种无条件的自然和谐的本体平衡。所以，由这种平衡所产生的澄清朗彻，是一种常驻不变的终极感受。

马斯洛认为高峰体验是不期而遇的，此认识类似于禅宗的顿悟，根据禅宗有关《传灯录》的记载，古今许多禅师之所以能够在锄草、喝茶、赏花、过桥时，甚至在拳脚、棍棒、吼喝下得到觉悟，而道家的悟道更接近于威尔森（Colin Wilson）的看法，威尔森则认为高峰体验可以复制，需要一些先决条件，其中第一个就是“能量的聚集”，高峰体验从本质上看就是能量的溢出。道家则通过致虚守静的方式，练精化气，练气化神，练神还虚而使能量聚集转化，提升境界，体悟微妙玄通的道的高峰体验。

（九）内丹术和人格塑造

道家崇尚“抱朴守真，少私寡欲”的健康人格，老子主张清心寡欲、清静无为，也就是用顺其自然的方式满足欲望。他倡导人们要“甘其食，美其服，安其居，乐其俗”（《老子·八十章》），不要有过分的欲求，“知足不辱，知止不殆”（《老子·四十四章》），“圣人不从事于务，不就利，不违害，不喜求，不缘道，无谓有谓，有谓无谓，而游乎尘垢之外”（《庄子·齐物论》），可以看出，庄子认为的理想人格是和以是非，休乎天钧，“不累于俗，不饰于物，不苟于人，不忮与众”（《庄子·天下》），不贪不奢，不追求名利，不危害他人。

《老子》一书中多次提到“婴儿”，要人归真返璞，保持赤子之心。道家将婴儿视为修养的最高状况。《老子》中说：“含德之厚，比如赤子。”（《老子·五十五章》）中老子认为婴儿代表精气充沛、元气纯和的状况。书中写道：“复归于婴儿”“复归于无极”“复归于朴”（《老子·二十八章》），主张人应该复归到淳朴状态中去。

用现代心理学的人格学说分析，道家实际上用顺应自然、控制过度的欲望的手段，使意识和潜意识得到和解，复归于朴、无极、婴儿的和谐理想人格。

道家的养生思想在技艺上的表现就是炼长生不老药的“外丹术”和呼吸吐纳的“内丹术”。内丹家在修炼实践中，以阴阳学说为指导思想，主张形神统一，性命双修。明初张三丰《玄机直讲》，尹真人《性命圭旨》都是阐明“内丹术”性命双修的理论著作。一般来讲，性指心性、理性、意识，丹经中谓之“真意”“真神”“元神”等；命指形体、精气、存在，丹经中谓之“元精”“元气”“炉鼎”等。炼心性、元神则叫做“修性”，炼元精、元气则叫做“修命”。荣格认为，道家所说的“性”就是集体无意识，它是唯一依赖于遗传，超越个人的“客观精神”，而所谓“命”就是意识。与西方近代唯理主义把理智和精神混为一谈不同，中国人对生命体内部与生俱来的自我矛盾和两极性一直保持着清醒的认识，洞察了人类的本能、情感和灵魂深处的核心因素。由此可见，所谓的“性命双修”其本质就是让意识和无意识之间取得和解的个性化过程。修炼者通过静坐、调息、凝神、返观内守、运转大小周天的方法进行自我调节式的锻炼，达到身心调节的目的。内丹结成之时，意识对潜意识的压抑得到解除，新人格则随之诞生。心无所执着，重新归复到婴儿状态中去，复归到真理状态中去，复归到淳朴状态中。

在实践过程中，不少丹道修炼者误解道家关于心性之学与性命之学的真正理论，既未达到老子的清心寡欲，至于清静无为的境界，又充塞着世间所有的功利思想，就拼命地吸气提神，做收缩炼精的工夫，而在这种意识控制薄弱的环节，意识可能被无意识肢解，修炼者为一些幻象所蒙蔽，精神出现分裂或人格的完整性被摧毁。事实上，这些方法，都只是为了集中注意力，是注意生理机能的一部分，它发生本能的活力，是一种精神的自我治疗。在这种心理的整合性中，包含着意识与潜意识的整合，自我与自性的整合，甚至是“社会化”与“自然本性”的整合，其目的和意义是为了实现自性化的完整的人格。

四、结语

文化不仅具有社会性，而且对社会群体的思维方式和价值观念有引导作用。

文化在传递中将影响几代人甚至几十代人的思想、感情、心理、性格及行为。人的心理和行为是一定社会文化环境的产物，是文化熏陶、感染、教化的结果，因此，人们在不同的文化模式中生活，也就具有不同的价值标准及不同的心理取向和行为取向。人，既具有历史性，又具有现实性。历史性并不仅仅是指人有生理的遗传，还指传统文化蕴含着的思维方式、价值观念、行为准则等通过代代相传方式存在于人们的心里。现实性是指时代是在进步和发展的，人也处于不断的运动变化之中，而文化也无时无刻不在影响今天的中国人。因此，要解决现代人的心理困惑，就必须既考虑传统又考虑现代，既考虑个体又考虑群体。在心理咨询和辅导中，实践已经证明了单纯使用西方心理学理论和技术来解决国人的心理问题是不现实的，必须根据中国人的心理和行为特点，结合使用中国传统的思想和现式的心理学方法来帮助患者，才能解决中国人的心理问题，这就需要进行本土化研究。

从跨文化的比较研究可以知道，道家心身观和现代健康理念是一致的，并包含现代认知疗法、放松疗法、静默疗法、生物反馈疗法、森田疗法、理性—情绪疗法、完形疗法、顿悟治疗、人本主义疗法、精神分析疗法等多种心理治疗方法的思想元素，这说明道家心身观是中国传统的心理健康、心理治疗的智慧，是值得我们继承发扬的。如果能在此基础上与现代心理疗法相结合，将有助于建立有中国特色的心理治疗和心理调节模式，更能为全人类的健心疗心、安身立命提供思想营养，不仅可以促进中国的精神文明建设，而且能为全人类的精神文明建设做出贡献。

道家认知疗法的理论与方法研究

熊　毅

一、研究背景和意义

迄今为止，临床心理学人员实施的心理治疗理论和方法主要源自西方。然而，心理治疗所要处理的心理问题却与个人所处的文化背景密切相关。西方心理治疗的广泛应用在一定程度上显示其具有对于人类困境的普适性，但它们却对有些体现文化特殊性的问题无能为力。从求助者方面看，缺乏文化亲和性的治疗方法必然遭遇文化屏障，影响其可及性及效力。西方心理治疗面临本土化的命运，而传统文化中的心理治疗方法也有提升其科学性，适应新时代挑战的任务。

本文旨在通过对道家认知疗法的思想与方法加以系统整理，厘清道家认知疗法的工作脉络，并尝试把道家认知疗法同西方认知行为疗法加以比较整合，最终发展出一种更适合中国人，具有中国文化特点的心理治疗方法。

二、道家认知疗法的历史源流

（一）古代道家的认知疗法思想

考究道家认知疗法的思想渊源，最早可以追溯到道家学派的《老子》一书。老子是中国历史上第一个将心理、意识比作镜子，并主张用这块镜子去认识事物和天道的思想家。老子说："涤除玄鉴，能无疵乎？"（《老子・十章》）这句话的意思是：洗清杂念，摒除妄见，使得心地纯洁清明，就能具有远见卓识，深刻地认识事物的全貌，整体地把握事物的法则。老子认为，这块镜子只要勤加洗涤，使其"无疵"，便可"察照万物"。《老子》中还论及认知过程的三个阶段，即"观""明""玄鉴"的认知方法。"观"，就是直接观察，相当于"感知"。人们要认识各种事物的面目，首先必须对各种事物进行直接观察。但是，在老子看来，通过"观"去认识事物，还只能了解事物之"然"，尚不能了解其"所以然"，因而必须在"观"的基础上，使认识发展到"明"的阶段。何谓"明"？老子说："见小曰明。""知和曰常，知常曰明。"所谓"见小"，即察见事物的细微之处；所谓“知常”，即了解事物的共性及其法则。老子认识到观察与思维的关系，把感性认识上升到理性认识（即“明”），以求了解事物的本质，认识事物的法则。但老子认为人的认识仅仅停留在“明”的阶段是不够的，还必须上升到“玄鉴”的阶段，即从整体上去把握万事万物的总法则、总规律。所谓“玄鉴”，即深观远照，综合反映全体。总体说来，就是把“知常”所把握的具体事物的法则，上升到把握各类事物共同法则的水平，使得人们的认识由观察具体事物规律，到把握事物一般规律，最后明白自然与人生的法则，达到“明大道”的境界。这样，人们的认识就能符合客观规律，进而能排除情绪与行为中的障碍，个性中的缺陷也会得到逐步完善。

后世对老子的认知思想进行了继承和发展。如《管子》四篇，即《心术》上下篇和《内业》《白心》，乃稷下黄老学派的代表作。其中，认识论是《管子》四篇所讨论的重要问题之一。《心术·上》载道：“其所知，彼也；其所以知，此也，不修之此，焉能知彼？修之此，莫能虚矣。”这是其纲领。它说明认识是主体对于客体的活动，这种活动具有主观因素，主体的状态将影响认识的结果，主体的最佳状态是“虚”。那么，《管子》四篇所说的认识主体、客体是指什么？如何修炼主体，达至“虚”？管子认为，认识主体指人，具体则为人的心灵与感官；认识对象包括形上之道和形下之物；主体之虚指外不为外界干扰，内无主观成见；修养“虚”的途径或方法是静心、因物，静与动相对，即以客观对象为准。管子意识到了主体的主观性，强调认知的客观性；重视感官经验，又过分突出理性价值；把道和物同时纳入认识的范围，又偏向虚心以识道。

道家学派的集大成者庄子，既是老学的重要继承发展者，又是道家各派的综合者，其哲学思想博大精深。其中，相对主义的认识论是庄子认识论的一个重要特点。庄子认为，事物的彼此，认识上的是非，都是相对的。如庄周梦为蝴蝶，蝴蝶梦为庄周一样，只不过是一种幻觉，是没有定准的。因而应该放弃一切对立、一切争论，去除“成心”（成见），打破自我中心。庄子提出了“以明”的认识方法，即以明镜的心境去观照事物本然的情形。在庄子看来，人的心理要像镜子那样去反映外物和天道，才能洞察事物的底蕴，而不被外物的现象所蒙蔽，即所谓“胜物而不伤”。《庄子》33 篇中，涉及不少感知、思维以及思维与言语的关系等心理学问题。庄子论述了整个认知过程。《庄子·庚桑楚》中说：“知者，接也；知者，谟也。知者之所不知，犹睨也。”这里的“知”都有认知的意思。第一个“知”指感知觉。以“接”释“知”，说明感知觉是感官对客体直接接触的结果。第二个“知”指思维。以“谟”释“知”，说明思维过程是一种谋虑过程。《庄子》中把认知过程分为“接”与“谟”两级，而且“接”先“谟”后，这种见解跟现代心理学关于感知和思维的论述颇为接近。“知者之所不知，犹睨也”，是说认识主体还没有认识到的事物，就好像斜视的人有许多东西还没有看到一样，从而表明认识（认知）总有一定局限性。

认知疗法的核心在于帮助患者识别和认清被歪曲了的想法，学会以更为现实的方式来解释和组织自己的经验。而中国古代许多道教学者亦认识到错误观念对于身心健康的危害，故强调树立合理信念和正确观念对于人生的重要意义。这些理论贯穿在《清静经》《了心经》《道德真经广圣义》《盘山语录》等众多道教典籍。比如，约成书于唐代的《清静经》指出，一系列身心问题以及“流浪生死，常沉苦海”等人生困境，就是由“妄心”这一错误信念而导致连环产生“贪求”“烦恼”“妄想”等错误思想观念，进而又带来身心的“忧苦”，由此导致人生的失败和无穷的苦难。因此，作者提出了“遣欲”而“静心”，“澄心”而“清神”的调治方法，“常能遣其欲而心自静，澄其心而神自清”，如此则能“六欲不生，三毒消灭”，以正确信念代替错误信念，去除过分的感官之欲和贪、嗔、痴三毒。

同样成书于唐代的《了心经》提出了内观了心之法，即通过内省了解自己、正确认识自己，从而达到精神修养的目的。

五代的杜光庭告诫人们，对于人我关系的错误认知将影响人们对大道的体认和身心健康。他在《道德真经广圣义》卷四十九中阐发《西升经》的思想说：“‘生我者神，杀我者心’，以其心有人我，故形有生死，无心者可阶道矣。”“心”被一己之私所蒙蔽、所牵累，产生“人我”之分，“为我为己”，私欲难填。如此一来，人我之间就处于一种对抗甚至你死我活的敌对状态，这种心理上的敌意和对抗状态将形成一种自我攻击，对自我的身心健康产生极大危害。

全真道将内心的反省工夫作为修道的主要内容，认为修道不在于打坐等外在形式，而是要达到心地清净的境界，更明确地说，就是要去除世俗的私心。元代全真道盘山派的开创者王志谨在《盘山语录》中说：“初学人修炼心地，如何入门？答云：把从来恩爱眷恋、图谋计较、前思后算、坑人陷人底心，一刀两断去，又把所着底酒色财气、是非人我、攀缘爱念、私心邪心、利心欲心，一一罢尽，外无所累则身轻快，内无染着则心轻快，久久纯熟，自无妄念。”所谓“妄念”，就是种种不良的图谋和感官欲望、私心杂念、是非纠葛等不健康的心理和恶念，相当于合理情绪疗法中的“不合理信念”或贝克认知疗法中的“认知歪曲”。只有排除这些妄念，才能获得心灵的宁静。

宋末元初著名道士李道纯将“正己”的道德修养功夫作为炼心入圣的重要门径。从认知疗法的角度来看，“正己”就是一种调整和修正行为者在认知上的错误观念、树立正确的价值观的过程。

这些思想亦渗透到与道家密切相连的医家思想中。在中国传统医学发展史上，一些有重大贡献的医家，如东晋的葛洪、南北朝的陶弘景、唐代的孙思邈和王冰等，都是身兼医家与道家，被尊为“真人”。这几位道家真人兼名医，在认知疗法思想上有诸多阐述，影响至今。

东晋的葛洪认识到，单纯依靠强制性地无欲、寡欲是难以达到目的的，故他根据人们避祸求福的普遍心理促使人们调整需要结构，去除脱离现实条件的奢望，改变错误的价值取向。他还认识到，爱欲憎恶等情感、患得患失的心态往往是扰乱心灵宁静，导致心理不平衡的原因，因而要超越得失之扰，以避免为此而影响心理健康。其具体的方法是“齐贵贱”“齐得失”，通过与大自然相合，来淡化个人的私欲。

陶弘景对老子的“无欲”思想进行了充分的发挥，他在《养性延命录》的首篇“教诫篇”中说：“少思，少念，少欲，少事，少语，少笑，少愁，少乐，少喜，少怒，少好，少恶。行此十二少，养生之都契也。多思则神怠，多念则忘散，多欲则损智，多事则形疲，多语则气争，多笑则伤藏，多愁则心摄，多乐则意溢，多喜则忘错昏乱，多怒则百脉不定，多好则专迷不治，多恶则焦煎无欢，此十二多不除，丧生之本也。”此“十二少”“十二多”亦被孙思邈收集于《千金要方》中。

在中国传统医学史上，孙思邈是第一位系统应用心理疗法的医家，继承并丰富了以“祝由”为主的心理疗法。孙思邈强调欲防治疾病，延年益寿，必须首先注重“神”。这里的“神”，主要是指情志因素。他在《千金要方》卷二十七中提出了“养性十要”，其中的第一条就是“啬神”。“啬神”一词源自《老子·五十九章》：“治人事天，莫若啬。”啬神就是收敛神气，俭约情欲。啬神就要做到“十二少”，同时指出要忌“十二多”。孙思邈认为，人的心与身互为表里，相互统一，过度的情志活动必然会导致脏腑的损伤，比如“五劳五脏病”。他指出“凡远思强虑伤人，忧恚哀伤伤人，忿怒不解伤人，汲汲所愿伤人，戚戚所患伤人”（《千金要方·卷十九肾脏篇》），论证了各种精神刺激对人体的不良影响，详尽说明了人的精神与形体、心理状态与疾病互相影响的对应关系。在长期的临床实践中，孙思邈沿用了传统的“祝由”，即将道家符咒信号治病的方法作为心理疗法的主要形式。“祝由”疗法，系祝说发病的缘由，转移患者的精神，以达到调整患者的气机，使精神内守以治病的方法，其实际上是一种以言语开导为主的心理疗法。

王冰，道号启玄子，著有《补注黄帝内经素问》（又名《黄帝内经素问》）。王冰引用《老子》原文注解《黄帝内经》，并补入了《天元纪大论》《五运行大论》《五常政大论》《六微旨大论》《六元正纪大论》《气交变大论》《至真要大论》等篇章，其中蕴含有丰富的认知疗法思想。例如，《素问·阴阳应象大论篇》曰：“思胜恐”。王冰注释为：“思深虑远，则见事源，故胜恐也”，提示“思”可作为调和情志的手段。

深受道家影响的清代名医尤乘，著有《寿世青编》一书，其中深刻阐述了静心、澄心、正心与身心健康的密切关系。《寿世青编·养心说》指出：“夫心者，万法之宗，一身之主，生死之本，善恶之源，与天地而可通，为神明之主宰，而病否之所由系也。盖一念萌动于中，六识流转于外，不趋乎善，则五内颠倒，大疾缠身。若夫达士则不然，一真澄湛，万祸消除。”

（二）道家认知疗法的研究现状

自 1992 年开始，杨德森教授率领研究团队开始了中国道家认知心理治疗的研究，并从《老子》中摘引出道家处世养生原则八项 32 字，即“利而不害，为而不争；少私寡欲，知足知止；知和处下，以柔胜刚；清静无为，顺其自然”，作为开展道家认知心理治疗的原则。1995 年，张亚林仿效艾尔伯特·艾利斯（Albert Ellis）在合理情绪治疗（RET）中的 ABCDE 步骤提出了中国道家认知疗法“ABCDE 技术”：其中 A（Assessment of Stress）意为测查当前的精神压力，帮助患者找出主要的精神刺激因素，并对精神压力进行定性和定量分析；B（Belief System）意为调查价值系统；C（Conflict and Coping Styles）意为分析心理冲突和应付方式；D（Doctrine Direction）意为道家处世养生哲学法的导人，使用的是杨德森总结的八项 32 字原则；E（Effect Evaluation）意为评估与强化疗效。其中 D 是道家认知疗法的核心步骤，也是耗时最长的步骤。

道家认知疗法主要的适应征是：①焦虑性神经症，包括广泛性焦虑症、惊恐障碍、强迫症和恐惧症；②与应激有关的心身疾病，如有 A 型行为的冠心病。张亚林等认为，道家认知疗法对广泛性焦虑的治疗效果较好，而对惊恐障碍、强迫症的治疗效果较差，年龄大的治疗效果较好、年纪轻的治疗效果较差。

自 1995 年以来，中国道家认知疗法已在全国十六个省市的协作单位进行临床实践，并陆续报道了有关研究成果。

关于道家认知疗法的研究虽然取得了可喜的成果，但是在理论和方法上仍存在一些不足之处：其一，八项 32 字原则并不能完全代表道家思想；其二，道家认知疗法只有理论大纲，缺乏具体的操作程序。因此，有必要重新对道家认知疗法的理论和方法进行系统的整理，以展现道家认知疗法较为明晰的脉络，使道家认知疗法的理论和方法体系更为完善。

三、道家认知疗法的基本观点

道家认知疗法的理论假设和西方认知疗法相同：人们对某种情境的解释和思考的方式——认知结构，决定了他们的情感和行为反应。各种心理障碍是由个人对某些特定情境的认知歪曲造成的。因此，转变或消除歪曲的认知结构，即认知重建（Cognitive Restructuring）是治疗各种情绪行为障碍的关键。道家认知疗法的理论认为，人们的焦虑、抑郁情绪及其行为方式不只是由表面上的认知错误造成的，还有与其文化相关的价值根源。因此，道家认知疗法集中于改变患者的价值观，而不仅仅是纠正患者的认知错误。

道家认知疗法是一种认知行为心理治疗。具体来说，是在西方认知疗法的基础上，结合中国人的性格特征，从价值观对个人行为、心理应激水平、社会支持和应付方式的影响上分析探讨心理问题产生的根源，把道家处世养生哲学作为一种价值观去缓解人们的心理痛苦和不良适应行为方式，以适合中国人的传统文化特征。认知疗法通常采用认知重建、自我指导训练等方法，而道家哲学中的处世养生之道，恰恰是一副缓解精神紧张的清凉剂，其中不少内容经过提炼整理，都适合于重建认知或作为自我训练的指令。

（一）自然无为、身重于物的养生论

老子认为，天地万物的产生以及万事万物的发展都受着一种不可抗拒的必然规律和内在力量所统摄，这种内在的规律和力量就是“道”。既然天道自然，人道取法天道，所以道家奉行“自然无为”的行为原则。人们若能持守大道这种自然无为的特性，则万物自可从而化之——“万物将自化”。故老子告诫人们，必须顺应自然之道，“以辅万物之自然而不敢为”（《老子·六十四章》）。这里所说的“不敢为”“无为”并非畏首畏尾、无所作为，而是顺其自然，不主观妄为。如此，万事万物才能自由自在地生长，发挥各自的优势、长处和特点，达到“无不为”的效果，即“为无为，则无不治”（《老子·三章》）。这就告诫人们，万事万物的发展均有其自身的客观规律，任何人都不能无视这些规律妄为。必须摒弃从主观自我出发的“必须”“应该”等偏执信念，因为客观事物的发生、发展都有其规律，不可能因个人的意志而转移，所谓“万事如意”“心想事成”只不过是人们的美好祝愿罢了。要了解和掌握事物发展的客观规律，顺应人的生理、心理发展规律以及与自然界和社会保持和谐统一。

道家的顺应自然思想还有一层重要的含义，即万物各有其性，各有其宜，必须因性而动，率性而为。《庄子·天下》中说：“万物皆有所可，有所不可。”汉代的道家杰作《淮南子》精辟地阐述了“物各有宜”的思想。书中指出，人的才干各有所长，商汤、武王虽然是圣主，却不能像熟悉水性的越人那样，驾着小舟浮游于江湖之上；伊尹虽然是贤相，却不能像惯于游牧的胡人那样驾驭和驯服烈马；孔子、墨子虽然学问博通，却不能像山居之人那样，在草木丛生的崎岖山路上攀登。晋代著名道教学者葛洪对个体的性格差异及其限制更是做了详尽的论述。他从现实生活中归纳出八十余种性格类型，又概括了十种才性状况，它们各有千秋，无一是完美无缺的。可见，每一个个体都是不完美的，试图让自己“在每一个领域都具有极强的竞争力”的想法是极不切合实际的。汲取道家“物各有宜”的智慧，将促使人们加深对个体差异的认识，从而自觉地摒弃主观偏执的思维方式，顺应各自的个性和特长来选择人生道路或努力的方向，根据自己的实际情况量力而行。

世上不少人把名和利的位置摆在生命之上，“人为财死，鸟为食亡”，说的就是这个意思。老子不认同这种人生理想和价值取向，他从“重生”的基本立场出发，唤醒世人要珍重生命，不可为名利而奋不顾身。老子认为，名利是身外之物，虽然是人之所需，但不能以损伤身体健康的代价来获得，对于人来说除了

身体健康是完全属于人之外，其他即使是再高的名，再大的利，都是身外之物，生不带来，死不带走，为追求名利以至于殒命折寿，得不偿失。

身（生命）固然重要，但对于身（生命）也不应该刻意追求，同样应以超越态度对待生死问题。如果偏执生命，就会遭祸。“吾所以有大患，为吾有身，及吾无身，吾有何患?”（《老子·十三章》）老子不是说不要身（生命），而是说要超越自私的求生价值观，“贵以身为天下”，把个人融入天下人之中，人我和谐，身心和谐。

（二）抱朴守真的人性自然论

人类具有共同的本性，这种本性来自于作为人类本源的“道”。所谓“道常无名，朴”（《老子·三十二章》），“朴”是道的本性，也是人的本性。所谓“我无欲而民自朴”（《老子·五十七章》），即是说民性、人性具有质朴性。老子还以“真”来说明人性，有“质真若渝”之说，指的是人性的质朴纯真。“真”“朴”，即未经雕琢的自然状态，亦即事物自身所具有的本质和规定性。老子提倡抱朴守真，无论是自然界还是社会，还是人性，都应去掉刀斧雕琢的痕迹。人们应该保持和发展自己的独特本性，纯朴而真实地生活，这是对“人性自然”的提倡。

庄子和老子一样强调人性的“自然”特性。庄子肯定了人的“常性”，强调了人性的“自然天放”，实际上也肯定了符合“常性”的世俗生活。庄子还提出“处其所而反其性”（《庄子·缮性》），要求人们应该处在自己原本处的位置，回复到朴素纯真的原始状态，不因外界事物的干扰而改变对自我本真的追求，形成对自我的正确认知。

老子的抱朴守真思想通过虚静之境下的自我观照，形成独特的内省方法，从而完成内心的升华和超越，达到对自我本性的认识，实现心理的和谐统一。只有在虚静澄明的境界之下，人才能摆脱尘世的纷扰，观照内心，从而更好地认识自己，做本来的自己。恬淡、虚静，就要有自我认识、自我超越的能力，不能主观、自满和骄傲。

要真正地认识自我，老子强调人要有自知之明。《老子·七十一章》中说：“知不知，尚矣；不知知，病也。圣人不病，以其病病。夫唯病病，是以不病。”其意思是：知道自己有所不知道，那就最好；不知道却自以为知道，这是缺点。有道的人没有缺点，因为他把缺点当作缺点。正因为他把缺点当作缺点，所以他是没有缺点的。老子强调“自知”“自胜”比“知人”“胜人”更重要，所谓“知人者智，自知者明；胜人者有力，自胜者强”。（《老子·三十三章》）真正明智的人是能够认识自我，正确地评价自我，然后在自知的基础上战胜并超越自我的人。从心理治疗的实践经验来看，不能正确地认识自我，不能正确地处理自我与他人的关系，以自我为中心，个人主义极度膨胀，往往是产生烦恼、孤独、焦虑等心理障碍的重要原因。

（三）少私寡欲的情绪情感论

为了维持人的生命，欲望总是需要的。但如何对待欲望，却有不同的人生价值取向。世俗之人认为只有欲望满足才是活得有价值。有些人追逐声色犬马，殊不知“五色令人目盲，五音令人耳聋，五味令人口爽，驰骋畋猎，令人心发狂”（《老子·十二章》）。这些生理感官刺激的满足，不但无益于“贵生”，反而因其过分的追求而有害，弄得行伤德坏，身败名裂。这就是老子说的“难得之货，令人行妨”。针对这种追逐欲望的价值取向，老子主张人们应当过一种“少私寡欲”的生活。这一主张的核心是节制物欲和感官享乐之欲或其他卑劣之欲，而不是抑制高尚欲望或健康欲望，因为后者处在理性和德性的指引之下，不会放纵无度。过分追求外在的、表层的东西，“唯功名”，这往往会导致焦虑等心理疾病。七情六欲既生于“心”，因此，“寡欲”必须从控制心入手。故道家重视“正心”在养生中的作用。

根据“少私寡欲”的原则，老子提出了三条重要的处世之道：一是“治人事天莫若啬”；二是“知足不辱，知止不殆”；三是“功遂身退”。

老子将俭啬视为立身所必须持守的“三宝”之一，奉为治国养生的根本法则。老子提出“啬”（俭）这个观念，并非专指财物上的俭约不奢，乃是侧重精神上节制过分的物质享受欲望。老子认为啬（俭）德既可以“重积德”，是治人的根本大道；又利于“事天”，也是“养生”的重要方法。

在老子看来，社会上的一切纷争，都源于人的“不知足”。老子劝诫人们，只有知足，才会常乐；只有知止，才能避免危险。因此要降低过高的物质欲望和对名利、地位的疯狂争夺，知足常乐。这样才能够心理平衡，实现心理健康。

“功遂身退”是老子提出的又一条重要的人生信条。老子说：“持而盈之，不如其已；揣而锐之，不可长保……功遂身退，天之道也。”（《老子·九章》）意思是说，执持盈满，不如适时停止；锋芒毕露，难以保持长久。成就了功业应知道收敛而不占有功绩，这才是符合“道”的做法。凡事忌“盈”，所谓“满招损，谦受益”（《尚书·大禹谟》），讲的就是这个道理。“身退”并不严格界定为隐退，而是退让、收敛。老子并不是要人做隐士，只是要人不膨胀自我。老子哲学，没有丝毫遁世思想，他仅仅告诫人们在完成功业之后，不把持，不据有，不咄咄逼人。“生而弗有，为而弗恃，功成而弗居”（《老子·二章》）正是这个意思。“生”和“为”即是顺着自然的状况去发挥人类的努力。然而人类的努力所带来的成果，却不必擅据为已有。“不有”“不恃”“弗居”，即是要消解自己的占有冲动。人类社会争端的根源，就在于人人扩张自己的占有欲，因而老子极力阐扬“有而不居”的精神。建功立业，对于一个人来讲固然不容易，但更严峻的考验还在于功成名就之后，如何去把握好一个“度”。老子劝诫人们功成而不居，急流勇退，可以保全天年。

（四）柔弱不争的人际关系论

老子从人类和草木的生存现象中，说明成长的东西都是柔弱的状态，而死亡的东西都是坚硬的状态："人之生也柔弱，其死也坚强。草木之生也柔脆，其死也枯槁。故坚强者死之徒，柔弱者生之徒。"（《老子·七十六章》）坚强者之所以属于死之徒，乃是因为它的显露突出，所以当外力冲击时，便首当其冲了；才能外露，容易招人嫉妒而遭受掊击，这也就是"树木茂而斧斤至"的意思。老子又以水为喻："天下莫柔弱于水，而攻坚强者莫之能胜，以其无以易之。弱之胜强，柔之胜刚，天下莫不知，莫能行。"（《老子·七十八章》）事实上，道呈现出柔弱的特征，"弱者道之用"（《老子·四十章》），所以"柔弱胜刚强"（《老子·三十六章》）成为普遍的自然法则。因此，士人以柔弱作为圣人的处世准则。"勇于敢则杀，勇于不敢则活"（《老子·七十三章》），是说敢于自我逞强的，就会送命；敢于表现柔弱的，反而保全生命。现实生活中，常常会看到那些刚强者因自恃刚强，往往受到众人的非议、攻击、陷害，甚至必欲除之而后快，所以说，"强梁者不得其死"（《老子·四十二章》）；而柔弱者，却因其柔弱，反而会得到人们的同情、怜悯和支持，从而远离祸患，得以保身全性。

对于权势、名利等身外之物，人们应如何对待？老子提出了"不敢为天下先"（《老子·六十七章》）的处世法宝。"不敢为天下先"就是处下、谦退、不争。在老子看来，不争乃圣人处世之道。老子说："天之道，利而不害；人之道，为而不争。"（《老子·八十一章》）老子的"不争"，不是一种自我放弃，不是消沉颓唐，而是要人去"为"，"为"是顺着自然的情状去发挥人类的努力，人类努力所得来的成果，却不必擅据为己有。"圣人不积，既以为人，己愈有，既以与人，己愈多。"（《老子·八十一章》）圣人的伟大，就在于他的不断帮助别人，而不私自占有。"为人""与人"会令行为主体感到精神上的充实和愉快，会形成一个更利于个体生存和发展的空间。相反，唯利是图，唯我独尊，则必然损害他人利益，造成人际关系恶化，引起诸多烦恼和心理问题。

（五）上德若谷的宽容论

常言道："宰相肚里能行船。"为人处世应当宽宏大量，豁达大度。其实，这种高贵的品德是由老子"上德若谷"（《老子·四十一章》）的思想演化而来的。

在老子看来，作为宇宙万物的本体或本源的"道"是空虚不盈的。他说："道冲（空虚），而用之或不盈"（《老子·四章》）；"大盈若冲，其用不穷"（《老子·四十五章》）。这是说，因为"道"是以"无"为体，空虚不实，所以它的作用是无穷无尽的。这就如煽火的风箱一样，"虚而不屈，动而愈出"（《老子·五章》）。

既然道体是空虚的，那么体道的圣人也应当“致虚极，守静笃”（《老子·十六章》）。老子认为，人的心灵本来是虚明宁静、无私无欲的。但是，人们往往为私欲所蔽，使人昏昧紊乱，多有差错。所以，必须尽力地去掉私欲，使人心恢复到如水渊一样的虚静状态。只有达到“虚极”“静笃”的境界，人才能真正做到“旷兮其若谷”（《老子·十五章》），即为人处世胸襟宽广，豁达大度，就像幽深的山谷一样，能够包容世间的一切。

正因为圣人具有“上德若谷”的品德，所以在待人接物上采取“无弃”的态度。“圣人常善救人，故无弃人；常善救物，故无弃物。”（《老子·二十七章》）老子从这种态度出发，引申出了一个重要的结论：“善者吾善之，不善者吾亦善之，德善；信者吾信之，不信者吾亦信之，德信。”（《老子·四十九章》）具有无弃人无弃物心怀的人，能够以善心去对待任何人（无论善与不善的人），以诚心去对待一切人（无论守信与不守信的人）。

正因为圣人具有“上德若谷”的胸怀，所以在恩怨问题上，主张“报怨以德”（《老子·六十三章》）。老子认为圣人应当包容万物，甚至包容仇怨，以德报怨。在一定范围内，以德报怨是一种调解利益冲突的有效办法。

“宠辱不惊”，也是“上德若谷”思想在荣辱观上的具体表现。在老子看来，世俗之人由于得失名利之心太重，缺乏“无私”“无我”之意境，在他们心目中，“宠为上，辱为下，得之若惊，失之若惊”（《老子·十三章》），所以一旦得宠或受辱就会感到惊慌失措。而以老庄为代表的道家人物则倡导宠辱不惊的名利荣辱观，淡泊名利。“虽有荣观，燕处超然”（《老子·二十六章》），老子认为，人对优越的条件和富足的生活应当平淡处之，超然不顾。庄子则“举世而誉之而不加劝，举世而非之而不加沮”（《庄子·逍遥游》），不以誉喜，不以毁悲，“与其誉尧而非桀，不如两忘而化其道”（《庄子·大宗师》），以道来化解是非荣辱，而且“死生无变于己，而况利害之端乎”（《庄子·齐物论》），主张摆脱利害之念而逍遥而游，达到精神的自由与超脱。

“人贵自知之明”，也是从老子的“上德若谷”思想中引申出来的一种美德。中国有句谚语：“谦虚的人常思己过，骄傲的人只论人非。”世俗之人由于缺乏“上德若谷”的胸怀，局限于狭窄的自私心理，总是不能正确地评估自己，常常自作聪明，自命不凡。针对这种人的特点，老子指出：“知人者智，自知者明。”（《老子·三十三章》）意思是说：认识别人的是“智”，了解自己的才算“明”。在老子看来，知人固然重要，但自知更为重要。《吕氏春秋·自知》中也说：“存亡安危，勿求于外，务在自知……败莫大于不自知。”从心理辅导的实践经验来看，一个人不能正确地认识自我，不能正确地处理自我与他人的关系，以自我为中心，往往是产生烦恼、孤独、焦虑等心理障碍的重要原因。

（六）反者道之动的辩证论

老子在对天地自然和社会人生的发展变化进行深刻观察的基础上，总结出“反者道之动”（《老子·四十章》）的规律，认为“道”的运动循环往复，生生不已，向着相反的方向发展是“道”运动发展的规律。因此，世界上任何事物都不是绝对的、静止不变的，既没有绝对的好，也没有绝对的坏。老子看到了事物差别的相对性和转化的绝对性：“祸兮，福之所倚；福兮，祸之所伏。”（《老子·五十八章》）这就是说，事物是相辅相成的，不断变化发展的，在“道”这一根本规律的支配下，事物的对立双方会向其相反的方向转化。老子又说：“有无相生，难易相成，长短相形，高下相倾，音声相和，前后相随。”这说明一切事物在相反关系中，显现相成的作用；它们互相对立而又相互依赖、相互补充。到了庄子，则讲得更加绝对：“物无非彼，物无非是”；“是亦彼也，彼亦是也……是亦一无穷，非亦一无穷也。故曰：莫若以明”。“凡物无成与毁，复通为一。”（《庄子·齐物论》）

这些辩证智慧告诉人们，没有绝对的好或坏，一切都不是最终结局，而只是一个不断变化的过程，这就有助于人们克服思想偏执、避免钻牛角尖而不能自拔，从而乐观豁达地面对人生的祸福成败，冷静地面对和应付重大生活事件的刺激，同时也告诫人们在成功或失败面前不要头脑发热，欣喜若狂，而要戒骄戒躁，居安思危。它让人们认识到，失败和劣势、成功和优势是可以转化和改变的。人们以这种智慧来看待成败得失就能败而不馁、胜而不骄。

（七）投入与超脱的价值论

“人本心理学之父”马斯洛告诫人们：“价值观的丧失是我们时代的最终痼疾。”奥地利著名精神医学家弗兰克也强调，心理医生要帮患者纠正不正确的价值观和人生理想。道家认知疗法关注的价值观主要是投入与超脱的程度。投入与超脱是一种对待人生的态度，一种价值观。它可以定义为与个体身心健康有关的对待生活积极与消极程度的认知。投入与超脱的程度可以大致分为四个等级，即过度投入、投入、超脱与过度超脱。大多数年轻人的价值观通常是投入的，也就是说对人生采取积极向上和进取的态度，希望获得他人和社会的承认，获得应有的成功。而大多数中老年人的价值观是超脱的，在他们的人生到达顶峰并开始走下坡路的时候，采取消极退让的方式。他们由于年龄的限制，体力和精力上的衰退，社会地位的变化（典型的例子是退休以后）等原因，只有降低对自己的要求，才能获得心理上的平衡。然而也有少数人由于种种原因，对自己提出不切实际的要求，希望自己做得比其他人都好，并在日常生活中争强好胜，这就是过度投入的行为方式。还有少数个体可能由于遭遇种种挫折，万念俱灰，从而放弃社会的主流价值观，转而追求精神上的超脱，持有过度超脱的态度。

许多人由于生物遗传的、心理的或社会的原因，对生活持积极的态度，对自己和他人有较高的期望值。在正常情况下，这种认知让人们努力工作，积极向上，为社会做出更大的贡献。但当个体有过高的愿望，现实环境无法满足时，或客观环境向个体提出了困难作业，造成个体适应困难时，就会形成认知偏差与心理应激。如果个体不能改变其认知和行为方式，必将导致精神痛苦，严重与持续的应激状态则可能导致神经症、应激相关障碍和冠心病、消化性溃疡等心身疾病的出现。

过度投入的行为方式和现实环境之间的矛盾是焦虑和应激的重要来源，是焦虑性障碍和相关心身疾病患者的认知基础，也因此成为道家认知疗法的治疗位点。道家认知疗法即是通过改变患者的价值观，降低其投入程度，并同时纠正患者的错误认知与行为方式，从而达到治疗心理疾病的目的。

在个人面临生活的重压与挫折时，道家思想是一种有效的摆脱精神痛苦的心理应付方法。道家哲学中的许多处世养生之道，无论过去或现在，都是一套行之有效的保健方法。它能缓解精神应激、抚慰精神创伤、调整心身状态，对于与精神应激相关的疾病，如冠心病，它是一副对症的良药。

四、道家认知疗法的整合与操作

道家认知疗法在操作技术上整合了西方认知疗法和行为疗法的成功经验，其具体操作分三个阶段进行，每个阶段各有其专门的目标，并且是下一个阶段的基础。每次治疗持续 45 ~ 50 分钟，门诊患者一般每周一次，住院患者一般每周两次，通常在 8 ~ 12 次，共 1 ~ 3 个月完成前期治疗。为使治疗发挥最大的作用，治疗师必须在每个阶段结束后，仔细评估目标是否达成。治疗的流程如下：

（一）治疗初期

治疗初期包括治疗关系的建立（1 ~ 2 次）、治疗方法的介绍与病因分析（1 ~ 2 次）、松静术的练习（必要的话，将其贯穿于整个疗程的每一次治疗）。

1. 动员阶段

在这个阶段，治疗师要对患者的问题有全面而详细的了解，找出问题的核心与关键。根据患者的病史，通过会谈和其他检查资料做出诊断，评估道家认知疗法的适合程度。在治疗对象的选择上要注意选择投入程度较高、受教育程度较高以及具有 A 型性格的中老年患者。确定好治疗对象后，治疗师要对存在的问题和相关患者进行探讨，询问患者的治疗期望，并与患者一起设定治疗的细节——包括治疗的时间、地点、收费标准和参加人员（通常是患者本人参加，如果治疗师需要患者的家人、朋友等参加治疗，需征求患者的同意）等。

治疗师要与患者建立良好的治疗性关系，这是以后治疗能否成功的关键。治疗师主要使用的咨询技术包括倾听、共情、温暖、积极关注和尊重等，需要注意的是这一阶段需要充分表现出对求助者的无条件接纳。

2. 道家认知疗法的介绍和病因分析

在建立了良好的治疗关系以后，治疗师要向患者介绍道家认知疗法的具体内容和操作方法，简单解释每一个步骤的意义，并且征求患者的意见。常见的问题是，患者希望能够迅速进入后面的治疗阶段。因此，治疗师需要向患者解释，道家认知疗法是一个整体，每一个治疗步骤都有一定的目的，并且为后面的治疗服务，只有按照步骤完成了整个治疗，才有可能取得最好的疗效。因而，要求患者有耐心，循序渐进，不要急于求成。

接下来是病因分析。首先治疗师要向患者介绍病因的概念。神经症患者的病因通常可以分为两个方面：一方面是性格基础，性格在这里是指个体习惯性的思维、行为和情绪反应的特征；另一方面是应激的生活事件。治疗师和患者一起讨论患者的性格基础和应激事件，以及患者在此事件中的应付方式与情感反应，并让患者填写病因分析记录表。然后治疗师告诉患者，其疾病就是在这样的性格基础上，由于应激事件的影响而导致的。并与患者一起分析他在面对应激事件时，为什么会出现难以控制的严重的情感反应。治疗师要让患者认识到，性格基础对发病有着极其重要的作用，如果不能改变自己的性格，那么任何心理治疗都不能起到长期而根本性的作用。当以后的生活中再次出现类似的应激事件，如果不能改变自己的应对方式，就很难避免疾病的复发或加重。这样就可以激起患者改变自己性格和应付方式的愿望。最后再告诉患者，此后的认知行为矫正就是针对这些病因来进行的。

3. 松静术的练习

松静术是一种结合放松训练和冥想技术的方法，即放松和入静。在以后的治疗中，松静术的练习放在每次治疗之前，每次 10～15 分钟，并要求患者回家后每日自行练习 1～2 次。放松训练的基本要求是：在安静的环境中，练习者要做到心情安定，注意集中，肌肉放松。在做法上要注意循序渐进，放松训练的速度要缓慢。首先是身体姿势的放松，其具体操作方法是：选择一个安静的环境，患者采取一种舒适的坐姿，让臀部、背部、大腿、手臂、头颈等身体的主要部位都得到椅子的良好支撑，保持头部在正中位置不动，并由靠椅支撑后脑，轻轻地合上双眼，面部表情平静，双眼在眼睑下保持不动，上下嘴唇自然微微张开，颈部不要摇摆，尽量少做吞咽动作，双肩保持在同一水平，对称依靠在椅子靠背上保持不动，膝盖、臀部、双腿对称依靠在座椅上，双手放在椅子扶手或自己的双膝上，手掌朝下自然弯曲，双腿相互自然分开，两腿之间保持舒适的角度，保持平静、缓慢、均匀的呼吸，肩膀保持不动。接下来是渐进肌肉放松训练，具体操作步骤简述如下：采取舒适的坐位或卧位，顺着身体从上到下的顺序，渐次对各部位的肌肉先收缩 5～10 秒，同时深吸气和体验紧张的感觉；再迅速地完全松弛 30～40 秒，同时深呼气和体验松弛的感觉。如此反复进行，对身体某部分肌肉进行放松时，一定要留有充分时间，以便让练习者细心体会当时的放松感觉。做完后，深呼吸三次，将注意力集中于整个呼吸过程（即“意守”）。让松弛加深的感觉传遍全身，享受松弛舒适的感觉。在呼吸和放松的过程中，可使用一些提示语，如："我是松弛而平静的""抛去紧张——我感到舒适和轻松""肌肉松弛柔软了"等。放松成功的标志是：面部无表情，各肌肉均处于松弛状态，肢体和颈部张力减低，呼吸变慢；患者若处于仰卧位置，则出现足外展。

在大约5分钟的放松以后，接着要求患者进入"入静"的状态，也就是结合冥想的技术，通常持续10分钟左右的时间，能够更有效地缓解患者的焦虑情绪和各种躯体不适感。冥想的基本态度是：①非判断性，即不管有什么样的想法，不去评判他，只是体验；②耐性，我们不必以每时每刻的运动来填充自己的生命，让事物按自己的时间展现出来；③不要对自己下一刻会发生什么存有期待，只是时时刻刻对自己开放；④信任，假如你感觉到不舒服就调整姿势，相信自己的感觉和直觉；⑤无为，不想努力获得什么或到达什么地方；⑥接纳，不要担心结果，只集中注意力接纳此刻发生的事情，即便出现了分心也要接纳，只要重新把注意力集中到呼吸上就好；⑦放任，如果出现了评判想法，那么就放任这种想法并去观察这种想法。

在松静术的训练过程中，最常见的困难是患者很难迅速进入入静的状态，患者头脑中有许多的想法和杂念，或有许多躯体的不适感。此时治疗师应该向患者说明，对于这些想法或不适感不需要给予特别的注意，而要集中注意于自己的呼吸。

当患者学会了松静术后，应当鼓励患者在日常生活中应用松静术来解决实际的焦虑，包括惊恐障碍患者的惊恐发作。此外，部分患者若原来每天自练太极拳、八段锦或其他运动的，可保持原有节目。

（二）治疗中期

这一阶段是治疗的关键，主要包括道家处世养生法的导入（1次）和基于道家思想的认知行为矫正（4~8次）。

1. 道家处事养生法的导入

认知疗法的理论认为，各种心理障碍是由个人对某些特定情境的认知歪曲造成的。道家认知疗法的理论认为人们的焦虑、抑郁情绪及其行为方式有与其文化相关的价值根源。因此，道家认知疗法集中于改变患者的价值观，而不仅仅矫正患者的认知错误。道家认知疗法就是基于这样的理论基础，应用道家处世养生法对患者的歪曲认知和错误的价值观进行矫正，以达到治疗的目的。

导入的道家处世养生原则包括：①自然无为，物各有宜；②身重于物，精神超越；③抱朴守真，致虚守静；④少私寡欲，知足知止；⑤守柔处弱，为而不争；⑥上德若谷，自知者明；⑦祸福相倚，去除偏执。值得注意的是，由于不可能每一条原则都适合于每一位患者，治疗师应该根据从上一次治疗和患者自己填写的精神超脱量表得到的有关信息，进行有针对性的讲解，让患者领悟其中的真谛。患者对道家处世养生原则的理解和认同是后面进行认知行为矫正的基础。如果在此阶段患者不能理解或不愿认同这些原则，基于道家思想的认知行为矫正就不可能进行。

2. 基于道家思想的认知行为矫正

认知不仅可以影响行为和情绪，反过来，行为和情绪也可以影响认知。在改变患者认知的同时，还需要改变患者的行为，才能够获得最后改变情绪的效果。认知行为矫正是广泛应用于认知疗法的一项技术。治疗师运用这项技术来矫正患者社会适应不良的人格特点，包括认知、行为和情感反应。目标是把患者已经认同的道家处世养生原则理论应用于实际事例，以改变患者的认知和行为，从而缓解患者的病理性情绪。通常以患者生活中引起病理性情绪反应的事情为例，从道家处世养生原则中找出一条或几条适应于这一特定事例的原则，基于这一指导性原则，形成新的认知方式，改变原有的行为和情绪。在这个过程中，治疗师要帮助患者一起填写认知行为矫正表。重复这一过程，直到患者充分学会认知行为矫正的技术，并能够灵活自如地运用于日常生活中，自己治疗自己。

治疗师要求患者每日自习道家处世养生法，改变价值观和心理应付方法，应对日常生活事件，改善人际关系，提高社会适应能力。每位患者应备“道家认知疗法实践日记本”一册，首页抄录道家处世养生原则，并列出自己原有的价值系统和应对方式与之对照，找出自己原来价值系统和应对方式中的不当或不适之处，按照道家处世养生原则，形成新的价值系统和应对方式。强调反复练习运用新的价值系统和应对方式解决实际问题，并逐日记录心得体会。

认知行为矫正需要进行4～8次，直到患者掌握了认知行为矫正表的填写方法，并且将道家处世养生原则内化为自己的价值观，熟练地应用于日常生活中缓解自己的症状，才能结束这一阶段的治疗，进入治疗后期。

（三）治疗后期

此阶段包括治疗总结（1～2次）以及以后可能的维持治疗。

1. 治疗总结

在集中治疗（指一周一次或两次的治疗）将要结束之前，治疗师有必要花一到两次治疗的时间来和患者一起总结前面进行的治疗。这样的总结能够让患者接受治疗的结束，并为以后的维持治疗打下基础。

以治疗焦虑为例，治疗师可用以下的描述来总结治疗：第一，我们进行了病因的分析（包括性格基础和应激事件），认识到性格基础是引发焦虑的重要因素，以后治疗的方向就是要改变您的这些性格；第二，我们学习了松静术，这种方法可以随时用来缓解我们的焦虑；第三，我们学习了道家处世养生法，这些原则是改变您的性格的理论基础；第四，我们一起用在您的生活中引起了您的焦虑的事情为例，讨论了您的焦虑是由于哪些思维引起的，并讨论了如何把道家处世养生原则用在这些事情当中，改变您原来的思维和行为；最后，我们发现您的焦虑情绪因此而减轻了。现在您已经学会了这些应付焦虑的方法，我想您可以在以后的日常生活中自己来应付这些您原来无法应付的焦虑了。

治疗师也可以通过提问（通常采用开放式提问）的方式收集患者的反馈信息。这些问题可以是：现在您觉得有哪些方法可以用来应付您的焦虑呢？如果以后再遇到引起焦虑的事情，您将如何应用在治疗中学到的方法和技术来应对？通过提问的方式了解患者的想法后，再进行上面的陈述可能更为有效。

当治疗师确认患者真正掌握了应对应激事件的能力和方法，并且能够成功地使用这些方法应对时，治疗就可以结束了。患者对于结束治疗可能有一些焦虑。对于一次成功的治疗，这种焦虑是正常的现象，关键在于治疗师要让患者相信他已经有足够的方法和能力来应付自己的焦虑，并向患者保证在以后的维持治疗中将继续向他提供支持和指导。治疗师此时要和患者一起约定以后治疗的频率、时间和地点。

2. 维持治疗

患者在结束前期治疗后，完全有可能遇到严重的生活事件（如离婚，丧偶，破产等），并发现难以处理。在这种情况下，治疗师有必要通过维持治疗继续向患者提供支持和指导。维持治疗在开始可以安排为每月一次，并在以后逐渐延长间隔的时间，每两个月、三个月甚至半年一次都是可以接受的。维持治疗阶段继续要求患者每天记道家认知疗法心得日记，并练习松静术。当患者已经完全接受了道家的思维和行为方式时，或者说道家处世养生法已经内化成为患者自己的思维和行为方式时，维持治疗就可以结束了。

五、结语

马斯洛曾经说过：“有效的心理咨询和心理治疗应该是道家式的，它不去侵犯，也不去干涉，更不是要进行重塑、校正和灌输。当然，纯粹的道家思想在原则上是不可能的，但成功的咨询家和治疗师都应尽量遵循道家思想，他们真正地尊重他人的内心世界，把自己看作是产科医生、园艺家或接生婆。他们的任务只是帮助他人发现自己并自由成长，让人们按照自己的方式实现自我的价值。”道家思想是中国文化的重要组成部分，尤其是道家的处世养生哲学，蕴含着丰富的心理学资源，对人类的身心健康起着重要的作用。从荣格通过对“道”的理解提出了“真我”及“真我实现”的概念，罗杰斯吸收了老子思想创立了“以人为中心疗法”，到马斯洛吸收了道家的哲学发展了人本学派，道家思想也是认知调整中不可忽视的元素之一。此外，对于在传统文化下熏陶成长的中国人，道家本土化心理治疗的方式才是治标治本之道。对道家思想具有科学性和现实价值的理念进行挖掘和提炼，可为心理治疗的本土化提供现实依据。

下编

心理测量研究与心理卫生状况调查

中医心理测量的思想与方法研究

李孟唐

一、研究背景、意义和方法

心理测量是以心理学理论为依据，使用一定的操作程序对当事人的行为反应进行考察与量化，进而获得当事人的心理状态或稳定心理特征的手段。中医心理测量，则是以中医心理学理论为依据，使用一定的操作规则和数字化方法，获取当事人心理状态或稳定心理特征的手段。我们将中医心理测量划分为“古代的中医心理测量”和“现代的中医心理测量”，古今的区别在于“标准化技术”和“数字化思想”运用程度的不同，古代中医心理测量具有个体差异的思想与实用的技术，而现代心理测量则具有严谨的、量化的理论与方法。

本文的研究目的是，以文献考证为基础，考据整理中国古代心理测量的思想源流，梳理出中医心理测量的基本理论与方法。为发展具有现代心理学意义和治疗实用价值的中医心理测量体系提供依据。

本文的研究方法：①文献研究法，即通过考察中医心理测量理论与方法的历史与文化、形成与命名、应用与效果等，重建古人创造的原因、思路与方法。②观察法，即直接地、整体地考察中医心理测量理论与方法在实际生活中的应用，以获取其科学事实的证明。③比较法，即对中、西方文化下的医学心理测量理论与方法进行比较，并从中探讨心理测量的本质（求同）与文化特色（求异）。④历史与逻辑相统一的方法，根据中医心理测量理论与方法的历史演绎及其规律，进而探讨其发展顺序及其现实性意义。

二、中医心理测量的文化源流

邱鸿钟教授在《医学与人类文化》中写道：“医学，如就其实践活动来说，它无疑只能来源于动物自救的本能在人类的进化和人类生产活动中的经验积累。”这个观念有助于我们跳出“中医学产生于何时”“黄帝内经成书于何时”的思想泥沼，让我们沿着文化历史的轨迹来寻找中医心理测量的形成，因为中医心理测量的思想一直都伴随着中华文化而成长，中医心理测量的方法则随着文明的发展而前行。

（一）中国古代的心理测量思想

人类心理测量的形成有其社会进化的必然性。

《史记·五帝本纪》记载："三岁一考功，三考绌陟，远近众功咸兴。"《尚书·舜典》记载："五载一巡守，群后四朝，敷奏以言，明试以功，车服以庸。……三载考绩，三考，黜陟幽明，庶绩咸熙。"可以看出，中国的上古时期便已有了心理测验的具体实施。那时的经验是：想要了解官员适任与否，从其绩效中便知；想要知道官员的真实想法，从其言行中便知。

法国心理学家杜波依斯认为中国的考试制度早于古希腊，美国心理学家詹森亦认为世界上最早、最正规的测验始于中国。尧帝挑选继位者的故事是我国最早的心理测验具体实施的记载。《尚书·尧典》记载着上古时期尧帝挑选继位者的故事，尧帝以"举荐法"挑选了生活困苦而不失贤德的虞舜，并将自己的两个女儿嫁给虞舜，以便长期观察虞舜的生活细节；将虞舜置于管理情境之中，以考验虞舜的管理能力；将虞舜置于荒山野岭之中，以考验虞舜能否适应并克服大自然的变化；以问答法考验虞舜的应对能力、思想、操守等。经过了多年的测试，尧帝才决定培养虞舜成为接班人。

不同时空背景下选择人才有着不同的社会化需要，其中包括了智力取向、体力取向、道德取向、多元取向等。争战之时需要勇士，治世之时需要良相，上至王公贵族、下至平民百姓皆有其相应社会角色的扮演训练。与其文化背景相背离者，便意味着文化适应能力不足，并随时可能被汰旧换新的浪潮所淹没。

隋唐时期，我国的人才选拔项目趋于多元化，智力测验进入了当时的科举制度，大致上分为贴经（填空题）、口义（口试）、墨义（问答题）、策问（论述题）和诗赋（默写题）。心理测验的内容包括了记忆、道德、智能等，成为我国测验制度最完善的年代。

在智力分类方面，《论语》将人的智力水平划分为上智、中人与下愚，这与现代西方智力量表里的超常、正常与低下之分不谋而合。在性格倾向方面，《论语》将人划分为中行、狂者、狷者，并说明狂者遇事过于进取；狷者遇事过于谨慎；中行者遇事则符合中庸，这相当于现代西方人格分类的"外倾类型、中间类型、内倾类型"。在道德倾向方面，孔子将道德划分为忠、孝、仁、爱、信、义、礼、智等。

继孔子之后，儒家的第二号代表人物——孟子提出了"权，然后知轻重；度，然后知长短。物皆然，心为甚"（《孟子·梁惠王上》）的思想。孟子的这一思想明确地表达了心理测量的可能性及必要性，可以说是心理测量上升至先民意志中的最佳证明。孟子的心理测量思想远远早于美国心理学家桑代克所提出的

“凡物的存在必有其数量”和麦克尔所提出的“凡有数量的东西都可以测量”的思想足足两千多年。

（二）中国古代的心理测量方法

1. 自然观察法

自然观察法是指从旁观者的立场，观察当事人在某情境中的言行举止，并尽可能全面地收集客观的、有效的评估信息。此法的特点在于不需要刻意营造测验的气氛，并能以生活中的点点滴滴观察当事人，使当事人在不自觉的情况下完成测验。《论语·为政》道出了此法的真谛：“视其所以，观其所由，察其所安”，即观察当事人的行为特征、原因、目的，进而综合判断当事人的气质、能力、智力、兴趣、爱好等。

自然观察法在《大戴礼记·文王官人》中得到了具体的发展，书云：“父子之闲观其孝慈也，兄弟之闲观其和友也，君臣之闲观其忠惠也，乡党之闲观其信惮也。”的确，想要客观评判社会文化中的“人”，就必须从这个“人”的社会互动中收集信息。然而，《大戴礼记》的观察方法只适合用于探讨文化人格的普遍表面特征，对于探讨潜在核心价值、人事异动伴随的心理变化等，则需要使用非常的技巧。

《史记·魏世家》提出：“居视其所亲，富视其所与，达视其所举，穷视其所不为，贫视其所不取。”《吕氏春秋·论人》指出：“通则观其所礼，贵则观其所进，富则观其所养，听则观其所行，止则观其所好，习则观其所言，穷则观其所不受，贱则观其所不为。”社会人事是恒动的，处于其中的人心亦是不断变动的，因此观察当事人在不同状态的所为与所不为，对心理评估而言具有重要的意义。

自然观察法的测验目标是由非人为情境所决定的，而评估者往往处于被动的状态之中，且不同的评估者其评估的结论经常大不相同，故三国刘劭在《人物志》中写道：“众人之察不能尽备。故各自立度，以相观采。”“相其神容”“候其动作”“揆其疑象”“推其细微”“恐其过误”“寻其所言”“稽其行事”。对于主观判断所导致的差异，刘劭又提出：“一流之人，能识一流之善；二流之人，能识二流之美。”

2. 情境观察法

情境观察法是指设计具有目的性的测验情境，并使当事人置身其中，在“情境—当事人”的互动之中，获取心理评估的信息。情境观察法建立于自然观察法的基础之上，同时使原本被动等待的评估者，摆脱了守株待兔的局面。中国最早的情境观察法记载于《尚书·尧典》。尧帝利用宾于四门、纳于百揆、纳于大麓的形式，使虞舜在不自觉的情况下完成测验，并且客观地获知了虞舜的稳定心理特质。

设计模拟客观现实的情境，始终是大费周章的，因此《庄子·列御寇》将测验指向“人事情境”，云：“远使之而观其忠，近使之而观其敬，烦使之而观其能，卒然问焉而观其知，急与之期而观其信，委之以财而观其仁，告之以危而观其节，醉之以酒而观其侧，杂之以处而观其色。”《庄子》的“人事互动法”是对当事人输入人事信息以获取其心理反馈，这种测验方法更显得简单、便利且实用。

《庄子》的“人事情境互动法”始终是拘泥于人事，而且收集到的信息不够全面。《吕氏春秋·论人》则不拘泥于“情境设计”，并且将之改造为互动式“心境”测验，提出：“喜之以验其守，乐之以验其僻，怒之以验其节，惧之以验其特，哀之以验其人，苦之以验其志”。“喜之”“乐之”“怒之”“惧之”“哀之”“苦之”等心境测验法避免了情境设置的人力物力浪费，而且对当事人反馈信息的收集更为明确。

中国古代记载的情境观察心理测验法实在是不胜枚举。例如《六韬·龙韬》记载的：“穷之以辞”“与之间谋”“使之以财”“试之以色”“告之以难”“醉之以酒”等人事情境法。诸葛亮在《知人性》中提出了“七观法”：“间之以是非”“穷之以辞辩”“资之以计谋”“告之以祸福”“醉之以酒”“临之以利”“期之以事”，对当事人的思想、情感、意志、道德、能力、智力进行多方位考察。

3. 类推观察法

最初的类推观察法由老子所提出，即以“我”类推于“他人”，以自己的“心理—行为”推测他人的“心理—行为”。毕竟只要是人，必然会有相类似的“心理共性”。《老子·五十四章》道：“以身观身，以家观家，以乡观乡，以国观国。”类推方法除了可以“以我类推于他人”之外，还可以从受试对象的成长背景进而类推受试对象的心理特征，这个测验思想在后来发展的中国古代心理测验里被广泛应用。

《孔子家语·六本》记载：“不知其子视其父；不知其人视其友；不知其君视其所使；不知其地视其草木。故曰与善人居，如入芝兰之室，久而不闻其香……与不善人居，如入鲍鱼之肆，久而不闻其臭。丹之所藏者赤，漆之所藏者黑”。孔子的智慧是毋庸置疑的，每个人的成长环境都有其特异之处，那么从其成长背景中必然可以看出端倪。故《荀子·大略》写道：“类之相从也如此之著也，以友观人，焉所疑？”

《吕氏春秋·论人》将当事人的父、母、兄、弟、妻、子、交友、故旧、邑里、门郭皆列入了考察的范围，以便于整体地了解当事人不为人知的成长背景。类推观察法是相当有趣的，它测验的对象是当事人的心理特征，然而考察的对象却是当事人周围的人、事、物等，使当事人根本不可能知道自己正处于被试的处境。类推观察法与自然观察法有许多相似之处，但却比自然观察法增添了几分积极性和主动性。

4. 问答观察法

问答观察法是指在“评估者”与“受试对象”之间的问答对话中，获取心理评估的客观信息，体现的正是王安石在《上皇帝万言书》中提出“欲审知其德，问以行；欲审知其才，问以言”的思想。

在孔子的教学实践之中，孔子经常以问答的方式对学生的智力、能力、气质、性格、兴趣、爱好、价值观等做出评价。例如，在《荀子·子道》中，记载着孔子询问子路、子贡和颜渊什么是知、什么是仁。子路回答：“知者使人知己，仁者使人爱己”；子贡则回答：“知者知人，仁者爱人”；颜渊则回答：“知者自知，仁者自爱”。孔子由三位学生的答案，分别将他们评价为“士”“士君子”及“明君子”。

《论语》记载着孔子在问孝、问仁、问行、问政、问士和问交友中，对学生的智力、性格、爱好等进行鉴别，以便于因材施教。这种问答观察的测验模式为后世思想家们所用。其次，《六韬·龙韬》写道：“问之以言，以观其辞”，可见问答观察法在当时已用于人才选拔之中。《诸子集成·管子》中记载着，管子将问答观察法应用于科举制度之中，并以“国家之患”为测题，是世界史上最早的口试测验。

5. 自省观察法或内省观察法或以人为镜法

自省观察法是指通过“内省”或“以他人为镜”的方法，对自身心理—行为进行考评的方法。正如《老子·三十三章》所提出的“知人者智，自知者明”。中国古代不但使用“类推观察法”观测他人，更以此法对自身进行检讨。《老子》王弼注：“知人者，智而已矣，未若自知者，超智之上也。”由此可知，中国古代已认为，面对、认识、改正自己的缺点是勇敢的作为，也是成为一个完善社会人的理想途径。

《论语·学而》写道：“吾日三省吾身，为人谋而不忠乎？与朋友交而不信乎？传不习乎？”孟子云：“自反而仁矣”“自反而有礼矣”“自反而忠矣”“知明而行无过矣”。儒家对道德准则相当重视，并不忘时时警惕自己的行为是否符合规范。“知人”是智慧的，但观察并改善自己却不是人人都能做到。先哲对于内省非常重视，并认为人们必须了解自己，要真诚地对待自己、改变自己，才能适应于群体生活。

《论语·里仁》中写道：“见贤思齐焉，见不贤而内自省也”，故“非我而当者，吾师也；是我而当者，吾友也；谄谀我者，吾贼也”（《荀子·修身》）。孔子认为，以他人的优点为榜样、以他人的缺点为警惕，并从他人的建议之中了解自己的思想、行为是否得宜，是非常重要的。选择朋友犹如选择一面镜子，清晰的镜面可以看清楚自己，模糊的镜面则让自己不自知，而与谄媚之人相交，只会让自我陷于模糊的处境。

6. 纵向观察法

纵向观察法是指对当事人的心理发展进行长期的观察，纵向观察法类似于发展心理学的纵向研究。最早关于纵向观察法的文献记载于《尚书·尧典》，尧帝将自己的两个女儿下嫁给虞舜，使自己的两个女儿能够深入虞舜的日常生活，进而对虞舜的生活习惯、待人接物、品行操守进行考察。在中国最早的纵向观察实施过程中，由于当事人是不知情的，因而能获取一般测验所不能得到的真实信息。

《礼记·学记》记载了另一种形式的纵向观察法："比年入学，中年考核，一年视离经辨志，三年视敬业乐群，五年视博习亲师，七年视论学取友，谓之小成。九年知类通达，强立而不反，谓之大成。"我们将之称为"定期纵向考察法"。定期纵向考察法顾名思义就是定期地对当事人进行心理考核，"定期考察"远比"持续观察"减少了人力的浪费，并且可以进行大规模的"团体测验"。

我国古代对于不同年龄阶段的社会心理发展监测亦有所记载。例如，《大戴礼记·文王官人》中写道："其少观其恭敬好学而能弟也，其壮观其絜廉务行而胜其私也，其老观其意宪慎强其所不足而不逾也。"中国古代不仅对于人的社会适应性相当重视，而且对于社会化过程也相当重视。事实上，与其等到测出社会适应不良之后再进行"再社会化"，倒不如在社会化过程中及早发现、及早改善。

三、中医心理测量的基本理论

中医心理测量的思想与方法在中华文化的土壤里生根发芽，中国古代的自然观、哲学思想必然对中医学心理测量的思想与方法产生莫大的影响，而在中医学心理测量的发展过程中也会对中国古代心理测验思想与方法有所扬弃。

（一）天人相应说与心理测量

《素问·移精变气论》中说："往古人居禽兽之间，动作以避寒，阴居以避暑。"

农业经济虽然使先民的衣食有所依靠，但是大自然的剧变仍然为先民带来了饥饿、寒冷、疾病。先民虽然战胜了洪水猛兽，却仍然畏惧大自然的威力。天人相应的观念在先民心中不断升温，从原本只是模糊的观念上升为意识经验，并认为在自然、社会与机体内环境之间具有多层次、多方位的因果联系的思想逐渐形成。天人相应的思想，一路伴随和影响着中医基础理论的成长。

1. 自然环境与心理

一方水土养一方人。规律的气候变化与地理条件对相对应的身心特征的形成具有不可忽视的影响。在不同的地理条件、气候规律里生活的人群能形成不同的身心特征，故《素问·异法方宜论》写道："东方之域，天地之所始生也，鱼盐之地，海滨傍水，其民食鱼而嗜咸……鱼者使人热中，盐者胜血，故其民皆黑色疏理；西方者……天地之所收引也，其民陵居而多风，水土刚强，其民不衣而褐荐，其民华食而脂肥……北方者，天地所闭藏之域也，其地高陵居，风寒冰冽，其民乐野处而乳食，脏寒生满病……南方者，天地之所长养，阳之所盛处也，其地下，水土弱，雾露之所聚也……故其民皆致理而赤色。”

另外，大自然的寒暑交替或剧烈变化，能够为不适应的“身—心状态”带来致病危机。例如，体质虚寒之人遇气温骤降之时，若邪客经络则寒凝血滞、经脉拘急，气血失养则恶寒喜热、身痛乏力、精神不济等。故《灵枢·阴阳二十五人》写道：“木形之人……能春夏不能秋冬，感而病生。……火形之人……能春夏不能秋冬，秋冬感而病生。……土形之人……能秋冬不能春夏。水形之人……能秋冬不能春夏，春夏感而病生。”

《素问·举痛论》写道：“善言天者，必有验于人。善言古者，必有合于今。”人身阴阳本乎于天地阴阳，因此说大自然是人类的“老祖宗”亦不为过。尽管人类拥有脱胎换骨的进化特征，但是剥离了文化这个功能特征后，人类则与禽兽无异。从不断汰旧换新的自然生态之中，我们能够发现人类为追求生存而不断地与环境达成协调一致。因此中医在实施心理测量时，总是不忘将自然因素作为考察项目之一。

2. 社会环境与心理

《墨子·所染》写道：“染于苍则苍，染于黄则黄，所入者变，其色亦变，五入必，而已则为五色矣。”《荀子·劝学》写道：“蓬生麻中，不扶而直，白沙在涅，与之俱黑，兰槐之根是为芷，其渐之滫，君子不近，庶人不服，其质非不美，所渐者然。”墨子认为人格的形成与“社会感染”有关。荀子则认为除了感染之外，机体有选择“被感染”与“不被感染”的自主性，而习性乃积累使然，非一蹴即成。

至于是哪些社会因素与心理差异的形成息息相关，《左传·成公四年》中写道：“非我族类，其心必异。”《论语·季氏》写道：“益者三友，损者三友。”《礼记·学记》写道：“择师不可不慎。”唐朝杜甫在《北征》写道：“学母无不为，晓妆随手抹。”我国古代文献里，对于导致个体心理差异的社会因素的具体记述较为零散，但大致可以看出民族文化、社会风气、社会化教育、人际关系等对人格的发展至关重要。

中医学还认为社会身份、地位、职业等对机体内环境差异具有影响，处于不同社会阶层、职业的人群，其体质、人格存在着普遍的差异。在某种阶层里生活的人群，往往会养成许多与之相应的生活习性，并在日后深化为此类人士的特点。如，《灵枢·师传》写道：“王公大人血食之君，骄恣从欲轻人，而无能禁之，禁之则逆其志。”明代李中梓亦在《医宗必读》中曰：“大抵富贵之人多劳心，贫贱之人多劳力。”

除此之外，中医学还认为人事的变迁足以导致机体内环境的失衡，如《素问·疏五过论》便写道：“离绝菀结，忧恐喜怒，五脏空虚，血气离守。”中医对社会人事所导致的机体内环境改变甚为重视，因此在《疏五过论》中嘱咐后世医家在诊断的过程中不忘“必问贵贱，封君败伤，及欲侯王，故贵脱势，虽不中邪，精神内伤，身必败亡，始富后贫，虽不伤邪，皮焦筋屈”等社会变动与机体内环境的因果联系。

3. 生理与心理

《论语·阳货》写道：“唯上知与下愚不移。”三国刘劭在《人物志》写道：“人材不同，成有早晚，有早智而速成者，有晚智而晚成者，有少无智而终无所成者，有少有令材遂为隽器者。”孔子身为一名教育家，他在社会教化的过程中发现了遗传因素所导致的智能差异非人为所能轻易改变。刘劭则认为生物性差异与心理发展的速度息息相关。由此可知，中国古代便知道心理发展与生物性条件具有密切关系。

在“材质—能力”倾向方面，刘劭提出：“人材不同，能各有异。”因此，有人“质性平淡”“思心玄微”而能透析自然变化的奥秘；有人“质性警彻”、善于谋略而能处理繁乱的政务；有人“质性平和”、善辨是非而能从事社会伦理教化的工作；有人机灵巧辩、颇知人情世故而能处理人与人之间的情感往来。并将这四种“材质倾向”区分为“道理之家”“事理之家”“义理之家”和“情理之家”四类。

《素问·调经论》写道：“神有余则笑不休，神不足则悲。”《灵枢·本神》亦写道：“肝气虚则恐，实则怒”“心气虚则悲，实则笑不休”“恐惧而不解则伤精”。中医认为：体质特征或病理状态能够影响人格形成或心理状态，而人格特征或心理状态也可以影响体质或生理病理的发生发展。既然身、心之间互有联系，那么我们便可以理解中医心理测量何以将生理—心理因素或体质—人格因素列入考察内容。

4. 整体合参

《素问·生气通天论》中说：“天地之间，六合之内，其气九州九窍、五脏、十二节，皆通乎天气。”在中医看来，天、地、人是一个整体，自然界的一切变化皆互相影响、互相联系，任何一个客观现象都有其存在的原因。由于这个“整体环境”总是不断地变动着，而处于“整体恒动”里的一切又总是互为相关。因此，中医学认为，想要判断机体的身心状态，必须结合“整体恒动”里的多因果关系进行考量。

《国语·郑语》写道：“和实生物，同则不继，以他平他，谓之和”“若以同裨同，尽乃弃矣”。中国自古便认为，大自然的协调与统一莫过于“和”，任何物质皆顺应着环境的变化而改变其存在形态。因此，中医诊断向来以探究“处于大环境里的机体，其内外环境的协调机能是否能达成平衡”为目的。正因为如此，中医形成了重视机能活动的理论体系，而中医心理测量也以“机体内外环境互动关系”为核心。

（二）精气学说与心理测量

1. 精、气与神

气，是宇宙间至精至微的物质与功能的概括，它充斥于天地而无所不在，在于人体亦是如此，故《灵枢·决气》中说："精气津液血脉，余意以为一气耳。"气的运动部分统称为气机，气的物质部分统称为精气。精气聚而成精水，精水化而养精气。精气无形而精水有形，二者在气机转化过程中形成万物及其变化规律，而人便身处其中。因此，古人善于观察自然界的气机规律，进而推断人体气机变化的规律。

精，泛指一切有利于生成的精粹物质，分为精气（无形）与精水（有形）。液、津、血，皆属于精水的部分，遍布于周身，具有濡养、滋润、帮助代谢、协调寒热等作用。对人体而言，精气与精水及其气机转化是人体结构与功能发生、发展的根源，例如饮水、食物入胃而化为精水，脾运精水于血脉而滋养形体，形体得精水而壮精气，精气旺盛则形神气充。机体的形体结构、机能活动、意识思维皆与精气的生化息息相关。因此，中医以辨别机体内外精气转化功能协调与否，从而得到机体内环境状态的线索。

津，质清稀，流动性大，流于皮肤、肌肉、孔窍等。液，质浓稠，流动性小，流于骨节、脏腑、脑髓等处。血，蕴含最多的精华成分，其流动性最大，行于脉道之中，是机体分布营养、帮助代谢的主要物质。血的物质形态与其相应的活动特征跟神志活动密切相关，故《灵枢·平人绝谷》写道："血脉和利，精神乃居。"

神，泛指功能活动的变化及其外在现象，或者我们可以说"神"就是气机的变化及其表现。对于古代先民而言，宇宙间恒动的现象，是最原始的"神的体现"。人类生于天地之间并在天地之间演进，人类的精气与天地精气具有许多相通处，因此古人将"自然现象"与"机体现象"互为比拟。对于人体而言，精气、精水既是人体的基础物质，也是人体的物质基础，而神则是它们的气机变化及其外在表现。

2. 体质与人格

《素问·宝命全形论》写道："人以天地之气生，四时之法成。"《素问·阴阳应象大论》中说："天有四时五行，以生长收藏，以生寒暑燥湿风；人有五脏化五气，以生喜怒悲忧恐。"在"人是大自然的一分子"的立场而言，人类的发生发展莫过于大自然的演进功能，人类的精神活动与大自然的精神面貌具有许多的一致性。当然人类有别于大自然的意识思维活动正是人类大脑的高度进化与其功能的体现。

从人类进化的角度看，人类是继天地之后的万物之最。人类的大脑是自然界"精气合质"的最高进化产物，人类的意识思维活动仅次于天地间生化不息之能，具有支配、协调、选择、创造等功能。在中医学心理测量方面，精气学说对历代医家的影响至深，医者在进行临床诊断时，总是想方设法地结合机体的外在精神表征及其所处环境的实际情况，进而推断机体精神现象的背后所隐含的深层因果关系。

从个体“体质—人格”发生发展的角度看，父母的先天精气与后天精气相结合，从而产生个体的先天精气，而个体在后天环境的培育下形成了后天精气。个体的先、后天精气在其成长的过程中不断地互相影响，并不断地产生变化，这正是个体“体质—人格”差异的形成过程。换句话说，在社会、心理、生物因素的影响下，个体的先、后天精气在其成长的过程中不断互相影响而产生变化，而机体成长过程中的每个“环境—身心状态”正是其“体质—人格”形成过程的无数片断。

（三）阴阳学说与心理测量

阴阳的体质—人格分类记载于《灵枢·通天》《灵枢·行针》之中。《灵枢·通天》写道：“天地之间，六合之内，不离于五，人亦应之，非徒一阴一阳而已”“有太阴之人、少阴之人、太阳之人、少阳之人、阴阳和平之人。凡五人者，其态不同，其筋骨气血各不等”。《灵枢·通天》以阴阳含量的多寡，将人的“体质—人格”划分为太阴、太阳、少阴、少阳及阴阳和平，并记载着每一人格类型的生理、病理、心理、举止等特征。

例如太阳之人，《灵枢·通天》写道：“太阳之人，多阳而少阴”，《灵枢·行针》写道：“重阳之人，其神易动，其气易往也”“重阳之人，熇熇高高，言语善疾，举足善高，心肺之脏气有余，阳气滑盛而扬，故神动而气先行”。太阳之人的体质为阳气亢盛而阴精亏虚。阳盛则易热、面红耳赤、脉道扩张。气盛则功能兴奋、活动亢进、反应夸张。阴虚而不能与阳气调和，则易躁、易动、易狂。

又如太阴之人《灵枢·通天》写道：“太阴之人，多阴而无阳，其阴血浊，其卫气涩，阴阳不和，缓筋而厚皮。”太阴的体质为阴精亢盛而阳气虚衰，精、气的气机转化功能不平衡。阴盛则易寒、抑制、孤僻、脉道收敛。精盛而气虚则血凝、血行缓慢、功能抑制、活动低下、反应迟钝。

太阴人格具有多疑多虑、内省防御、胆小悲观、不喜欢兴奋的事，正常条件下大脑皮层已具有高度兴奋水平而耐受性低，情绪体验强烈且易感性高，神经过程弱、不平衡，神经质。寡断、保守、动而后之，反应慢、刻板、不灵活，情绪不稳定。多疑虑、内省孤独、若有所思，心理活动及言行反应表现于内。由此，我们认为太阴人格相当于艾森克的内向不稳定型人格、神经类型说的抑制型。

四、中医心理测量的方法

中医心理测量以视觉、听觉、嗅觉、触觉与询问等自然观察的形式对当事人进行全面的资料采集，并从社会因素、生物因素、心理因素方面对当事人的“环境—身心状态”或“环境—体质人格倾向”的协调机能进行适应性评估。从整体上看，中医心理测量具有现代医学模式的精神，其心理测量的方法则具有临床实用性强的特点。

（一）司外揣内法

《灵枢·大惑论》写道：“目者，五脏六腑之精也，营卫魂魄之所常营也，神气之所生也。故神劳则魂魄散，志意乱……目者，心使也。心者，神之舍也。故神精乱而不转，卒然见非常处。”中医学认为，皮、肉、筋、脉、骨、气、津等人体内在的基础物质以脏腑为中心，并且以经络为通道而循环联系，沟通内外。换句话说，机体内在机能活动协调与否，能够借由经络而显现于机体的外在表现。

《灵枢·外揣》写道：“日月之明，不失其影；水镜之察，不失其形；鼓响之应，不后其声；动摇则应和尽得其情。”既然机体内在的机能变化可以显现于外，那么借由机体外在表征便可以对其内在机能活动进行判断。当然，这里所说的“机能活动”包括精神、意识、情绪、情感、意志力、思维等。故《孟子·离娄上》载道：“存乎人者，莫良于眸子，眸子不能掩其恶。胸中正，则眸子瞭焉。”

经由事物互动而显现的精神现象，进而联系事物之间的因果关系，中医学称之为“审症求因”。在审症求因的经验基础上，中医以“司外揣内法”对机体的“环境—体质人格”或“环境—身心状态”进行判断。司外揣内是指观察机体与外环境的互动现象，进而判断机体内环境的协调机能状态。中医心理测量所运用的司外揣内法可以分为望法、闻法、问法、切法，分述如下：

望法。是指评估者以视觉的形式，对当事人的心理—行为进行考察与判断。望法体现了评估者不主动干预的特点，使当事人在自由的环境里自在地发挥，其一颦一笑尽收于评估者的眼底。刚踏入咨询室的当事人，其心理—行为的外在表现是评估者最初的客观依据，是对当事人进行心理测量的开端。

闻法。是指评估者以听觉与嗅觉的形式，对当事人的心理—行为进行考察与判断。“思维是不发声的言语，言语是发声的思维”，从当事人进入咨询室的那一刻起，望法得以实施，而闻法则始于言语交谈的那一刻。望法贯穿于中医心理咨询的全过程，而闻法则与望法在中医心理测量的过程相辅相成、互为鉴别，故《论语·公长冶》写道：“听其言而观其行”。望法与闻法皆富有评估者不主动干预的特色。

问法。是指通过问答的形式，直接对当事人或其陪诊的亲友，收集当事人心理状态或特征的信息，相当于中国古代的以友类推法、问答观察法。问法的实施形式与望法、闻法不同，望法与闻法是以被动的形式进行信息收集，而问法则打破了评估者处于被动的局势。问法的实施较为复杂，必须结合中医心理学的理论与技术进行考察与判断。对中医学心理测量而言，问法赋有理清模糊心理地带的意义。

切法。是指评估者以手指切、按当事人的体表，以考察与判断当事人的心理状态或人格，可分为脉测法与按测法。按测法是指以触摸或按压当事人体表或穴位的形式，并根据评估者触压时的感受及当事人的反应，对当事人的心理进行评估。脉测法是指按压当事人的动脉，并根据动脉的应指情况判断当事人的心理状态。

望、闻、问、切法是通过多感官通道进行信息收集的方法，在中医心理测量的过程中它们缺一不可，是中医心理测量的特色之一。

（二）见微知著法

《庄子·列御寇》写道："凡人心险于山川，难于知天……有貌愿而益，有长若不肖，有顺懁而达，有坚而缦，有缓而钎。故其就义若渴者，其去义若热。"的确，想要精准地探究人心具有一定的难度，对于"探究整体互动协调关系的人类医学"而言更是难上加难。故孙思邈在《千金要方》写道："今病有内同而外异，亦有内异而外同，故五脏六腑之盈虚，血脉营卫之通塞，固非耳目之所察也。"

《类经·脉色类》写道："彼此反观，异同互证，而必欲搜其隐微。"在中医心理测量中，见微知著的能力是正确评估的要件。在采集当事人资料的过程中，评估者会采集到拥有多种可能性的征兆。这些富有多种可能性的信息，往往只是当事人心理历程的无数片断，它们也许不具有连续性，也不见得具有关联性。而评估者的职责是对这些片断资料进行整理与分析，并从中评估当事人的心理状态或人格倾向。

例如，机体植物神经功能的表现与心理状态或人格倾向息息相关，尤其当机体处于应激状态时，其情绪变动在植物神经功能表现上一览无遗。然而，在中医心理咨询的过程中，并非每一个当事人都能够清楚地意识到自身的情绪转变，此时就必须借助中医心理学理论的指导，以评估者见微知著的观察力进行判断，我们以中医阴阳学说与中医心理测量方法的部分内容为例分析如下：机体的脉象转为洪或大、数或速、浮或越者，属阳性状态；脉象转为细或小、迟或缓、沉或紧涩者，属阴性状态。若明显应激时，脉象亢奋而行为激进者，属阳性人格；脉象抑制而行为退缩者，属阴性人格。就按测法而言，机体体温扪之而热，属阳性状态；扪之寒冷，属阴性状态。若明显应激时，身热脉张、机能亢奋者，属阳性人格；若身寒脉紧、身颤抖不已者，属阴性人格。

中医认为，机体在非器质性病变的情况下，其语音与呼吸音变粗变快，多是情绪激动所致；易于叹息者，多是悲伤、忧思过度所致。语声转为高亢者属兴奋（阳），转为低沉者属抑制（阴）。另外，《礼记·乐记》记载有古人听人声的评判标准：“其哀心感者，其声噍以杀。其乐心感者，其声啴以缓。其喜心感者，其声发以散。其怒心感者，其声粗以厉。其敬心感者，其声直以廉。其爱心感者，其声和以柔。”

（三）知常达变法

《论语·子罕》写道：“扣其两端而竭焉。”《四书章句集注》亦写道：“中者，无过与不及之名。庸，平常也。”《中庸》写道：“喜怒哀乐之未发谓之中，发而皆中节谓之和。”中国古代并没有现代的数理统计技术，但却有统计思想与其朴素的统计方法。儒家所说的“两端”，相当于样本数据的最大值与最小值，而“中”相当于样本均数，或众数，或中位数，“中节”相当于在常态范围内所允许的变动值。

《素问·玉机真脏论》写道：“天下至数，五色脉变，揆度奇恒，道在于一。”清朝汪宏在《望诊遵经》亦写道：“善诊者，观动静之常，以审动静之变。”这么说来，处于恒变环境里的恒变个体并不是“统计维度上的某个点”所可以解释的。能够随环境变动而适当协调的机体，其活动的游移范围应是接近于“折中点”的两侧，而调整太过或不及的机体，其活动的游移范围不但偏离“折中点”，而且接近于“两端点”。

刘劭在《人物志》写道：“观其感变，以审常度。”心理测量的实施有其条件，首先，心理测量必须建立在心理活动的动静变化之中才能获得施测的可能，这一点无论古今中外皆是如此。再者，在缺乏心理测量标准化技术的时代，想要认清他人处于常态与否，起码评估者必须是常态中的一分子。这犹如缺乏自知力的人，无法了解自己又如何了解他人？因此，儒家提倡一日三省，以考察自身是否处于中节。

（四）针测法

针测法是指在实施中医针刺治疗时，根据当事人的“针感反应”进行“体质—人格”分析的方法。针测法是最能体现中医思想和特色的心理测量方法，与前几种方法相同，针测法也是在当事人不知情的情况下完成测验的。但它施于当事人的刺激更为直接，收集的资讯更为明确。同时体现了“环境刺激—体质—心理反应”的整体性原则。

中医针刺疗法的精髓在于“治神”，因此在进行针刺治疗的全过程（前、中、后），实施针刺治疗的主体（医师）必须设法促使客体（患者）提升“针刺感受”的关注力。在针刺过程中，医师必须同时关注当事人的针感反应，并从当事人的针感反应里，收集“体质—人格”评估的客观材料。当然，这里的临床治疗过程与心理测验过程是同时并行的，因而当事人也是在不知情的情况之下完成测验的。

针测法以阴阳学说—五态人格理论为基础，对当事人的“体质—人格”倾向进行判断。阳气偏重者，其针刺反应较明显、反应速度较快；阴气偏重者，其大脑皮层觉醒度较高、耐受性较差，其心理活动倾向于内在的情绪体验，对针刺反应较不明显、反应速度较慢。极端偏阳或偏阴者，就像是一个已有九分满的水杯，对它再加水的空间所剩无几。因此，重阳之人甚至在针尖尚未进入身体之时，便已经做出夸张的反应；重阴之人则表现出内向的、刻板的、不灵活的反应，甚至是“数刺乃知”的表现。

当然，如果依照“阴阳循环理论”，阳气偏重或阴气偏重之人在承受了过度的刺激之后，可以产生与上述相反的表现，这就必须要由“施针者”根据经验进行拿捏了。另外，在实施针刺之前，必须先了解当事人对于“疼痛”的认知，不可以偏概全而草率行事。正如《灵枢·论勇》所言：“忍痛与不忍痛者，非勇怯之分”“勇士之不忍痛者，见难则前，见痛则止”“夫勇士之忍痛者，见难不恐，遇痛不动”。

五、中医心理测量理论与方法的述评

在黄河中下游平原的地理、气候条件里，中国先民的意识中形成了天人合一、崇尚自然、社会集体主义、实用主义、经验主义的主流人文精神，这些人文风貌亦体现于中医临床心理测量之中。

（一）从比较看特色，从特色看优势

1. 崇尚自然，适应环境与自然观察

西方心理测量在19世纪西方科技跃进的年代里与物理实验、数理统计技术相结合。在心理测验的实施方面，西方以人为操作的方式对测验过程、测验环境、测验材料、受试对象等进行严格控管。在心理测量的评估方面，西方以数理化的统计方式对当事人的心理状态或人格特征进行定性或定量，并予以解释或推断。这些力求达到完全客观化与绝对标准化的干预性操作技术，体现了西方“超越自然”的主流人文精神。西方心理测量取得了客观化、标准化与可重复检验的优势。然而，事实证明测验环境是不可能“绝对”经由人为控制的，而且严格人为干预的测验也不可能得出“绝对的”真理，毕竟“人为的客观”有别于“自然而然的客观”，人为的干预往往是测验过程中的最大干扰因素，以间接测

量的心理测验更是如此，将心理活动的因果关系拆解为简单命题并送进实验室，将使心理评估陷于“心理的各部分零件相加不等于整体之和”的处境。这是西医心理测量的优势之处，也是不足之处。

中医学也将宇宙视为一个整体，人类便身处其中，因此中医学以探讨“大环境里的机体，其内在身心机能是否与外环境达成协调一致”为目的，而体现了顺应自然的人文精神。因此中医心理测量的方法便不会是西方所使用的人为干预心理测验模式，毕竟机体所适应的自然环境并不是物理实验室，因此可以满足中医这个目的的心理测量环境必定是自然而然的环境。自然而然的环境是恒动的，而个体心理也是不断变动的，它们的一致性不但符合中医学的“社会—生物—心理永恒互动观”，同时造就了中医心理测量的契机。

如前所述，中医学认为个体的心理并不是孤立、静止地存在着，而个体心理健全与否也必须联系社会—生物—心理因素进行综合判断，因此能够满足中医心理测量的动态观察需求的方法，莫过于自然观察法。所谓自然观察法是指全面地、直接地并不加以干预地对受试对象进行考察。在中医基础理论下的自然观察法具有整体性评估、因果联系与探讨、信息生动与观察动态、环境客观真实和采集信息直观等特点。

（1）客观、真实的心理测量环境。中医心理测量并没有选择实验控制的环境，反而选择了自然而然的测验环境。当然，这里所说的“自然”并不仅仅指“自然界”，它还包括人类群居特性下形成的社会环境。而“自然而然”则是指不刻意营造的环境，是与严格人为控制的西医测量环境相对的。这种不刻意营造的“客观真实环境”正好与西医心理测量的“人为客观环境”互为弥补，而彰显出中医心理测量的价值。

（2）直接采集信息的心理测量过程。中医心理测量对当事人的信息收集以视觉、听觉、触觉、嗅觉、味觉和切脉等自然观察法为主，充分地发挥了评估者的自然机能，尤其是感官机能，而不能直接感知的部分信息，评估者亦可借由询问方法进行采集，这种直观的信息采集方法具有简便、经济、实用的特点。与烦琐而结构化的西医心理测量比较，中医自然观察法更有益于临床的推广应用，且体现了中国人俭约的人文精神。

（3）动态、生动的心理信息资料。中医向来重视机体内外环境“精气互化”的外在动态体征，因为这是生命力旺盛与否的最佳证明，也是判断机体适应与否的关键，而自然观察则富有这项动态信息采集的功能。在自然观察过程中，受试对象可以在无拘无束的环境里自由自在地表达自我。同时，由于自然观察的环境是自然而然的动态环境，测量的材料是自然而然的人体，因此它所获得的是当事人不受干扰而自然流露的真实信息。

（4）因果关系的互动性探讨。心理测量的目的始终在于对当事人的心理状态或人格倾向进行解释或预测。中医既然讲究“机体的自然适应性问题”，则必然从“环境—身心状态”或“环境—体质人格”的发生发展上进行探讨，此时受试对象特异性心理形成因素与机制的相关联系，便成了中医心理测量过程中重要的关注对象，而中医自然观察所富有“评估者—当事人—环境”的互动模式，则为这项工作提供了充分条件。

（5）整体联系的心理评估。评估者经过了客观、直接、形象、生动及全面的信息收集之后，最终必须将这些收集来的信息进行联系、归纳、概括并总结。当然，西医心理测量评估也具有这项功能，但是对于心理状态或人格的形成因素与机制上就显得较为局限，因为西医心理测量缺乏的正是具有动态性、互动性、直观性及自然而然的测验环境，因此西医心理测量的整体联系只局限于量表上所固有的题目。

虽然西医心理测验也有与中医类似的观察方法，如罗夏测试、图形辨认、实物操作等，但始终不比中医望法、闻法、切法等来得直观、整体与自然。另外，西医心理测量的应用对象具有局限性。例如，文字测验的特点在于受试对象以语文的形式作答，其使用对象必须具备一定的理解能力以及文化水平或语言能力，因此在应用上显得较局限。而中医心理测量则能够应用于广大的人群，而具有广泛的实用性。

2. 重视社会，和谐共生与道德自律

人类的群居特性必然形成社会生活，社会活动必然形成人际关系及其相处之道，而和谐的人际关系及其相处之道是凝聚社会集体的根本，也是处于文化基层的集体意识发端。中西方社会都讲究和谐的人际关系，然而在质、量上却有着不同的文化表现，犹如西方人讲究白纸黑字，而传统的中国人则讲究一言九鼎。由此可知，在我国传统社会文化里，维系人与人之间和谐关系的关键在于道德自律。

邱鸿钟教授在《道德修养与道德观转换的身心效应》中写道：“道德修养是一种塑造人格，提升精神境界，增进社会适应能力的学习和心理训练；道德观转换是在经历心理危机后对人生重新审视后的格式塔转换。”由此可知，道德修养是人格塑造的过程，道德人格是日积月累而成的习惯，道德观的改变意味着人生观的转换，因此道德的质、量可以是心理状态或人格倾向常态与否的评估指标，此中西方皆然。

我们对中国古代考试制度的测评目标进行考察，发现道德考评项目总是占有主导地位。在科举考试制度完善的隋唐时期，虽然非常重视对人的全面素质培养与考评，但品行修养的考察项目仍然是众多项目之冠。如《庄子·列御寇》以忠实、恭敬、信用、仁义、节操、原则、色欲等为测评目标。又如《吕氏春秋·论人》则以操守、邪念、气节、品行、仁爱、意志为测评目标，皆体现了我国重视道德修养的人文精神。

中国古代所重视的品德测评对于现今社会是十分有价值的，和谐的人际关系是凝聚社会集体的根本，而道德自律则是基础的社会和谐之道。在社会分工制度里，每个社会个体都在自己的位置发挥自身功能。道德修养低下者其“本我”与“超我”易于矛盾，甚至将人类社会和谐分工特性置之诸后，而不安本分、私欲强烈、思虑繁乱、缺乏恻隐之心，更可因廉耻意识低弱而违法犯纪，为社会集体所不容，故北宋司马光在《资治通鉴》中说：“德者才之帅。”由此看来，良好的品德能够促进心理健康。

我们发现中医人格分类文献里，不乏道德层面的人格分类项目，如《灵枢·阴阳二十五人》的“轻财”“少信”“好颜”“多虑”“好利人”“不喜权势”“身清廉”“善欺绐人”等；又如《灵枢·通天》的“贪而不仁”“小贪而贼心”“不顾是非”“尊则谦谦”“心疾而无恩”等，这些道德人格倾向性的描述，提示着中医对“人是社会群体里的一分子”的重视。

《荀子·王制》写道：“水火有气而无生，草木有生而无知，禽兽有知而无义，人有气、有生、有知，亦且有义，故为天下贵也。”《二程遗书》写道：“君子所以异于禽兽，以有仁义之性也，苟纵其心而不知反，则亦禽兽而已。”我国古代对“德”相当重视，以至于尚德精神在我们的现实生活之中显而易见，并且贯穿于每个国人的社会化过程，由此我们不难理解古人何以将品德修养作为心理测量的重点目标。

3. 以人为本，形神一元与身心互根

中医心理测量法重形神兼顾观察。《灵枢·口问》写道：“心动则五脏六腑皆摇。”《灵枢·本神》亦写道：“肝气虚则恐，实则怒”“心气虚则悲，实则笑不休”“恐惧而不解则伤精”。在道家思想的影响之下，中医从不将肉体与心灵或形体与机能或生理与心理分开来看待，并认为它们之间互相转化、互为因果，共同体现了机体生命力的盛衰状态，而在心理测量—评估的全过程，中医总是不忘身心合参。在中医心理治疗中，中医总是身心并治。

（1）实验环境与自然而然的心理测量环境。西医心理测量为了达到严格标准化的心理测验过程而使用了实验操作技术进行人为控管，使心理测量过程中的受试对象任凭实验操作者摆布，并只能在规定题型做出有限回答。而中医心理测量的自然观察法，虽然缺乏严格标准化的测验过程，却能让受试对象在无拘无束的测验环境里自由自在地挥洒自我，具有人本精神。

（2）统计技术与知常达变。西医心理测量为了达到标准、客观的心理评估，以数理统计技术对人群的心理活动质量进行常态、超常和病态的划分以制作标准化的人群常模，再将心理测量后的个体心理与其相应的群体常模进行比照，以突出受试对象在其相应人群中的心理状态或人格特质。中医心理测量虽然没有严格标准化、客观化的心理评估常模，却能够以知常达变法判断受试对象因时、因地、因人而异的心理状态或人格特征处于常态与否，而且其资料收集贯穿于受试对象的成长背景，并结合了社会因素、生物因素、心理因素合参，体现了以受试对象为核心的人本精神。

(3) 心理分析与身心一体。以西方“个性特质理论”为例，奥尔波特将个性区分为共同特质与个人特质，接着又将个人特质区分为核心特质、次级特质、首要特质，并说明每个人都有5~10个独特特质。卡特尔在奥尔波特的思想基础上，区分了人格的表面特质与根源特质，又在根源特质的基础上划分了十六种特质因素，并设计了16项因素调查量表。西方的心理科学就像是上述的人格特质分类一样，总是不断地在细微的方向对心理活动或特征进行解剖。而中医人格分类则是在“体质—人格”或“生理—心理”的基础上进行人格划分，体现了人是一个整体的人本精神。

（二）从比较看不足，从不足看改进

纵使如上文所述，中医心理测量思想与方法有着种种优点，但难掩其局限与不足。以探讨机体内—外环境的因果互动关系及其规律为重点的中医学，并未对心理测量过程的干扰因素进行严格把关，也缺乏具体的数理统计方法，这使中医心理测量的过程显得不够规范，也使中医心理评估缺乏标准化、客观化的操作方法，而始终流于主观判断，增加了错误判断的可能性。

在西方，物理学实验方法的推动、韦伯与费希纳在心理物理学上的发现、冯特建立的实验心理学体系等，预示着中、西医心理测量方法的分道扬镳。卡特尔在《心理测验与测量》一文写道：“心理学若不立足于实验与测量上，决不能够有自然科学之准确性”，这可说是西医心理测量方法标准化、规范化的先声。

西方学者开始以人为干预的实验形式进行心理测量，它的优点在于能够对大部分的干扰因素进行控制，且经得起重复检验。它的特点在于严格规范化的测验场所、测验过程、测验问卷等。西医临床心理测量引进的实验研究方法，使心理测量—评估的全过程置身于客观标准化的环境之中，可谓是西医临床心理测量向自然科学迈进的一大步。

反观中医学心理测量的思想与方法，中医学心理测量的受试对象就像是黑箱子里的一部分，评估者只是负责对它输入刺激，而不加以控制，接着默默地等待着它的反馈。这种未对心理测量过程的干扰因素进行严格把关的方法，使评估者处于被动的测量状态之中，对于心理测量过程的突发状况无法及时掌控。且测验环境、材料与过程皆没有经过标准化的设计，使不同时空下的受试对象缺乏可比性。

另外，在毕达哥拉斯、柏拉图、亚里士多德、欧几里得、莱布尼茨等几代人的努力之下，西方数理统计得到了成长的沃土。高尔顿在进化论的影响下，提出了“遗传决定论”。为此，高尔顿设计了测量遗传—心理差异的方法，这为现代心理测量学揭开了序幕，奠定了心理统计学基础。其学生皮尔逊在高尔顿的心理统计基础上创立了积差相关法，使测验的信度、效度得到确定，使因素分析法得以实现。

数理统计方法在西医心理测量过程中被广泛应用，它既能搭配实验方法进行人为干预，也可以结合调查研究让受试对象较自由地发挥，亦可以搭配观察性研究而赋予受试对象自然而真实的客观环境。其测验的结论可以是定性的，也可以是定量的；可以是描述性的，也可以是推断性的。西医心理测量在数理统计的协助下，可以对被试群体的正常范围进行界定，可以对被试个体的心理状态或人格特征进行客观的分析。

在我国古代的心理测量思想与方法中，我们可以看到中国古代亦不乏人为干预的心理测验过程，如先秦的情境观察法、汉代的笔试制度、隋唐的科举考试等皆体现了对测验过程进行人为控管的思想与方法。另外，先秦儒家所推崇的中庸之道里，亦富有现代统计的精神。这些人为干预技术、数理统计精神最终未在中医学心理测量的领域里形成严格的标准化与客观化技术，可谓是中医学心理测量—评估的遗憾。

中、西医心理测量的方法有所不同是由中、西医学对“心理”的认识不同所致，并非中医心理测量技术落后而无法达到客观化、标准化的心理测验—评估，毕竟中医学无法将“精气”送入实验室中研究，也无法将因时、因地、因人、因事、因物而异的心理活动以数理统计的方式进行解释。然而，我们却可以从上述的比较中看出，中、西医心理测量方法不但互为补充，而且相互辉映。我们认为，适当地将中、西医心理测量方法结合应用，可以提高临床心理诊断的准确性。

中医五态情志问卷的初步研制与应用

杨惠妍

一、研究背景、意义和方法

（一）研究背景、意义

情绪状态是人存在于世的基本问题，也一直是古今中外医学家和心理学家关注的重要课题。成书于春秋战国时期的中医学经典著作《黄帝内经》最早提出了中医五态情志学说，但因受时代条件的制约和在西方情绪理论发展壮大等诸多因素的影响，这一极具本土文化特色的心理学理论没有得到足够的重视，而在当今现代医学发展下，心身医学的逐步发展完善，深入挖掘中医古代心理学思想的精华以古作今用显得尤为重要。鉴于此，本研究将以中医五态情志学说为理论依据，通过中西医情绪理论的跨文化比较，编制适合中国本土化的，且信度及效度皆较好的中医五态情志问卷，以填补中医情志测评工具的空白。

回顾以往中医情志量表的研制情况，在中医量表工具中主要以中医体质分类与判定表和五态阴阳人格量表等研究项目较为多见，而近来关于七情的背景与生活事件量表逐渐引起研究者的兴趣，但七情问卷的制定仍处于初级阶段。

因此，我们系统地梳理了传统中医学中五态情志理论的主要观点与历史发展，科学阐述中医五态情志学说的合理内核，编制具有中医特色和临床实用性的中医五态情志问卷，还对中西医关于情绪的理论观点及其现代常用情绪测量方法进行比较。

（二）五态情志问卷编制的原则

1. 编制五态情志问卷遵循心理测量问卷编制的规范程序

规范化测量问卷的编制架构需要对理论依据做出明确定义，并制定准确的数据模型，并且遵循以下严格的程序标准化和规范化编制步骤：第一步，明确所需测量的内容，依据特定的理论依据编制测量问卷的内容主题；第二步，依据理论内容选择能反映测量问卷目的的项目，制定条目池；第三步，决定项目的评价形式，如由等权项目构成的测量问卷；第四步，请专家评审最初项目池中的项目内容；第五步，考虑把效验性项目包括进去；第六步，在样本身上施测测量问卷项目；第七步，对测量问卷项目的表现情况进行初步检查分析，运用因素分析以及 Cronbach α 系数评价；第八步，优化测量问卷的信度、效度。

2. 测评方法要简单易行，临床实用性强

中医五态情志问卷将施测对象界定为所有成年普通公民，因此情志和躯体化词汇要尽可能贴近国民日常生活的状态，问卷的题目要清楚明了。五态情志问卷依据中国汉语用词习惯，直接采用描述情志和躯体化的汉语单词来编制试题，词汇的含义约定俗成，语义明确单一。在躯体化症状部分中，采用罗列具体症状的描述性词汇为刺激材料，该症状经文献资料等手段选定，并以大众能理解并体会的描述性词汇或病名为刺激材料，能避免作答者对症状不了解或误解而导致作答失误而引起施测结果误差。

3. 中医五态情志问卷的评分标准

中医五态情志问卷两个分问卷的评分标准皆采用 Liker 5 点自评式评分法，采用各题项评分再算总值的方式来计分。情绪词汇部分由陈述性语句组成评分标准，从“基本无该种情绪”到“严重，该情绪影响本人较为长久”分别评为 0 ~ 4 分 5 个等级。每个作答者的情绪问卷总分为各题项的选择回答分数的总值，这一总分用作衡量该作答者在情绪上的强弱程度状态。而躯体化症状部分亦由陈述性语句组成评分标准，从“没有该症状”到“症状很重、严重影响生活”分别评为 0 ~ 4 分 5 个等级。同样以各题项的加总分数表达该名作答者在躯体化症状上不适程度的高低。

把中医五态情志问卷的情绪词汇部分和躯体化症状部分施测结果相互对比，观察情绪和躯体化症状各自的严重程度及两者的相关性，也可以将两个分问卷的结果计算总分，作为被试的总体情志状态的评估分值。

二、中医五态情志问卷的编制

根据专家访谈以及五态情志半结构式问卷调查，对五态情志的因子维度和结构进行初步假设，并编制出五态情志问卷的备选条目池，条目池题项主要来源有：①五态情志的描述；②对专家访谈后的意见；③半结构式调查问卷中筛选后保留下的题项。并请专家对问卷初稿提出意见，精准词汇题项的表达。躯体化症状卷题项内容与初步设定的理论框架基本一致。根据以上调查内容以及调查后的意见逐渐形成五态情志预试问卷的备选条目池。

（一）备选条目池的形成

1. “喜”的备选条目

“喜”字在中国汉语中表达为快乐、高兴、值得庆贺的事，只要是能让人愉悦的事皆能归纳到喜字之下。在问卷的题目编制下提取出被试者“喜”的情绪，所选取的词汇，皆以快乐、高兴为主要选词原则，词汇经随机抽取后确定备选条目池，并经多重筛选后最终敲定知足、兴奋、乐观、快活、欣喜、振奋等10个词汇分别代表中国人眼中的“喜”的含义。

2. “怒”的备选条目

“怒”字在中国汉语解释为生气、气愤，主要以产生行为上的敌对为主要表现。在问卷中提取“怒”情绪主要围绕怒气的产生情绪选定备用词汇，并经过专业筛选后确定不满、仇恨、愤怒、憎恶、生气等10个代表“怒”的情绪词汇。

3. “忧”的备选条目

从情绪的含义来看，忧是抑郁、忧虑之情，是对生活中的人、事物有预感或经历不顺意的情绪体现，沉浸在担心、忧愁的不良心境中的情绪体验。在问卷中以担忧、发愁等表示对外界事物担心的程度筛选备选的词汇，预试问卷中表达“忧”的词汇有灰心、郁闷、忧愁、悲观、厌世、颓废等。

4. “思”的备选条目

“思”字在中国汉语解释中主要表达“想”这一动作行为，是客观存在并反映出人的意识中经过思维活动而产生的结果，主要涉及想法、念头、思量等行为活动，故在问卷中对“思”的测量主要以思考什么的程度为主要着重点，以测量被试者在最近段时间所思的事物是否过多、过繁琐、过深入为主要侧重点，收入预试问卷中的10个表达“思”的词汇有：担忧、疑惑、犹豫、后悔、沉迷、懊恼等。

5. “恐”的备选条目

在中国汉语解释中认为“恐”即恐惧、害怕、忐忑不安的情绪，人的恐慌情绪太过了，容易对人产生消极影响，甚至导致人格的畸变，所以“恐”虽然常见但需要对其恐惧的程度进行有效的测量，运用有效的手段控制化解不安的情绪。问卷中对表达“恐”的词汇的选用主要围绕“恐”的程度来区分，10个表达“恐”的词汇有恐惧、紧张、害怕、怯场、心虚等。

6. 躯体化症状部分的备选条目

躯体化症状部分的条目池依据中医五志学说为主要理论编制，但受现今社会人们对西医的医学名词等的普及率较中医的医学名词的普及率更高，故题项依据中医五志学说理论思想进行内容编制，但题项的表达尽可能运用大众较能理解接受的西医描述性词汇进行题目的编制。

（1）“在志为喜，喜伤心”：按照中医理论研究“喜”太过容易导致心系疾病的产生，而在现代医学的症状学研究中，心系疾病成因复杂而多变，在中国知网文献库中设定文献检索时间为1979—2013年，输入“胸痛”合并“心理”等字词进行检索后，可查阅到497条结果；输入“胸闷”合并“心理”等字词进行检索后，可查阅到674条结果；输入“心悸”合并“心理”等字词进行检索后，可查阅到615条结果。经对查阅后的文献进行归类躯体化症状词汇的表述，经研究后总结心血管系统疾病的、与情绪波动关联较大的、症状表现较为多见的有胸痛不适（胸前区疼痛），胸闷，心悸、心动过速（自觉心跳过快）此三大症状为较常见的心身疾病的症状表现，故罗列此三个题项为躯体化症状分问卷选择题项。考虑到中医认为心为君主之官，脑为元神之府，脑的生理病理统归于心而分属于五脏，在中医理论中把人的思维及情志活动统归于心，故心脑功能有相互交合之处。因而，在躯体化症状分问卷中，罗列出心血管系统疾病症状，同时包含有脑神经系统疾病症状。同样运用中国知网文献库设定文献检索时间为1979—2013年，输入“头痛”合并“心理”等字词进行检索后，可查阅到1 898条结果；输入“头晕”合并“心理”等字词进行检索后，可查阅到878条结果；输入“睡眠障碍”合并“心理”等字词进行检索后，可查阅到2 288条结果；输入“入睡困难”合并“心理”等字词进行检索后，可查阅到933条结果，对检阅的文献进行查阅归类后总结有关睡眠障碍的症状表述词有类似睡眠易醒、梦多等症状。输入“健忘”合并“心理”等字词进行检索后，可查阅到272条结果。经过查阅后的文献对脑神经系统进行躯体化症状的词汇表述进行归类，总结有头痛，头晕（晕厥、昏倒），入睡困难（入睡所需时间较长），睡眠期间容易惊醒（易醒），梦多、噩梦，健忘（记忆力衰退）此六项题项以表现脑此种特殊的中医奇恒之腑的藏象在中医情志学说中所体现的症状。而在中医基础理论中认为心在液为汗，心精、心血为汗液化生之源，“血汗同源”，故编制题项为间隔性手脚易发汗（非因暑热冒汗）。

（2）“在志为怒，怒伤肝”：中医基础理论特别突出肝这一脏腑的生理机能与特征，在现代医学的解剖学归类中，肝归类为消化系统疾病，而在该脏器的症状学研究中，突出的普遍性症状为两肋区疼痛（或已有肝胆疾病史），运用中国知网文献库设定文献检索时间为1979—2013年，输入“肝区疼痛”合并“心理”等字词进行检索后，可查阅到53条结果；输入“肝胆疾病”合并“心理”等字词进行检索后，可查阅到27条结果，经对检阅后的文献进行归类后发现，主要以描述两肋区域疼痛为主要症状描述，故在躯体化症状中特别注出“两肋区疼痛”的题项供被试者选择。

（3）“在志为忧，忧伤肺”：肺系疾病在现代医学中分类为呼吸系统疾病，运用中国知网文献库设定文献检索时间为1979—2013年，输入“呼吸”合并

“心理”等字词进行检索后，可查阅到 6 884 条结果；对检阅到的文献进行躯体化症状描述词的归类。在呼吸系统疾病中，较为常见的与心身疾病联系较为密切的四大症状主要为呼吸短促（自觉呼吸频率加快），阵发性呼吸困难（窒息感），咳嗽（久咳、非器质性咳嗽），喉咙有梗塞感（吞咽困难、梅核气），将此四大呼吸系统疾病症状罗列到躯体化症状分问卷中作为选择题项。

（4）“在志为思，思伤脾”：脾此脏象并非指代在现代医学解剖学中的脾脏，在中医基础理论中该脏象意为现代医学中的消化系统，脾主运化，运化食物以及水液，以滋润各个脏腑，故在脾的脏象症状中，主要选择消化系统类疾病的常见症状体现作为选择题项。故在文献查阅中，主要以查阅消化系统的不适症状为关键词，运用中国知网文献库设定文献检索时间为 1979—2013 年，输入“腹痛”合并“心理”等字词进行检索后，可查阅到1 170条结果；输入“消化不良”合并“心理”等字词进行检索后，可查阅到 869 条结果；输入“食欲不振”合并“心理”等字词进行检索后，可查阅到 341 条结果；输入“恶心”合并“心理”等字词进行检索后，可查阅到 1 746 条结果；输入“腹泻”合并“心理”等字词进行检索后，可查阅到 923 条结果；输入“便秘”合并“心理”等字词进行检索后，可查阅到 1 686 条结果；因在查阅腹痛不适的文献中特别发现胃痛症状的躯体化症状描述率亦较高，故把胃部疼痛不适亦作为躯体化部分的题项之一。经归类总结后可确定消化性类的症状描述，其中包括有腹痛不适（腹部任意区域自感不适），腹胀、消化不良、嗳气，食欲不好（胃口不良），恶心、呕吐，腹泻，便秘，胃部疼痛不适（或已有胃部疾病史）。中医理论认为脾在体合肉，脾的运化功能与肌肉的机能及壮实与否有着密切联系，而在文献查阅中该症状描述较为分散，故多在已有的心理量表中进行寻找与其有关的描述性词汇，最后归类为在躯体化症状中特别添加的四肢肌肉类现代医学症状，包括肌肉痛（游走性肌肉跳动痛、酸痛），四肢疲乏无力，四肢麻木（手足刺痛感），肌肉突有抽搐感，关节僵硬，感到手脚发抖、打战、发重六个题项以供选择。

（5）“在志为恐，恐伤肾”：在现代医学中泌尿系统类疾病的症状主要体现有大、小便的异常，以及伴有腰膝酸软的症状，运用中国知网文献库设定文献检索时间为 1979—2013 年，输入“肾病”合并“心理”等字词进行检索后，可查阅到 788 条结果；对检阅出的文献进行归类总结，大、小便意频数以及腰痛腰酸（腰膝酸软）的症状与心身关系较为密切，故按照心身疾病中泌尿系统的常见症状编制的有大、小便意频数，腰痛腰酸（腰膝酸软）此两题项。而在中医基础理论中有肾之华在发，肾藏精，精化血，精血旺盛可以导致毛发能够越长越粗壮而且有光泽之说，所以可编制脱发、发枯为该题项，而肾在窍为耳，经文献检阅有 23 条结果是耳鸣耳聋与心理有密切联系的，故症状表现有耳鸣、耳聋，亦立为题项。

（二）五态情志预试问卷的形成与检验

根据各部分的条目池，组建成五态情志问卷的情绪词汇部分以及躯体化症状部分的预试问卷，再向中医临床专家和心理学专家请教咨询，筛选、剔除或者合并重复条目，分拣出具有多重意思表达的词汇条目。依据宁少而精的原则，选择出极具代表性且具备较好区分度的条目，形成新的条目池，其中，情绪词汇部分为50条，躯体化症状部分为37条，共87条。从而形成了五态情志预试问卷。

为检验预试问卷的可用性，即问卷的指导语句是否能够理解，题项显示是否清晰等为检验目的。故采用五态情志预试问卷进行小样本团体施测，考虑每日来医院的人群从性别、年龄段、职业、学历等因素皆较具多样性，故从广州中医药大学第一附属医院就诊的患者中，随机抽取38位患者，其中男、女性别各半，年龄段跨度为20～40岁，职业各异的小样本群体。通过87个题项的预试问卷，让被试根据自己的实际情况进行测评。抽选对象皆反映能合理理解问卷所施测的题项内容，而且测评效果良好。

正常人群预试问卷样本抽取主要以广州中医药大学为主要样本的抽样单位，预测验的样本来自全校15个学院，按照官网上的学院排名进行编号，通过随机抽号的方式，随机抽取一个学院，经随机抽取后抽取出经济与管理学院为样本对象。其中经济与管理学院共分为三个本科专业，对在校的三个专业的班级进行编号后，从中随机抽取样本班级作为样本对象，共计抽取了三个班296名学生。为丰富施测样本的人群多样性，还在学校和医院随机抽取出59名已参加工作的成年人，作为预试问卷的检验抽样样本，最后得到样本数为355人。对所投放问卷回收后进行各题项的项目分析，剔除统计指标不合格的题项；对符合统计指标的题项进行探索性因素分析，确定问卷的组成因素和结构，形成五态情志正式问卷。预试问卷题项筛选标准与方法是：依据题项的离散趋势法、题项与各分问卷总分的相关系数法、各分问卷的高低分组的区分度分析法、各分问卷的探索性因子分析法4个筛选标准来剔除不符合测量意义的不合格题项。最后确认了五态情志预试问卷的各题项及其各维度的因子命名。最终形成50个题项的情绪词汇部分问卷和34个题项的躯体化症状部分问卷，共计为84个题项的五态情志正式问卷。

（三）五态情志正式问卷及其信度、效度检验

通过投放正式五态情志问卷，进行问卷的信度检验以及效度检验，以评价问卷的质量，并能有效验证问卷的因素分析。

问卷施测的样本主要来源于广东省的广州中医药大学、广州大学、华南师范大学。其中以广州中医药大学为大样本采集学校，广州中医药大学共有15个学

院，依照学校官网上的学院排名进行编号后，进行随机抽取，共抽取出第一临床医学院、经济与管理学院、针灸康复临床医学院、中药学院四个学院共计 499 人作为问卷检验的施测主要对象。另外抽取了部分有社会工作经验的 63 人为问卷投放对象，最后共计 562 人作为施测对象。

1. 情绪词汇部分内部一致性（Cronbach α 系数）检验

将以上 562 份问卷的数据用 SPSS 19.0 软件进行标准化处理，再进行信度分析，其结果显示，整体问卷和问卷中的各个维度的 Cronbach α 系数值均大于 0.70，所以可以推断问卷的可信度较好，该评价问卷具有较高的内在一致性。

2. 躯体化症状部分内部一致性（Cronbach α 系数）检验

将以上 562 份问卷的数据用 SPSS 19.0 软件进行标准化处理，再进行信度分析，其结果显示，整体问卷和问卷中的 6 个系统分类的 Cronbach α 系数值均大于 0.70，而其他该维度因测量的变量偏差故整体性不一致，但整体问卷 Cronbach α 系数值均大于 0.70，故考虑仍可保留题项。所以可以推断问卷的可信度较好，故评价该问卷仍具有较高的内在一致性。

3. 五态情志正式问卷的情绪词汇部分重测信度检验

本研究采用重测信度作为鉴定五态情志问卷的信度指标，重测时间间隔 1 周，结果显示，重测信度皆在 0.65 以上，并且达到了显著水平，说明本问卷有较好的信度。

4. 五态情志正式问卷的躯体化症状部分重测信度检验

本研究采用重测信度作为鉴定五态情志问卷的信度指标，重测时间间隔 1 周，结果显示，重测信度在 0.65 以上，并且达到了显著水平，说明本问卷有较好的信度。

5. 五态情志正式问卷的分半信度检验

本研究采用分半信度作为鉴定五态情志问卷的信度指标，通过预试问卷的探索性因素分析后所获得的各因子及情绪因子下的各维度因子，把题项进行对半划分，具体划分为：

（1）五态情志正式问卷情绪词汇部分的分半信度检验。

本问卷在预测问卷中已进行因素分析，并对五个情绪因子进行了维度的划分，现按各维度的划分，把题项进行对半安排。经分半信度检验后两个分半表的相关系数为 0.856，可见情绪词汇部分的各题项间的相关系数较高，所测量的结果大致一致。

（2）五态情志正式问卷的躯体化症状部分的分半信度检验。

躯体化症状部分以七个系统中题项的均数进行划分，把题项进行对半安排。结果显示，两个分表的相关系数为 0.745，相关系数较高，躯体化症状部分的一致性较好。

五态情志正式问卷经分半信度检验后，五态情志问卷的两部分皆能达到分半信度在0.7以上，可见问卷的分半信度较为良好。在实际使用的过程中，若考虑测量时间的局限或情况紧迫等各种状况，可将情绪词汇部分以及躯体化症状部分分别拆分为两份问卷进行施测，获得一致的被试情态现状的测试结果，为临床的测量提供可靠依据。

6. 五态情志正式问卷的效度检验

本研究采用内容效度、效标关联效度和结构效度三种方法来检验问卷的有效性。

（1）正式问卷的内容效度检验。

五态情志正式问卷的题项主要来源于问卷准备期所做的调查研究，包括请相关专业的专家对开放式题目进行探讨研究，并制定半结构式的调查问卷派发给随机抽取的各科门诊就诊人士进行调查，经多重意见的总结后，从而形成相关的条目池，抽取出的题项后又经专家多次审查和修订，以确保问卷的题项和内容范围符合标准，使其既能被社会各界人士所接受并对问卷有稳定而准确的理解，又能反映出普通人士的五态情志真实情况，因此本问卷具有良好的内容效度。

（2）正式问卷的效标关联效度检验。

检验五态情志问卷的效标关联效度，主要使用各维度、各因子、各部分的相关系数分析法进行检验，考察问卷的各维度之间、维度与问卷之间的相关程度。根据一般的心理测量数据分析，问卷的各个因素之间应具备中等程度的相关性，一份构建结构良好的问卷，所需要的题项和问卷的相关系数应控制在0.30～0.80之间，题项之间的组间相关系数应在0.10～0.60之间，处于这一数据范畴内的题项表示本问卷能提供满意的信度和效度。

本研究表明，五态情志正式问卷情绪词汇部分的五个情绪分因子的项目与所属分因子的相关系数分别在0.1～0.6之间，多数为中等偏低程度的相关。表明问卷的题项和问卷的维度构想都达到了心理测量标准的要求，问卷的构想效度是合理的。

研究结果还表明，五态情志正式问卷的躯体化症状部分的项目与所属部分的相关系数中以心血管系统、脑神经系统、消化系统、四肢肌肉与各部分的相关系数达到显著相关，而泌尿系统与呼吸系统相关系数较不显著，考虑因机体疾病变化多样，而心脑与消化类疾病较为典型，故相关系数偏高。

（3）正式问卷的结构效度检验。

对正式问卷各部分的效标检验结果显示，躯体化症状部分的各脏腑系统因子与情绪词汇部分中的情绪因子的相关系数有明显的区分相关，其中心血管系统、脑神经系统与喜因子有明显相关；消化系统、四肢肌肉与思因子有明显相关；泌尿系统与恐因子有紧密联系；呼吸系统与忧因子的相关系数较高，而情绪词汇部分的各情绪因子与总问卷的分数以及躯体化症状部分的各系统因子与总问卷的分数都有着较高的相关性。由此可见，题项的统计分析以及问卷维度的探索性因素分析，皆提示问卷具备较为良好的信度以及效度，问卷基本符合心理测量标准的要求，五态情志问卷的整体问卷假设理论构想效度基本是合理的。

采用验证性因子分析对正式问卷的结构效度进行检验，运用 SPSS AMOS 17.0 软件进行结构模型分析。验证性因素分析是对问卷的调查数据进行一种统计分析，测试每个因子与相对应的测度项之间的关系是否符合假设理论的构造。而验证性分析在本问卷主要检验各题项是否真能反映出各因子与问卷所测的内容。评价验证性因素分析的适合性有两方面，一是通过外因潜变量与观测变量之间的相关和负荷反映各因素之间的路径；二是通过拟合指标反映模型的拟合程度。而审视验证性因素分析的检验指标著名的有：卡方值与自由度之比、拟合优度指数、调整的拟合优度指数、标准拟合指数、相对拟合指数、递增拟合指数、残差均方根等。其中卡方值和残差均方根值数值应较低，如卡方值与自由度之比小于5，残差均方根小于0.10；而拟合优度指数、调整的拟合优度指数值均在0.80以上，即认为理论模型与数据具备较好的拟合度，而标准拟合指数、相对拟合指数等拟合指数的数值变化范围在0～1之间，越接近1越好。

经验证性因子分析结构后可以得到所有情绪因子的结构模型，见图1：

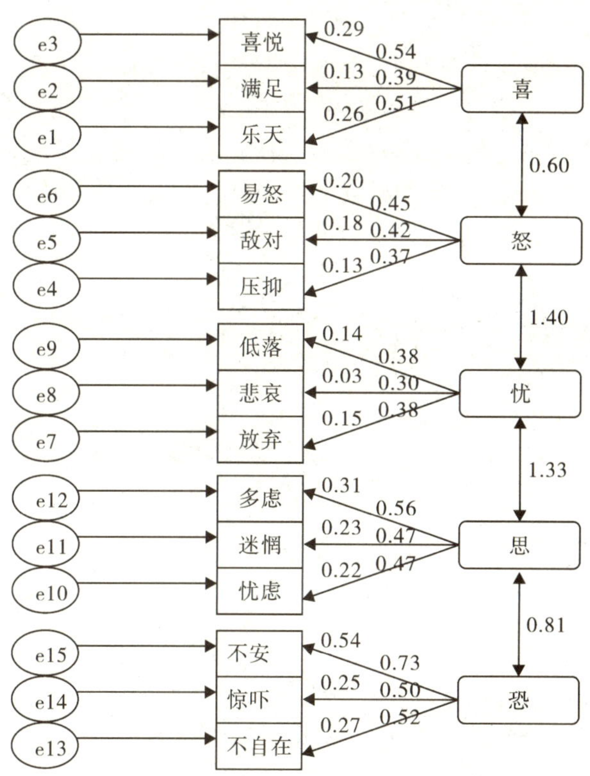

图1　情绪词汇部分的结构模型

情绪词汇部分各维度因子的拟合指标及其验证性因素分析后所得出的结果如表1。

表1　五态情志问卷情绪词汇部分——各维度的拟合指标

	x^2（卡方值）	*df*（自由度）	x^2/df	GFI（拟合优度指数）	AGFI（调正的拟合优度指数）	NFI（标准拟合指数）	CFI（相对拟合指数）	IFI（递增拟合指数）	RMR（残差均方根）
喜	32.035	32	1.001	0.989	0.981	0.983	1.000	1.000	0.041
怒	146.869	32	4.590	0.951	0.916	0.891	0.912	0.913	0.087
忧	66.100	32	2.066	0.978	0.962	0.953	0.975	0.975	0.047
思	70.311	32	2.197	0.976	0.958	0.956	0.975	0.975	0.054
恐	147.112	34	4.327	0.955	0.928	0.852	0.880	0.882	0.191
总	839.358	70	11.991	0.815	0.682	0.600	0.614	0.621	1.109

由模型数据可得出，其五个情绪因子的卡方值与自由度之比均小于5，而残差均方根除恐情绪因子稍大于0.10外，其余四个情绪因子皆小于0.10，而五个情绪因子的拟合优度指数、调整的拟合优度指数均在0.80以上，而标准拟合指数、相对拟合指数均在0～1之间，且较为接近1。而问卷的总体数据稍不理想，考虑为受样本量的限制导致数据并不完善，仍需再进一步检验测量。但从总体数据而言，情绪词汇部分的因子结构模型仍较为合理，与构想的结构模型大致一致，而且拟合指标皆较为理想。由此可见，情绪词汇部分的效度系数较为合理。

躯体化症状部分无进一步的维度分析，故暂以七个系统归类划分为因子变量进行相应的验证性因子分析，其分析模型如图2：

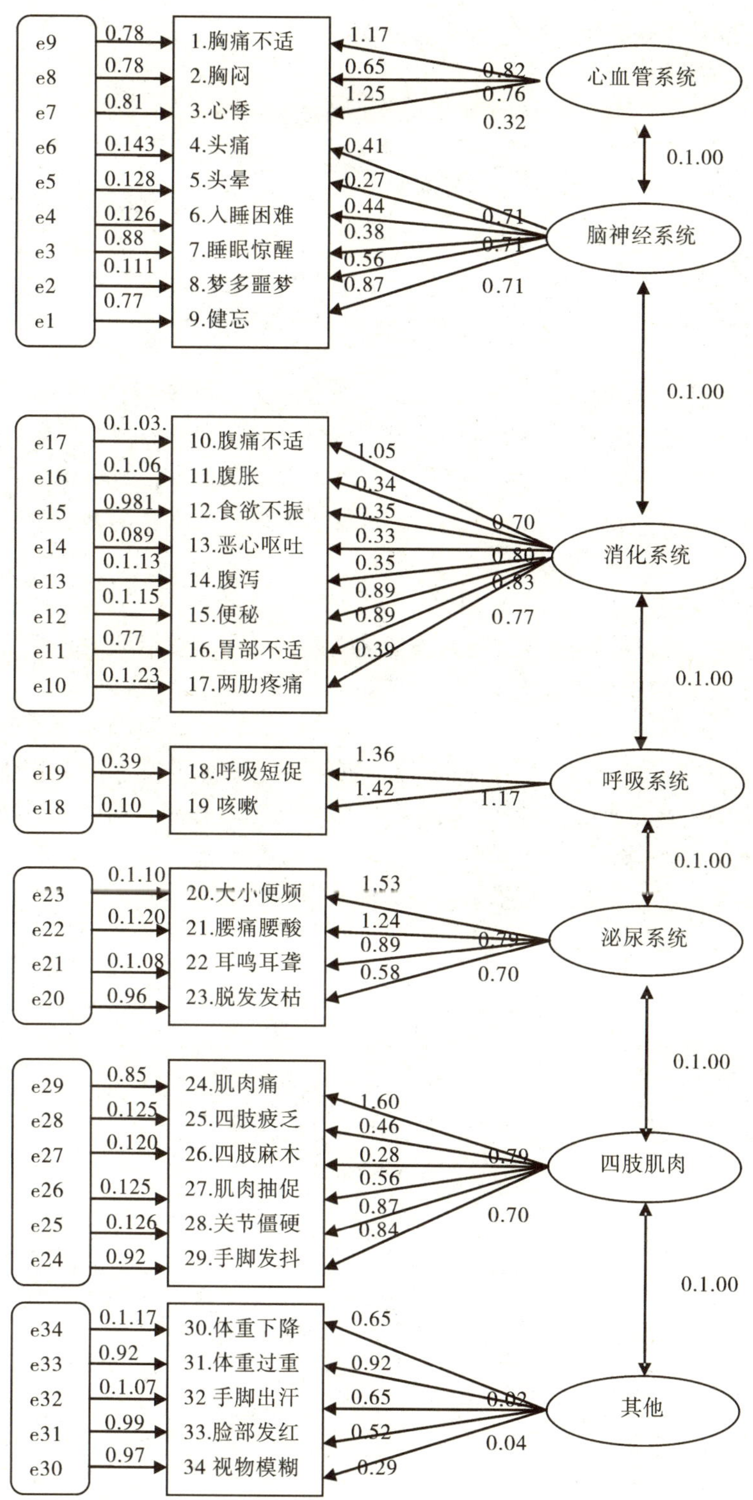

图 2　五态情志问卷躯体化症状部分的结构模型

躯体化症状部分模型的拟合指标如表2：

表2　五态情志问卷躯体化症状部分的拟合指标

	x^2（卡方值）	df（自由度）	x^2/df	NFI（标准拟合指数）	CFI（相对拟合指数）	IFI（递增拟合指数）
躯体化症状部分	851.658	506	1.683	0.819	0.916	0.918

经验证性因子分析后，所得出的统计结果显示，卡方值与自由度之比为1.683，小于5，而标准拟合指数为0.819，高于0.80，而相对拟合指数为0.916，较为接近1。故认为躯体化症状部分的结构模型仍较为合理，与构想的结构模型大致一致，而且拟合指标皆较为理想。由此可见，躯体化症状部分的效度系数较为合理。

7. 五态情志正式问卷的结构模型

中医理论认为，人的机体会随着人的情绪起伏而引起相应的生理性变化，即中医五志学说的主要观点，五脏对应五志，《素问·阴阳应象大论篇》中记载“在志为喜，喜伤心”“在志为怒，怒伤肝”“在志为忧，忧伤肺”“在志为思，思伤脾”“在志为恐，恐伤肾”。但情绪与脏腑之间的对应关系较为多样而且多变，仍需更多的临床研究以及统计检验分析。现依据中医理论观点把五种情绪状态（喜、怒、忧、思、恐）与躯体化症状（心血管系统、脑神经系统、消化系统、呼吸系统、泌尿系统、四肢肌肉、其他）作一个相对应的模型，分析模型如图3：

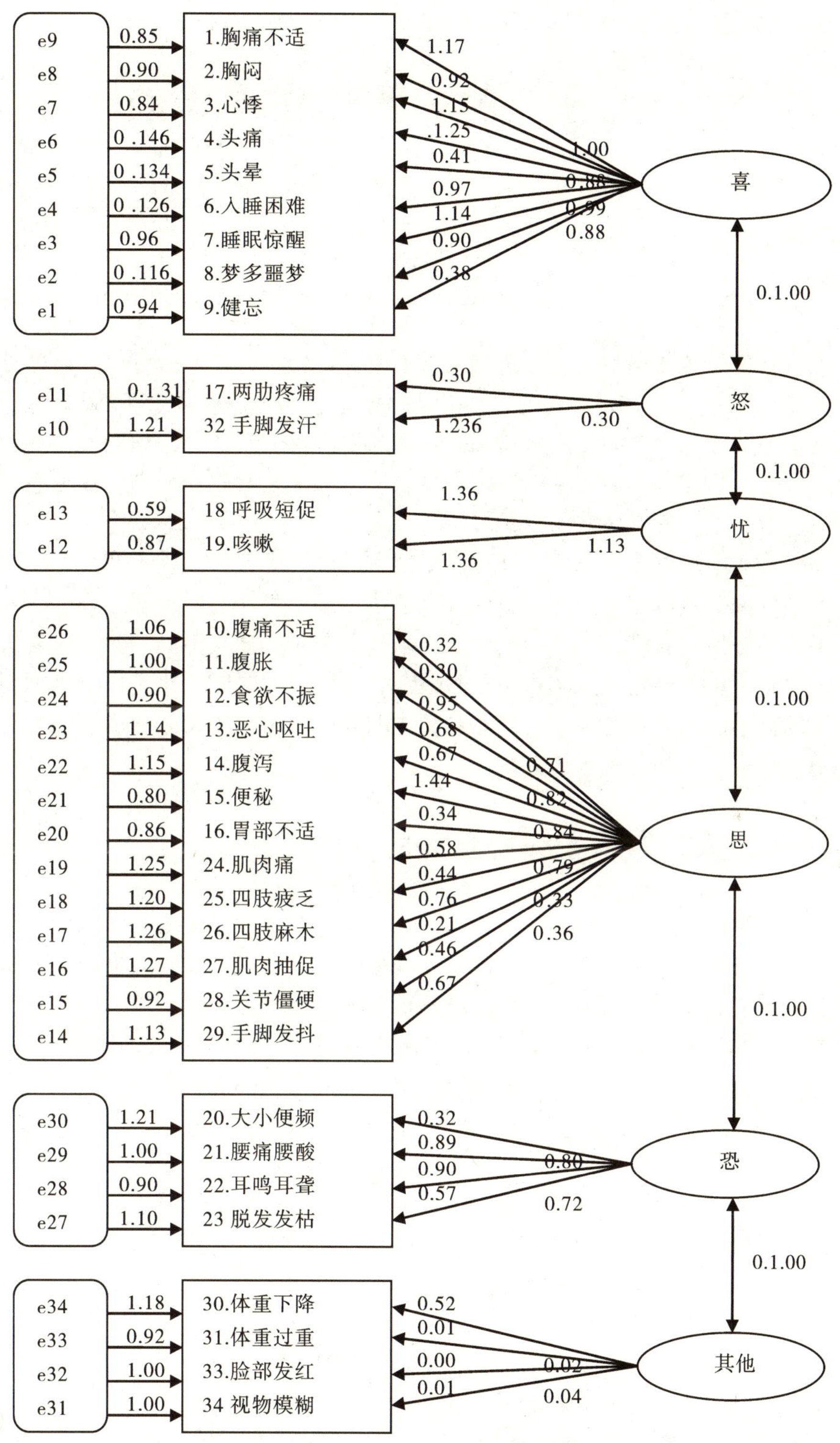

图3　五态情志问卷的结构模型

情绪词汇部分与躯体化症状部分的模型的拟合指标如表3：

表3 五态情志问卷的拟合指标

	x^2（卡方值）	df（自由度）	x^2/df	NFI（标准拟合指数）	CFI（相对拟合指数）	IFI（递增拟合指数）
五态情志问卷	1179.901	518	2.278	0.749	0.839	0.842

由以上各模型数据看来，卡方值与自由度之比为2.278，小于5，而标准拟合指数为0.749，处于0～1之间，而相对拟合指数为0.839，处于0.80以上。故得出结论为，五态情志问卷的情绪词汇部分与躯体化症状部分的理论模型与观测数据均有较好的拟合，说明本研究所设想的理论结果相对较为合理。而五态情志问卷的信度、效度皆有较好的指标。

同样，从中可发现，虽然中医理论提出了五志对应五脏的理论观点，但在临床实践中发现，躯体化症状容易受到其他情绪因素或其他致病因素的影响，从统计分析检验来说，五脏并非单一地对应五志，而是多变而灵活的。其五志与五脏的相关关系，仍需要在临床实践中更多地考察、研究。同时，我们可以借助现代心理学的科学研究方法与理念进行五志学说的探讨，深化情志致病的研究，为人类的情绪与疾病之间的关系研究做出贡献。

三、五态情志问卷的初步应用

本研究初步应用研发的五态情志问卷调查了广东省部分院校大学生的五态情志现状，并分析大学生在五态情志问卷上的分布特征，探讨影响五态情志分布的各项影响因素，同时对医院的部分心理门诊患者进行五态情志测评分析，并比较了本问卷与SCL－90症状自评量表的评定结果的相关性，以评价本问卷的效度以及可靠性。以下简要介绍在心理疾病患者中调查的结果。

（一）测评对象与方法

1. 对象

随机抽取广州中医药大学第一附属医院心理门诊的患者76名，平均年龄为29.75±9.671岁。其中，男性为44名，女性为32名，职业为务工者为主，另有学生、商人以及退休人员等。

2. 工具与方法

对被试同时施测SCL－90症状自评量表和五态情志问卷。

将SCL－90症状自评量表的90个项目与五志即喜、怒、忧、思、恐以及躯体化症状部分进行大致的因子分类对应，该对应关系得到心理学专家的认可。

SCL－90症状自评量表与五态情志问卷的因子对应情况分类如下：躯体化因子对应躯体化症状部分；强迫症状因子对应思因子；人际关系敏感对应恐因子；抑郁对应忧因子；焦虑对应思因子；敌对对应怒因子；恐怖对应恐因子；偏执对应怒因子；精神病性对应思因子。按上述统计处理方法对五态情志问卷的情绪词汇部分以及躯体化症状部分的数据进行整理。

（二）测评结果

1. SCL－90症状自评量表测评结果

根据SCL－90症状自评量表的全国常模评价标准分析，本研究测量心理门诊患者的心理健康状况测评结果如表4：测出阳性项目数超过43项的有76人，占100%；其得分分析结果提示具有心理困扰的患者58人，占测验人数的76.3%；其中得分分析结果提示具有中度困扰的有18人，占测验人数的23.7%。

表4　心理门诊患者SCL－90症状自评量表筛查结果汇总表

总人数＝76	3＞因子分≥2		4＞因子分≥3		因子分≥4		总检出率	
	人数	百分比	人数	百分比	人数	百分比	人数	百分比
躯体化	8	10.5%	2	2.6%	0	0	10	13.2%
强迫症状	18	23.7%	0	0	0	0	18	23.7%
人际关系敏感	10	13.2%	0	0	0	0	10	13.2%
抑郁	10	13.2%	4	5.3%	0	0	14	18.4%
焦虑	31	40.8%	2	2.6%	0	0	33	43.4%
敌对	32	42.1%	4	5.3%	0	0	36	47.4%
恐怖	12	15.8%	1	1.3%	0	0	13	17.1%
偏执	26	34.2%	0	0	0	0	26	34.2%
精神病性	28	36.8%	0	0	0	0	28	36.8%

注：3＞因子分≥2为轻度症状；4＞因子分≥3为中度症状；因子分≥4为重度症状，下同

2. 五态情志问卷的测评结果

由表5可见，从对五态情志问卷的统计中可以看出“忧”“思”的阳性检出率最高，其次为“怒”“恐”。

表5　心理门诊患者五态情志问卷的阳性检出率情况

总人数＝76	3＞因子分≥2		4＞因子分≥3		因子分≥4		总检出率
	人数	百分比	人数	百分比	人数	百分比	人数
怒	15	19.7%	15	19.7%	0	0	30

（续上表）

总人数 = 76	3 > 因子分≥2		4 > 因子分≥3		因子分≥4		总检出率
	人数	百分比	人数	百分比	人数	百分比	人数
忧	36	47.4%	0	0	0	0	36
思	41	53.9%	0	0	0	0	41
恐	11	14.5%	2	2.6%	0	0	13
躯体化症状	5	6.6%	2	2.6%	0	0	7

因 SCL－90 症状自评量表受部分因子限制，即不测量积极情绪，如喜的情绪的量的测量，故部分关于五态情志问卷的优势并未得以体现。故五态情志问卷对情绪的测量范围实际上比 SCL－90 症状自评量表更为广泛，五态情志问卷在情绪面的考虑上更为宽广。

3. 五态情志问卷与 SCL－90 症状自评量表的相关性分析

通过运用五态情志问卷与 SCL－90 症状自评量表进行相关系数的比较后得表 6，五态情志问卷中的怒因子与“敌对”“偏执”因子存在较高的相关性，忧因子与“抑郁”“焦虑”“精神病性”存在高度相关，思因子与“强迫症状”存在高相关性，恐因子与“人际关系”“恐怖”存在高相关性，而躯体化症状分别较为平均。由此可见五态情志问卷与 SCL－90 症状自评量表在组合与理论模型大致一致，且相关性较好。

表 6　五态情志问卷与 SCL－90 症状自评量表的相关系数比较

		躯体化均值	强迫症状均值	人际关系均值	抑郁均值	焦虑均值	敌对均值	恐怖均值	偏执均值	精神病性均值
怒因子均值	Pearson 相关性	-0.197	-0.250*	-0.365**	-0.668**	-0.288*	0.724**	-0.373**	0.464**	-0.538**
	显著性（双侧）	0.088	0.030	0.001	0.000	0.012	0.000	0.001	0.000	0.000
忧因子均值	Pearson 相关性	0.165	0.499**	0.096	0.734**	0.476**	-0.494**	0.107	-0.394**	0.736**
	显著性（双侧）	0.154	0.000	0.410	0.000	0.000	0.000	0.357	0.000	0.000
思因子均值	Pearson 相关性	0.062	0.527**	0.024	0.661**	0.423**	-0.410**	0.072	-0.298**	0.718**
	显著性（双侧）	0.596	0.000	0.837	0.000	0.000	0.000	0.539	0.009	0.000

（续上表）

		躯体化均值	强迫症状均值	人际关系均值	抑郁均值	焦虑均值	敌对均值	恐怖均值	偏执均值	精神病性均值
恐因子均值	Pearson 相关性	-0.124	-0.406**	0.757**	0.002	-0.425**	-0.520**	0.807**	-0.407**	-0.223
	显著性（双侧）	0.285	0.000	0.000	0.988	0.000	0.000	0.000	0.000	0.053
躯体化部分均值	Pearson 相关性	0.178	0.343**	-0.346**	0.295**	0.420**	0.036	-0.267*	0.091	0.439**
	显著性（双侧）	0.124	0.002	0.002	0.010	0.000	0.756	0.020	0.434	0.000

注：**在0.01水平（双侧）上显著相关，*在0.05水平（双侧）上显著相关

（三）五态情志问卷与SCL-90症状自评量表对比分析

1. 内容差异

SCL-90症状自评量表在测量内容上，主要针对消极情绪进行测量，从而忽略了即使是积极情绪，在超过情绪的量的度的情况下，同样会对人产生负面的影响。

在内容上看，五态情志问卷的维度划分较为符合中医理论的思维，并且简单易懂。而SCL-90症状自评量表在维度划分上以西方心理学理论为依据。

2. 信度差异

五态情志问卷的内在一致性信度（Cronbach α系数）为：情绪词汇部分的喜维度为0.941，怒维度为0.871，忧维度为0.775，思维度为0.602，恐维度为0.806；躯体化症状部分的心血管系统维度为0.583，脑神经系统维度为0.309；消化系统维度为0.473，呼吸系统维度为0.480，泌尿系统维度为0.764，四肢肌肉维度为0.664。SCL-90症状自评量表的内在一致性信度（Cronbach α系数）为：躯体化维度为0.709；强迫症状维度为0.722；人际关系敏感维度为0.681；抑郁维度为0.840；焦虑维度为0.739；敌对维度为0.550；恐怖维度为0.775；偏执维度为-0.416；精神病性维度为0.740。比较说明，五态情志问卷和SCL-90症状自评量表皆有较为良好的信度系数，相对于SCL-90症状自评量表有着较为完善的信度系数，而五态情志问卷受样本量的限制，其信度系数仍需进一步的测量评估。

3. 五态情志问卷与SCL-90症状自评量表可行性差异

两份问卷与量表的回收率皆为100%，有效应答率同为100%。而完成五态

情志问卷的所需时间均数为 14.26 ±2.776 分钟；完成 SCL－90 症状自评量表所需时间均数为 17.48 ±3.911 分钟。因 SCL－90 症状自评量表采用的是语句作为施测题目项，而五态情志问卷采用简单的中性词汇作为测量题目项。在阅读题项的时间上，五态情志问卷较 SCL－90 症状自评量表的阅读时间短，故在作答时间上，五态情志问卷耗时更短，更为简便。五态情志问卷是以中医理论为理论依据而编制的临床测量问卷，尤其适合中国国民，问卷内容简单通俗，对被试的文化程度要求低，更容易为中国患者所接受，可做进一步研究与开发。

四、结语

本研究在以下四个方面具有创新：

（1）依据中医五态情志学说的理论依据，研制出国内第一个中医五态情志问卷，展现了本问卷的本土特色以及构想优势。经问卷的信度、效度统计分析可见，问卷的内部一致性系数、问卷的重测信度、分半信度等指标都达到了心理测量标准的要求，问卷的构想效度是合理的。

（2）研究了中医情志理论中“五态情志”中“志”的指向性，其与西方心理学意动心理学的意向性思想有异曲同工之处。

（3）五态情志问卷的语句理解等各方面更适应中国国人的测量方式。在五态情志问卷的情绪词汇部分采用日常的、客观的、中性的词汇作为条目，而躯体化症状条目中则以罗列具体症状的描述性词汇为题目，能够避免作答者对题目的不理解而导致的施测结果误差。

（4）研究了五志对应五脏的相关理论研究，并由此研究出能表现五脏气机变化的躯体化指标。依据中医五态情志学说的理论，在进行情绪测量的同时，引入相联系的生理指标作为客观评价标准，凸显了中医学讲求的“形神合一”的整体观念，能更好地测量出个人情绪程度差异性，并减少因个人的各种自身原因而导致情绪测量造成的偏差。

经初步实测检验显示，该问卷具有操作简单易行，实用性强，判断标准容易掌握等的特点，为现代临床上诊断和鉴别情绪障碍类疾病提供了具有中医特色和临床实用性的情志测量工具，能够有效地提升中医心理学在临床心理上的应用能力。

基于存在主义心理学存在之“烦”问卷的编制

王书妮

一、研究背景、意义和方法

（一）研究背景、意义

本文通过对“烦”进行词义辨析，并对国内外关于“烦”的研究进行综述，从而丰富与具体化存在之“烦”的概念及编制存在之“烦”问卷，加强临床和跨文化研究。

汉字“烦”是会意字。《说文解字》“烦”字的意思是指身体发热而感到头痛；烦，热头痛也。“烦”也指不顺心，无奈的状态。现在多用于主动或被动为生活事件消耗精神能量的状态。据统计，整部《黄帝内经》总共有八十二个“烦”或“烦”组成的词语，全书中有七十三个条目含有“烦”字，可见“烦”的概念对《黄帝内经》的理论具有一定的重要性。

国外研究学者认为，烦恼的过程是普遍贯穿于所有焦虑障碍的，识别烦恼的性质和功能应该有助于明白焦虑和焦虑的障碍，国外很多学者对“worry”（英文中的烦）或者“sorge”（德文中的烦）进行了大量研究，也取得了一些成果，却没有一个统一的说法。目前大量的研究都是集中在“病理性的烦”，如烦恼、烦躁、心烦、烦闷等病症，并且多为单一对与“烦”相关的体征或情绪特征进行描述，忽视了“烦”在存在主义意义上的理论建构。

本文的研究目的是通过编制存在之“烦”调查问卷，为心理咨询和心理治疗提供一种新的评估工具和行动指南，填补测量存在状态的空白。了解被试在生活中“烦”的意识指向结构和消耗精神能量的生活事件的构成情况，评估被试生活应激和其他心理问题的来源，亦可间接评估被试的幸福感和生活质量。

综合现有的研究并在存在主义的理论基础上，本研究将存在之“烦”定义为：“烦”是人在世界中存在的常态，体现了人在生活中的意识指向。也就是说，“烦”不等于焦虑，“烦”不一定是病态的，也不等于烦恼，因为“烦”可能是生活幸福、充实、丰富的表现和自愿自觉的行为。

本研究的基本假设如下：①“烦”是人在世界中存在的常态；②在构建存

在之“烦”的理论维度的基础上，可以通过存在主义心理学提出的存在的方式来测量；③通过科学严谨的存在之“烦”问卷编制程序编制出具有良好信效度的存在之“烦”测量工具。

（二）研究对象与方法

1. 研究对象

条目形成组的入组对象：按照简单随机抽样方法选取广东省 5 所高校 584 名明显感觉到“烦”的大学生为被试，年龄在 18 周岁以上，神志清楚，具有认知能力，基本的听、写、理解能力，自愿参加测试，并能独立完成问卷。

“不烦”对照组入组对象：按照简单随机抽样方法选取广东省 5 所高校 529 名没有明显感觉到“烦”的大学生为被试，年龄在 18 周岁以上，具有认知能力，神志清楚，基本的听、写、理解能力，自愿参加测试，并能独立完成问卷。

广泛焦虑症组入组对象：从条目形成组和“不烦”组的被试中根据适当匹配的原则选取 83 名广泛焦虑症大学生，并符合以下关于广泛焦虑症的诊断标准。

调查数量及地点：本研究一共进行两次问卷调查。在第一次调查中，大学生被试为 253 名，地点为广州中医药大学；在第二次调查中，大学生被试为 860 名，地点为广州中医药大学、广东外语外贸大学、广东食品药品职业学院等 5 所高校。

2. 研究方法

（1）文献分析法：通过图书馆数据库查阅有关“烦”“存在主义哲学”“存在主义心理学”和“统计学”的资料，对文献进行分类和分析，认真收集和整理有关存在之“烦”的文献，了解有关“烦”测量工具的编制和应用情况。

（2）问卷调查法：使用统一设计的问卷向被试了解情况或获取意见的方法。通过对条目形成组进行调查研究，编制出具有良好信效度的问卷，并对不同组别的被试进行对比研究，检验问卷的区分度。

（3）抽样方法：简单随机抽样法，是指事前对研究总体的数量不做操作，只是根据几何概率从目标总体中抽取样本加以调查的方法。按照简单随机抽样方法对广东省 5 所高校共 1 113 名大学生进行问卷测试，实施测试时使用统一指导语，由心理专业人员分别进行施测，并当场回收问卷。

（4）数理统计法：采用 SPSS 17.0 版本的社会科学统计软件进行描述统计、项目分析、信效度分析等处理，用 SPSS 17.0 版本的结构分析软件进行验证性因子分析。

3. 研究工具

（1）存在之“烦”自评问卷：自编问卷的条目是以存在主义心理学为理论基础，访谈资深心理学专家、哲学专家和临床明显感到“烦”的患者，并记录在临床心理咨询中来访者描述“烦”的特点，提取“烦”存在的典型方面，形成条目池。采用自评“烦”的程度从“没有”到“严重”，5 点计分，得分越高提示“烦”的程度越大，投入的精力越多。

（2）汉密尔顿焦虑量表（HAMA）：它也是一个含有 20 个项目、分为 4 级评分的自评量表，用于评出焦虑病人的主观感受。其信度系数 r 为 0.93，效度系数为 0.36。

（3）压力感量表（PSS）：用于测量对压力的整体感知，是对最近发生的客观事件造成压力水平的测量，问卷共有 10 个题目，要求被试在四点量表上作答，分数越高表示个体所感知到的压力水平更高持续时间更长。该量表信效度较高，国外编制日常烦心事问卷一般都以此量表为效标。

二、存在之“烦”问卷的编制

（一）初始问卷的形成与预试

1. 问卷的架构

依据存在主义心理学家罗洛·梅关于存在的理论内涵，认为存在最核心的就是存在感，人存在于世有三种存在方式：存在于周围世界，存在于人际世界，存在于自我世界。罗洛·梅认为在现实世界中，人常常感到无法完美地实现自己的潜能，这种不愉快的经验会给人类带来无限的烦恼和焦虑。所以，问卷的条目编制主要从周围世界、人际世界和自我世界这三个方面进行。

2. 问卷条目的形成

访谈资深心理学专家、哲学专家和临床明显感到“烦”的被试，并记录在临床心理咨询中来访者描述“烦”的特点，提取“烦”存在的典型方面，形成条目池。

（1）周围世界条目池：如“闷热”“雾霾”“交通拥挤”等 47 项。

（2）人际世界条目池：如“和别人相处不自在”“为婚姻困扰”等 34 项。

（3）自我世界条目池：如“缺乏面对生活中困难的勇气”等 35 项。

最后形成了 47 个条目的初始问卷。

3. 存在之“烦”问卷的预试

采用问卷调查法，就上述 47 个条目形成的初始问卷对 253 名被试进行施测。向明显感到“烦”的来访者发放 150 份初始问卷，删除无效问卷 22 份，所得有效问卷 128 份，有效回收率为 85.33%，年龄在 18 ~ 25 周岁之间，平均年龄为 19.77 ± 4.55；没有明显感到“烦”的被试作为对照组人群发放 150 份初始问卷，删除无效问卷 25 份，所得有效问卷 125 份，有效回收率为 83.33%，年龄在 18 ~ 25 周岁之间，平均年龄为 20.67 ± 5.51。所得有效问卷均采用统计软件 SPSS 17.0 软件进行录入并校对，建立预测样本数据库，并对所得数据进行描述和项目分析。

最后结合项目分析方法的结果，删除部分条目之后，得到正式施测的存在之“烦”问卷1.0版（见表1）。

表1 存在之“烦”问卷1.0版

编号	条目内容	编号	条目内容
01	为天气湿冷（或湿热、闷热）操心	02	时间不够用
03	担心自己的身高、体重或相貌问题	04	生活环境很吵闹
05	要做很多不相关的事	06	为空气、水质等问题操心
07	为生理需要（睡眠，饮食，性）耗精力	08	身体疲惫
09	觉得生活充满动力	10	担心身体健康问题
11	生活忙乱无序	13	事务乏味
14	事情杂多	15	家庭、单位两点一线
16	交通拥挤，人流动性大	17	不满意现有工作
18	没有网络	19	需要家人经济支助或负担家里经济
20	为住房和生活条件操劳	21	无所事事
23	不能与人真正的交往，了解他人	24	为客套、谦虚等交往原则耗精力
25	和别人相处觉得不自在	26	为人际交往的“面子”问题耗精力
27	不想与他人过多交流	28	为“门当户对”等婚姻情感问题操心
29	为能否尽孝操心	30	很难得到家人朋友的信任或尊重
31	为受朋友的影响或不能影响朋友操心	32	不满意自己与别人相处的模式
33	心里觉得不平静或不安	34	觉得不顺心
35	为生命意义或自我价值操心	37	生活没有目标或方向
38	为承担责任操心	39	为生活中的选择问题耗精力
40	面对生活中的困难时有勇气	41	对自己命运控制的能力
42	无法实现自己的潜能的问题	44	在生活中找不到期盼
47	平庸无为		

（二）存在之“烦”问卷1.0版的正式施测

1. 对象

运用存在之“烦”问卷1.0版，对目标人群进行施测，共发放问卷920份，根据问卷作答是否完整，共删除无效问卷60份，所得有效问卷共860份，有效回收率达到93.48%。其中，对明显感觉到“烦”的来访者发放问卷共500份，删除44份无效问卷，所得有效问卷共456份，有效回收率达到91.20%；发放效标问卷即压力感问卷190份，删除无效问卷8份，所得有效问卷182份，有效回收率达到95.79%。年龄在18～50周岁之间，平均年龄为20.62±5.45。在对照组人群中发放问卷共420份，删除无效问卷16份，所得有效问卷404份，有效回收率达到96.19%，年龄在18～59周岁之间，平均年龄为21.46±4.89。同时，在调查过程中，随机标记“烦”组和不“烦”组各100名被试，共200名，记录其联系方式，分别预约时间，在2～4周后进行存在之“烦”自评问卷的重测。

2. 项目与因子分析

第二次施测结束后，对所得所有的有效问卷用SPSS 17.0统计软件进行统一录入和校对，建立数据库，将样本数据随机分成两半，其中425人进行探索性因子分析，剩余435人采用AMOS 17.0软件进行验证性因子分析。因子分析后，对860个样本进行问卷的信度检验和相关分析，对“烦”组182个样本进行效标效度检验，对200个重测样本进行重测信度检验。

（1）项目分析：首先同质性检验发现大部分条目之间的相关系数在0.20～0.55之间，为中等相关。根据检验结果，将与问卷总分的相关系数小于0.40的条目删除。

（2）因子分析：通过探索性因子分析找出问卷潜在的结构，并且删除问卷不合适条目，使问卷的结构清晰合理，根据探索性因子分析的结果进行验证性因子分析。

①探索性因子分析：经过五次性因子分析后，删除部分条目，保留30个条目。根据问卷结构和条目内容，3个因子从F1到F3依次命名为“周围世界因子”“人际世界因子”“自我世界因子”。其中“周围世界”因子反映对存在的自然环境（空气质量，水质量，气候等）、生理需求和本能等引起“烦”的感受，“人际世界”因子反映人在与他人真正交往中，了解对方以及双方相互影响过程中察觉“烦”的感受，“自我世界”因子反映人看待世界和把握世界过程中察觉“烦”的感受。

②验证性因子分析：验证性因子分析是指通过结构方程建模判断该模型拟合指标的合理性，也就是路径分析。验证性因子分析不仅分析维度与题目之间的关系以及因子之间的关系，并且同时考虑共存因子及其结构之间的影响。在实际路径分析时，一般采用以下几项指标：卡方检验，即卡方值与自由度之比（χ^2/df），理论期望值为1，良好模型与数据的拟合标准为（χ^2/df）<5；NFI、NNFI、RFI、CFI都大于0.90，RMSEA小于等于0.50表示拟合良好；RMR的值在0.08以下，NFI、CFI的值在0.80以上所拟合的模型就是一个较好的模型。

根据上述对探索性因子分析的结果，对问卷保留的30个条目，用AMOS 17.0软件验证问卷为一阶三因子的结构。结果显示问卷模型M1的拟合指标结果较为合理，但经过修正后的 M2 结果更优。

经项目分析以及探索性因子分析，存在之“烦”问卷 1.0 版最后保留 30 个条目，分为三个因子，组成存在之“烦”问卷；30 个条目经验证性因子分析，提示存在之“烦”问卷为一阶三因子模型，增加 T01 和 T03、T06 和 T13、T27 和 T28、T31 和 T32 的残差相关路径后，M2 模型拟合度更优，即以上条目之间相互影响，但是由于同一问卷内条目之间允许存在中等程度的相关，所以 M2 模型的拟合指标合理。

3. 相关分析

有两种方法可以检验问卷的结构效度，一是通过验证性因子分析，二是通过分析存在之“烦”问卷各因子之间和因子与总分之间的相关性的大小。在结构效度的检验中，如果各个因子之间的相关系数在 0.10 ~ 0.60，要求各因素与总分也相关，则表示该问卷结构合理。相关分析结果表明 3 个因子之间的相关系数在 0.47 ~ 0.59，每个因子与问卷的总分之间的相关系数在 0.63 ~ 0.72。

4. 效标分析

效标效度或实证效度（Criterion Validity），是指问卷能对我们所研究的外在行为做出预测，这种外在行为是衡量问卷是否有效的标准，简称效标，又可分为同时效度与预测效度。本研究采用压力感量表作为存在之“烦”问卷的效标效度，该量表的内部一致性信度为 0.82。存在之“烦”问卷得分和效标相关的大小，可以说明所编制问卷效度的高低。存在之“烦”问卷总体以及各维度与压力感量表的相关分析显示，效标各因子、总分与存在之“烦”问卷各因子、总分相关系数在 -0.56 ~ -0.70 之间。

5. 信度分析

（1）内部一致性信度：用来测量同一个概念的多个计量指标的一致性程度。采用内部一致性系数考察正式施测所得全部数据的信度，结果存在之“烦”问卷 30 个条目内部一致性系数为 0.92，周围世界因子为 0.86，人际世界因子为 0.89，自我世界因子为 0.82。

（2）重测信度：重测信度是指研究者用同一种方法，对应对相同的受试者先后两次进行调查。存在之“烦”问卷重测信度为 0.87，周围世界因子为 0.88，人际世界因子为 0.85，自我世界因子为 0.86。

（3）区分效度：通过与对照组和焦虑组的比较进行考察。

①“烦”组与“不烦”组得分差异：将 860 名被试进行适当的匹配调整，使得删除一些被试后，分组的被试的人口学资料各项差异均无显著性。“烦”组删除 8 人，“不烦”组删除 12 人后，两组的 Kappa 检验结果显示，婚姻状况（Kappa = 0.944，p = 0.65）、性别（Kappa = 0.955，p = 0.66）、户口性质（Kappa = 0.965，p = 0.66）、教育水平（Kappa = 0.971，p = 0.68）、年龄（Kappa = 0.945，p = 0.65）各项的分布没有差异不显著，即两组人口学资料是匹配的。将

存在之“烦”问卷的3个因子为因变量进行独立样本 t 检验，“烦”组在总分与各因子的得分与“不烦”组的得分差异显著（见表2）。

表2 “烦”组与“不烦”组的均值比较（$\bar{x} \pm S$）

	“烦”组（$n=448$）	“不烦”组（$n=392$）	合计（$N=840$）	t
周围世界	48.45 ±5.22	24.85 ±4.80	36.30 ±5.63	-11.16**
人际世界	28.80 ±4.04	13.66 ±2.84	22.46 ±2.97	-9.65**
自我世界	31.24 ±3.30	13.68 ±1.78	24.92 ±3.15	-7.34**
总分	108.49 ±13.56	52.19 ±9.74	96.68 ±13.87	-14.63**

注：*表示 $p<0.05$，**表示 $p<0.01$，下同。

②“烦”组与广泛焦虑症组得分差异分析：为了检验存在之“烦”自评问卷的科学性，采用问卷调查法和存在之“烦”问卷（共30个条目，采用5点计分，无反向计分条目，得分越高提示感到“烦”的程度越高），对条目形成组中的456名被试和“不烦”组中的404名被试中根据适当匹配的原则选取83名广泛焦虑症大学生和105名明显感到“烦”的被试进行个别施测，匹配后分得的“烦”组和广泛焦虑症组的被试的人口学资料各项差异均无显著性。用统一指导语共发放问卷188份，回收有效问卷188份，有效回收率为100%，年龄在18～22周岁，平均年龄为20.62 ±3.23。

将存在之“烦”问卷的3个因子为因变量进行独立样本 t 检验，“烦”组在总分与各因子的得分与正常组的得分差异显著（见表3）。

表3 “烦”组与广泛焦虑症组的均值比较（$\bar{x} \pm S$）

	“烦”组（$n=100$）	焦虑症组（$n=100$）	合计（$N=200$）	t	p
周围世界	46.45 ±5.02	25.25 ±4.10	38.44 ±5.43	-10.17**	0.000
人际世界	25.60 ±4.03	15.61 ±2.14	19.55 ±2.47	-8.65**	0.000
自我世界	34.51 ±3.30	28.61 ±1.71	32.13 ±3.14	-5.84*	0.031
总分	107.73 ±13.04	69.47 ±10.24	88.48 ±13.47	-13.73**	0.000

三、讨论分析

本研究两次考察了存在之“烦”问卷的内部一致性信度以及一次重测信度，结合两次信度检验结果，问卷内部一致性信度在0.891～0.922，稳定系数则为0.90，各因子内部一致性信度在0.66～0.77，稳定系数在0.78～0.89。即存在之“烦”自评问卷的信度达到了心理测量学相关系数值的要求，该问卷拥有良好的效度和信度。

（一）内容效度

从整体来看，本研究中的存在之“烦”问卷的内容效度是采用经验法以及专家判断法来检验的。依据存在主义心理学家罗洛·梅关于存在的理论内涵，同时访谈资深心理学专家、哲学专家和临床明显感到“烦”的来访者，并记录在临床心理咨询中来访者描述“烦”的特点，提取“烦”存在的典型方面，形成条目池。综合专家反馈意见后，确定问卷的初选条目 47 项。编辑好条目后，按照清晰、简单、明了的原则进行评价、修改，对初选条目进行合并以及拆分，形成45 项条目。为了考评初测问卷让被试理解起来是否与设计内容相一致，对 40 位文化程度不同的明显感到“烦”的人进行交谈。根据反馈意见，删除不恰当条目以及理解差异大的条目，并让 250 名被试接受形成 41 项条目的初始问卷的预测调查，项目分析后形成含有 41 项条目存在之“烦”问卷 1.0 版，再使用存在之“烦”问卷 1.0 版进行大样本调查，再次项目分析和对样本的六次探索性分析，最后保留 30 个条目，形成存在之“烦”问卷，再进行一次检验问卷的信效度。因此，从存在之“烦”问卷编制的过程来看，认为该问卷的内容效度良好。

从条目内容来看，罗洛·梅的存在心理学分析了存在的方式。首先，“烦”存在于周围世界包括组成生理和物理环境的内部和外部世界，如存在之“烦”问卷的“为天气湿冷操心”“生活环境很吵闹”条目。祖国传统医学在几千年前已注意气象（物理环境）与人体的关系。如《黄帝内经·素问》的“运气七篇”中讲述了气候对身体健康的影响。《黄帝内经·素问·金匮真言论》提出：“五脏应四时，各有收受。”人类所需的必要生存条件来源于自然界，季节气候的转变会影响内脏功能，直接改变人的生存状态。人的心理精神感受也受到气候的影响，如《黄帝内经·素问·阴阳应象大论》说：“天有四时五行，以生长收藏，以生寒暑燥湿风，人有五脏化五气，以生喜怒悲忧恐。”在生活中，天气闷热时，人们容易感到沮丧，儿童易怒。因此，研究问卷的条目通过物理环境呈现与人存在的关系显得更有意义。

其次，“烦”存在于人际世界。受中国传统文化的影响，研究中人我关系加入了一些本土特色的条目，如存在之“烦”问卷的“为能否尽孝操心”“为门当户对等婚姻情感问题操心”条目。“孝”是具有中国特色的概念，所谓“百善孝为先”，长期以来孝意味着顺从和奉养长辈。当今社会竞争压力大，奉养长辈、教育子女等都会带来一定的经济压力，这会带来“烦忙”，当想法和长辈不一致时，顺从长辈也需要我们“烦神”。婚姻家庭是最基本的社会结构。在心理咨询门诊常常会有一些夫妻来咨询婚姻关系。在西方国家，男女恋爱结婚讲究的是两人是否合适，而在中国讲求的是“门当户对”，这样的“烦”是具有中国特色的

“烦”。由于当代中国人关系是在传统文化尤其是儒家文化积淀的基础上形成和发展起来的，因此我国人际关系具有许多独特之处。中国人认为谦虚是一种美德，在与人交际时，谦虚是一种礼貌。而西方国家却不是这样的文化习惯，当他们受到赞扬时，会说一声“Thank you”表示接受。在人际关系方面的研究中，有学者强调应以“人情”作为切入点，探讨如何促进人际关系的维持。在现实生活中需要懂得中国特色的“面子”文化，才能保持良好的人际关系，这些都需要“烦忙”和“烦神”。

最后，存在于自我世界的。存在之“烦”问卷的“心里觉得不平静或不安”“觉得不顺心”条目，体现的是罗洛·梅直接谈到的自我价值、潜能的自我内在世界。在心理门诊常常会有一些感到迷茫的来访者，自己想做什么都不知道，也许会从众做一些大多数人做的事，也许做一些家人希望他做的事。这种情况在当下的大学生群体里更为明显，找工作的标准不是遵从内心的想法，而是多数人的标准：收入高，稳定。存在主义心理学家指出，人类应经历丧失了必须做什么的本能和应该做什么的传统。借用尼采的一句名言：“知道为什么而活的人，便能生存。”

（二）结构效度

本研究经过六次探索性因子分析后得出三个共同因子，负荷量在0.55～0.77，解释总方差为54.82%，即效度良好。相关分析表明，存在之“烦”问卷三个因子之间的相关系数在0.47～0.59，因子与总分之间的相关系数在0.63～0.72，在合理范围内，均达到心理测量学指标，表明存在之“烦”问卷结构效度良好。

（三）效标效度

本研究效标采用压力感问卷，相关分析显示效标各因子、总分与存在之“烦”问卷各因子、总分为负相关。由于计分方式不同，存在之“烦”问卷与压力感存在正相关，表明存在之“烦”问卷对压力的发生有预测能力。

（四）区分效度

广泛性焦虑与存在之“烦”不是同义词。日常生活中，广泛性焦虑症被试的体验主要在六个方面与存在之“烦”的体验不同。第一，这种焦虑干扰了他们的正常生活。例如：会无法正常工作或学习。第二，个体在生理、行为和心理方面都会有所反应。生理上，焦虑会引起心跳加快、肌肉紧张、恶心、口干舌燥、流汗等反应；行为上，焦虑会限制活动以及处理日常事务的能力。第三，病症给广泛性焦虑症被试带来的痛苦水平已超出了他（她）所能承受的能力。第四，广泛性焦虑症症状是持续的，而非短暂的适应反应。第五，表现出与处境不相称的、没有明确对象和具体内容的紧张不安和恐惧惊慌。第六，广泛性焦虑症不一定具有明显、具体或特殊的事件。相反，“烦”是一种摆脱不掉的存在状态，“烦”揭示了人“被抛于世”的当下处境；人之所以“烦”是因为人总是不断追问存在的意义，以此来克服沉沦状态，面向未来，显示人的潜在性。“烦”强调的是此时此刻，可以很快回应“烦”的内容，“烦”也不全是消极的体验，例如：为家人的身体健康“烦”，可能是生活幸福、自愿自觉的行为。为自我能力“烦”也是一种充实生活的表现。

四、结语

本研究研制了一个基于存在主义心理学理论的“烦”问卷，经过对两次调查收集的数据进行项目分析、因子分析以及相关分析等统计学考评，存在之“烦”问卷具有较好的信效度和区分度，可了解被试在生活世界中“烦”的存在方式和程度，可为心理咨询和心理治疗提供一种新的评估工具。

心理问卷的编制是一件十分严谨的事情，本次问卷的编制仍存在许多不足之处，如检验样本选取存在着较大的局限，主要来源于高校大学生和部分医院患者；条目还有必要进一步根据更大、更多样化的样本进行优化和增减。

神经症 HTP 测验与五态人格相关性研究

韩小燕

一、研究目的、意义和方法

神经症是临床上常见的一种心理疾病，其发病与人格素质具有密切关系，而目前国内对神经症患者的人格测验与评估主要以量表或问卷的施测为主，且基本上都是经过修订的西方的人格量表或人格问卷。鉴于中国人和西方人具有不同的文化人格特征，量表或问卷心理评估的语言局限性，以及中西方文化心理差异等，因此探索新的符合中国本土文化，能够有效测量和评估中国神经症患者人格的方法和技术就显得尤为必要。人格的投射测验被认为具有量表或问卷所不具有的一些特点，能够很好地弥补量表或问卷测量法的缺点，且具有跨文化性。

本研究运用中国人自己编制的且具有中国文化和本土特色的中医五态人格量表对神经症患者的人格特征进行测量与评估，并运用人格投射测验 HTP 测验来与之相对照，探索神经症患者在 HTP 测验中的五态人格反应特征，一方面可增加人格绘画投射测验在临床的探索与研究，这对探索新的符合我国本土文化且有效的人格测量与评估方法具有一定的促进作用；另一方面可以对神经症的临床心理辅导与治疗提供一定的参考。

我们以随机抽样的方法在广州中医药大学一附院心理门诊抽取 40 例神经症患者（以强迫症、焦虑症、恐惧症为主）作为实验组，抽取 40 例健康人（以症状自评量表 SCL－90 为筛选量表）作为对照组。实验组纳入标准为：符合《中国精神障碍分类与诊断标准（第 3 版）》CCMD－3 中神经症的诊断标准，且中医五态人格量表中掩饰分量表得分不低于 5 分。对照组纳入标准为：SCL－90 各因子分不超过 2 分，且中医五态人格量表中掩饰分量表得分不低于 5 分。

在研究过程中，我们根据文献研究和在临床上观察到的神经症患者较常出现的绘画特征，最终制定出 153 项绘画特征作为本次绘画测验分析的项目，大约包括以下几个方面：整体构图，细部刻画，线条特征，比例，房子、树、人各部分的刻画，画中各部分之间的关系等。为了使绘画测验结果在定性描述的基础上能够进一步进行定量的统计分析，本研究对每一个绘画特征制定了操作性定义，指出符合该项目的绘画所应有的特征，计分时按照符合该分析项目操作性定义则计

1分，其他情况则计0分。计分过程中可借助量尺。

除此之外，还采用的统计方法包括两独立样本 t 检验、卡方检验以及点二列相关。t 检验用于实验组和对照组五态人格均分的比较，卡方检验用于两组在各绘画特征上符合与否的人数构成比较，点二列相关则用于各绘画特征（二分类变量）与五态人格得分（等距变量）的相关性检验。

二、研究结果

（一）问卷回收基本情况

1. 神经症患者五态人格与常模的比较

神经症患者的五态人格与全国常模比较，在太阳、少阳、阴阳和平以及少阴因子上，神经症患者组得分均低于全国常模，差异具有显著的统计学意义（$p<0.001$）；而在太阴因子上，神经症患者组得分高于全国常模，差异具有统计学意义（$p<0.05$）。见表1。

表1　神经症患者五态人格与常模比较

因子名称	神经症患者（$n=40$）	常模（$n=11\ 351$）	t 值	p 值
太阳	9.26±3.703	13.21±3.60	−6.752***	0.000
少阳	9.79±3.663	12.33±4.21	−3.714***	0.000
阴阳和平	3.87±2.029	6.23±2.25	−6.457***	0.000
太阴	13.45±4.536	9.80±4.99	4.503***	0.000
少阴	11.71±2.740	13.62±3.77	−4.284****	0.000

注：*表示 $p<0.05$，**表示 $p<0.01$，***表示 $p<0.001$，下同

2. 神经症患者与健康人五态人格的比较

神经症患者与健康人的五态人格进行比较，神经症患者组在太阳、少阳、阴阳和平以及少阴因子上得分均低于健康组，而在太阴因子上得分高于健康组，且在少阳、阴阳和平和太阴因子上差异具有显著的统计学意义（$p<0.001$）。见表2。

表2　神经症患者与健康人的五态人格比较

因子名称	神经症患者（$n=40$）	健康人（$n=40$）	t 值	p 值
太阳	9.26±3.703	10.43±2.763	−1.564	0.122
少阳	9.79±3.663	13.05±3.427	−4.062***	0.000
阴阳和平	3.87±2.029	7.03±2.547	−6.034***	0.000

（续上表）

因子名称	神经症患者（$n=40$）	健康人（$n=40$）	t 值	p 值
太阴	13.45 ±4.536	5.95 ±4.145	7.627***	0.000
少阴	11.71 ±2.740	12.80 ±4.052	−1.397	0.167

（二）实验组和对照组 HTP 测验结果

1. 纸张方向和画面大小

绘画统一采用 A4 白纸，水平方向呈放，在相同的指导语下进行绘画。但绘画的结果是，实验组 40 人的绘画中，只有 4 人调转了纸的方向，呈垂直方向绘画，占实验组总人数的 10.0%，而对照组 40 人中，有 10 人调转了纸的方向以垂直方向进行绘画，占对照组总数的 25.0%；而在画面大小特征上，实验组的绘画中，18 幅绘画的画面很小，小于等于整张纸面积的 1/2 或 1/4，占实验组绘画总数的 45.0%，而对照组中只有 5 幅出现类似情况，占对照组绘画总数的 12.5%。且画面大小在组间的差异具有显著的统计学意义（$p<0.01$）。

2. 画面内容、涂黑与气氛

实验组中，画面内容单调，除了房子、树和人之外，没有其他的事物刻画，包括树下没有花草、没有通向外面的路和没有太阳的绘画共有 27 幅，占实验组总数的 67.5%，同样的情况在对照组只有 9 幅，占对照组总数的 22.5%；画面出现大面积阴影涂黑的在实验组中有 2 幅，对照组中没有；在画面氛围方面，从人物活动、表情、周围事物和环境刻画以及相互之间的联系来考察，画面呈现出的是美丽的、快乐的、祥和的氛围的绘画在实验组中只有 7 幅，占实验组总数的 17.5%，而在对照组中则有 28 幅，占对照组总数的 70.0%；至于画面事物的相关情况方面，房子、树、人或其他事物简单地并排或排列在纸上，事物之间显得孤立、单调、刻板和机械，而不是通过描绘把房子、树、人联系为一个整体，一个场景的绘画，实验组中有 30 幅，占实验组总数的 75.0%，而对照组中只有 4 幅，占对照组总数的 10.0%。且除了大面积阴影涂黑外，其他差异均具有显著的统计学意义（$p<0.001$）。

3. 房屋

（1）屋顶：对于屋顶的刻画，画出一片片瓦的在实验组中有 6 幅（15.0%），在对照组中有 11 幅（27.5%）；屋顶完全没有任何描绘、空白的在实验组中有 23 幅（57.5%），对照组中有 16 幅（40.0%）；有天窗的实验组中有 2 幅（5.0%），对照组中有 4 幅（10.0%）；有烟囱的实验组中有 8 幅（20.0%），对照组中有 11 幅（27.5%）；而有烟囱且冒烟的实验组中只有 3 幅（7.5%），对照组中有 11 幅（27.5%）；房子为两层或以上的在实验组中有 5 幅（12.5%），对照组中有 10 幅（25.0%）；屋子为平顶的在实验组中有 2 幅

(5.0%)，在对照组中有8幅(20.0%)；用粗线条或双线条加重轮廓的屋顶或重复多次描绘的屋顶，屋顶显得厚重的实验组中有6幅(15.0%)，对照组中有1幅(2.5%)。且在烟囱冒烟、屋子平顶、厚重屋顶特征上，两组具有统计学差异($p<0.05$)。

(2) 门窗：房子没有窗包括没有天窗的实验组中有9幅(22.5%)，对照组有3幅(7.5%)；而在有窗的绘画中，窗开着的在实验组中有11幅(27.5%)，而在对照组中有22幅(55.0%)；窗仅为一方框形“口”，没有任何修饰的在实验组中有7幅(17.5%)，对照组中有4幅(10.0%)；有窗帘的在实验组中没有，在对照组中有2幅(5.0%)。没画门的在实验组中有7幅(17.5%)，对照组中有2幅(5.0%)；在有门的绘画中，门开着的在实验组中有8幅(20.0%)，而对照组中有21幅(52.5%)；实验组中门很小(门高小于等于墙高的1/4)的有3幅(7.5%)，对照组中没有；门口有阶梯的实验组中有3幅(7.5%)，对照组中有1幅(2.5%)。门关着并全门涂黑的对照组中没有，而实验组中有1幅(2.5%)；门前有路通向外面的实验组中有5幅(12.5%)，对照组中有15幅(37.5%)，其中路作了进一步描绘的在实验组中有1幅(2.5%)，对照组中有10幅(25.0%)。两组在门和窗的开关状况以及门前是否有路特征上具有统计学差异($p<0.05$)。

(3) 房屋整体情况：房子面积很小(即小于等于纸张面积的1/9)的在实验组中有22幅(55.0%)，对照组中有12幅(30.0%)；房子变形或歪曲的在实验组中有8幅(20.0%)，对照组中没有；房子从纸的底端画出的在实验组中有1幅(2.5%)，对照组中没有；房子偏右，房子整体在纸的垂直中线以左的在实验组中有9幅(22.5%)，对照组有10幅(25.0%)；而房子偏左，房子整体在纸的垂直中线以右的在实验组中有17幅(42.5%)，对照组有11幅(27.5%)；城堡或古建筑式的房屋在实验组中有2幅(5.0%)，对照组中没有；房子没有底线或者是构成房子的线条连接之间多处(五处及以上)明显断裂、缺失、错位或过头的在实验组中有24幅(60.0%)，对照组中有5幅(12.5%)。两个组在房屋面积、房屋整体外形以及房屋线条特征上均具有统计学差异($p<0.05$)。

4. 树的绘画情况

(1) 树干：树干空白的在实验组中有31幅(77.5%)，对照组中有24幅(60.0%)；树干轻度描绘的在实验组中有5幅(12.5%)，对照组中有13幅(32.5%)；树干是笔直的平行线的在实验组中有13幅(32.5%)，对照组中有7幅(17.5%)；树干是一条单一线条的实验组中有5幅(12.5%)，对照组中有1幅(2.5%)；描绘树干的两条主线条轻淡、不确定、不连续的在实验组中有11幅(27.5%)，对照组中有6幅(15.0%)；用波浪线组成和描绘树干的在实验组中有1幅(2.5%)，对照组中没有；三角形的树干实验组中有2

幅（5.0%），对照组中没有；用杂乱的线条组成树干的在实验组中有 4 幅（10.0%），对照组没有。两组在树干轻度描绘特征上具有统计学差异（$p<0.05$）。

（2）树冠枝叶：在实验组中，树枝向下发展的有 4 幅（10.0%），对照组中没有；树冠呈三角形的在实验组中有 3 幅（7.5.0%），对照组中有 1 幅（2.5%）；树上有果实或花朵的在实验组中有 4 幅（10.0%），而对照组中有 11 幅（27.5%）；树冠区域空白的在实验组中有 17 幅（42.5%），对照组中有 4 幅（10.0%）；树冠区域作适当描绘的在实验组中有 2 幅（5.0%），而对照组中有 16 幅（40.0%）；树冠区域过度描绘的实验组中有 11 幅（27.5%），而对照组中有 5 幅（12.5%）；树冠、枝叶线条相对其他部位轻淡或用虚线描绘的在实验组中有 4 幅（10.0%），而对照组中有 1 幅（2.5%）；具有巨型树冠的在实验组中有 2 幅（5.0%），对照组中没有；树枝为枯枝或无花叶果的实验组中有 7 幅（17.5%），对照组中有 1 幅（2.5%）；具有刺状或尖状树枝的在实验组中有 14 幅（35.0%），对照组中有 8 幅（20.0%）；树冠或枝叶用杂乱随便的线条进行描绘的在实验组中有 21 幅（52.5%），对照组中有 8 幅（20.0%）。两组在树上有无果实花朵、树冠区域空白、树冠区域适度描绘、树冠区域用杂乱线条描绘几个特征上差异具有统计学意义（$p<0.05$）。

（3）树的整体形貌：树画得像一棵草、一株花或小树苗的在实验组中有 12 幅（30.0%），对照组中没有；树很小（即所占面积小于等于纸张面积的 1/9）的在实验组中有 21 幅（52.5%），对照组中有 11 幅（27.5%）；树下有花草的在实验组中有 4 幅（10.0%），而对照组中有 14 幅（35.0%）；画多棵树的在实验组中有 1 幅（2.5%），对照组中有 4 幅（10.0%）；画的树单调、贫乏、抽象的在实验组中有 34 幅（85.0%），而对照组中有 19 幅（47.5%）；树是尖顶的在实验组中有 8 幅（20.0%），对照组中有 1 幅（2.5%）；树偏右的在实验组中有 16 幅（40.0%），对照组中有 18 幅（45.0%）；树偏左的在实验组中有 17 幅（42.5%），对照组中有 12 幅（30.0%）；树在房子前面的在实验组中有 8 幅（20.0%），对照组中有 20 幅（50.0%）；树在房子后面的实验组中没有，对照组中有 3 幅（7.5%）；树与房子并排的在实验组中有 32 幅（80.0%），对照组中 17 幅（42.5%）。树干与树枝都是单一直线的在实验组中有 6 幅（15.0%），对照组中有 1 幅（2.5%）。两组在树像花草或树苗、树很小、树下有花草、树单调贫乏抽象、树为尖顶、树在房子前面、树与房子并排 7 个特征上具有统计学差异（$p<0.05$）。

5. 人物刻画情况

（1）四肢：画出一根根手指且手指是尖的在实验组中有 8 幅（20.0%），对照组中有 3 幅（7.5%）；手或脚呈鸡爪状的在实验组中有 3 幅（7.5%），对照组中没有；手放在身后的实验组中有 5 幅（12.5%），对照组中没有；双手臂紧贴身体两侧的实验组中有 1 幅（2.5%），对照组中没有；手里有抓握东西的在实验组中有 6 幅（15.0%），对照组中有 16 幅（40.0%）；手臂展开伸向左右两侧近乎水平方向的在实验组中有 6 幅（15.0%），对照组中有 1 幅（2.5%）；单线四肢的在实验组中有 7 幅（17.5%），对照组中有 1 幅（2.5%）；没有画脚的在实验组中有 13 幅（32.5%），对照组中有 3 幅（7.5%）。两组在手里抓握东西、无脚两个特征上差异具有统计学意义（$p<0.05$）。

（2）人物的整体形态：人很小的绘画在实验组中有 19 幅（47.5%），而对照组中有 9 幅（22.5%）；没有刻画出人的五官或躯体的在实验组中有 10 人（25.0%），对照组中有 3 人（7.5%）；人在密闭的空间里面的在实验组中有 2 幅（5.0%），而对照组中没有；画人的线条轻淡、短促、断续、不顺畅的在实验组中有 15 幅（37.5%），对照组中有 5 幅（12.5%）；画多个人的在实验组中没有，而对照组中有 5 幅（12.5%）；人物变形的在实验组中有 5 幅（12.5%），对照组中没有；所画人物在运动保健的在实验组中有 9 幅（22.5%），对照组中有 1 幅（2.5%）；画中人物无所事事的在实验组中有 23 幅（57.5%），对照组中有 10 幅（25.0%）；所画人物特征与其人物性别不相符的在实验组中有 12 幅（30.0%），对照组中有 2 幅（5.0%）；人躺着或坐靠着椅子的在实验组中有 4 幅（10.0%），对照中没有。两组在小人、没有刻画人的五官或躯体、人物线条轻淡、短促、断续、人物变形、人物运动保健、人物无所事事、特征与性别不符几个特征上差异具有统计学意义（$p<0.05$）。

6. 线条特征

在两个组的绘画中，整幅图的大部分线条都显得轻淡、断续或短促、不连贯、飘忽的在实验组中有 20 幅，占实验组总数的 50.0%，而对照组有 6 幅，占对照组总数的 15.0%；整幅图的大部分线条都显得过粗过黑，或有加强涂黑情况的在实验组中有 14 幅，占实验组总数的 35.0%，而对照组中有 5 幅，占对照组总数的 12.5%。且以上差异均具有统计学意义（$p<0.05$）。

三、HTP 与五态人格特征的相关性分析

（一）实验组 HTP 测验与五态人格特征的相关性

实验组 HTP 测验各绘画特征与太阳得分的相关分析结果显示，绘画特征 C63、C79、C80、C90、C102、C108 与太阳因子得分具有中度相关，且相关具有显著性（$p<0.05$）。其中除 C90 为正相关之外，其他都是负相关。详见表 3。

表3　实验组 HTP 测验各绘画特征与太阳得分的相关性

绘画特征编号	绘画特征简称	点二列相关系数
C63	三角形树冠	-0.339*
C79	树单调贫乏抽象	-0.363*
C80	尖顶的树	-0.350*
C90	没有刻画出人的五官或躯体	0.324*
C102	眼部全涂黑或为一黑点	-0.356*
C108	无耳朵	-0.365*

实验组 HTP 测验各绘画特征与少阳因子得分的相关分析结果显示，绘画特征 C2、C18、C62、C104 与少阳因子得分具有中度相关，且相关具有显著性（$p<0.05$）。其中除 C2 为负相关之外，其他都是正相关。见表4。

表4　实验组 HTP 测验各绘画特征与少阳得分的相关性

绘画特征编号	绘画特征简称	点二列相关系数
C2	画面很小	-0.423**
C18	门很小	0.481**
C62	树枝向下发展	0.376*
C104	眉毛和眼睛融为一体	0.452**

实验组 HTP 测验各绘画特征与阴阳和平因子得分的相关分析结果显示，绘画特征 C40、C46、C65、C76、C80、C126、C148 与阴阳和平因子得分具有中度相关，且相关具有显著性（$p<0.05$）。其中 C46、C126 和 C148 为正相关，其他都是负相关。见表5。

表5　实验组 HTP 测验各绘画特征与阴阳和平得分的相关性

绘画特征编号	绘画特征简称	点二列相关系数
C40	无树根	-0.312*
C46	大地透明	0.363*
C65	树冠区域空白	-0.325*
C76	树很小	-0.384*
C80	尖顶的树	-0.437**
C126	画人侧面或背面	0.438**
C148	厚重屋顶	0.341*

实验组 HTP 测验各绘画特征与太阴因子得分的相关分析结果显示，绘画特征 C8、C12、C15、C31、C48、C49、C103、C115、C131、C134 与太阴因子得分具有中度相关，且相关具有显著性（$p<0.05$）。其中 C12、C48、C131、C134 为正相关，其他都是负相关。见表 6。

表 6 实验组 HTP 测验各绘画特征与太阴得分的相关性

绘画特征编号	绘画特征简称	点二列相关系数
C8	有烟囱	-0.369*
C12	窗栅成“皿”状	0.354*
C15	窗中线比门上线高	-0.380*
C31	门关着并全门涂黑	-0.374*
C48	树干过度描绘	0.378*
C49	树干空白	-0.428**
C103	无眉毛	-0.353*
C115	双手交叉在身前	-0.354*
C131	人物性别与作画者一致	0.366*
C134	人物无所事事	0.396*

实验组 HTP 测验各绘画特征与少阴得分的相关分析结果显示，绘画特征 C41、C45、C46、C76、C77、C80、C109、C115、C123 与少阴因子得分具有中度相关，且相关具有显著性（$p<0.05$）。其中 C41、C45、C46、C123 为正相关，其他为负相关。见表 7。

表 7 实验组 HTP 测验各绘画特征与少阴得分的相关性

绘画特征编号	绘画特征简称	点二列相关系数
C41	须状根	0.357*
C45	树根无修饰	0.351*
C46	大地透明	0.416**
C76	树很小	-0.366*
C77	树下有花草	-0.334*
C80	尖顶的树	-0.315*
C109	表情快乐或平和	-0.358*
C115	双手交叉在身前	-0.346*
C123	穿着适度描绘	0.450**

（二）对照组 HTP 测验与五态人格特征的相关性

对照组 HTP 测验各绘画特征与太阳得分的相关性分析结果显示，绘画特征 C1、C11、C81、C82 与太阳因子得分具有中度相关，且相关具有显著性（$p<0.05$）。其中 C1、C82 为正相关，其他为负相关。见表 8。

表 8　对照组 HTP 测验各绘画特征与太阳得分的相关性

绘画特征编号	绘画特征简称	点二列相关系数
C1	绘画顺序为房子树人	0.402*
C11	窗开着	-0.471*
C81	地面涂黑或用线条加重	-0.414**
C82	画树线条相对画人的轻	0.343*

对照组 HTP 测验各绘画特征与少阳得分的相关性分析结果显示，绘画特征 C16、C88、C134、C141、C142 与少阳因子得分具有中度相关，且相关具有显著性（$p<0.05$）。其中 C16、C134 为负相关，其他为正相关。见表 9。

表 9　对照组 HTP 测验各绘画特征与少阳得分的相关性

绘画特征编号	绘画特征简称	点二列相关系数
C16	无门	-0.376*
C88	树比房子小	0.470**
C134	人物无所事事	-0.333*
C141	房子为两层或以上	0.486**
C142	房子为平顶	0.344*

对照组 HTP 测验各绘画特征与阴阳和平得分的相关分析结果显示，绘画特征 C8、C15、C29、C35、C56、C61、C70、C73、C99、C126 与阴阳和平因子得分具有中度相关，且相关具有显著性（$p<0.05$）。其中 C8、C29 为正相关，其他为负相关。详见表 10。

表 10　对照组 HTP 测验各绘画特征与阴阳和平得分的相关性

绘画特征编号	绘画特征简称	点二列相关系数
C8	有烟囱	0.367*
C15	窗中线比门上线高	-0.444**

（续上表）

绘画特征编号	绘画特征简称	点二列相关系数
C56	树干顶端闭合	-0.398*
C29	有太阳	0.336*
C35	房子偏右	-0.350*
C61	树干主线条反复描绘	-0.333*
C70	树枝为枯枝或无叶花果	-0.320*
C73	树从纸底边画出	-0.504**
C99	眼睛为空白的椭圆状	-0.457**
C126	画人侧面或背面	-0.431**

对照组 HTP 测验各绘画特征与太阴得分的相关分析结果显示，绘画特征 C1、C24、C29、C51、C53、C67、C95、C124、C126、C131、C132 与太阴因子得分具有中度相关，且相关具有显著性（$p<0.05$）。其中 C24、C51、C95、C126 为正相关，其他为负相关。见表 11。

表 11　对照组 HTP 测验各绘画特征与太阴得分的相关性

绘画特征编号	绘画特征简称	点二列相关系数
C1	绘画顺序是房子、树、人	-0.315*
C24	墙空白	0.321*
C29	有太阳	-0.396*
C51	弯曲的树干	0.357*
C53	树干是笔直的平行线	-0.328*
C67	树冠区域或枝叶过度描绘	-0.346*
C95	头部适度刻画	0.343*
C124	画出一颗颗纽扣	-0.355*
C126	画人侧面或背面	0.426**
C131	人物性别与作画者一致	-0.325*
C132	除房子、树、人之外还有其他事物	-0.471**

对照组 HTP 测验各绘画特征与少阴得分的相关分析结果显示，绘画特征 C15、C56、C70、C113 与少阴因子得分具有中度相关，且相关具有显著性（$p<0.05$）。其中 C113 为正相关，其他为负相关。详见表 12。

表 12　对照组 HTP 测验各绘画特征与少阴得分的相关性

绘画特征编号	绘画特征简称	点二列相关系数
C15	窗中线比门上线高	−0.444**
C56	树干顶端闭合	−0.465**
C70	树枝为枯枝或没有叶、花、果	−0.392*
C113	尖手指且清晰可数	0.326*

四、讨论分析

（一）神经症患者的五态人格特征分析

本研究统计结果显示，神经症患者组在太阳、少阳、阴阳和平和少阴因子上得分比全国常模显著降低，在太阴因子上得分比全国常模显著增高，差异具有统计学意义；且与健康对照组比较中表现出同样的情况和趋势，神经症患者组在太阳、少阳、阴阳和平和少阴因子上得分比健康对照组得分低，在太阴因子上得分比健康对照组得分高，在少阳、阴阳和平和太阴因子上具有显著统计学差异。也就是说，在五态人格上，神经症患者与健康人比较，其反应强度和灵活性比健康人小，平衡性、持久性和趋近性比健康人差。神经症患者更多地表现出外貌谦虚，内怀疑忌，考虑多，悲观失望，胆小，阴柔寡断，与人保持一定距离，内省，孤独，不愿接触人，不喜欢兴奋的事，不务于时，保守，动而后之的“太阴”人格特征。而主动性、进取性、敢为性、机智敏捷性、乐观积极性、好动性、交际性、节制性、沉稳性、谦谨性以及高度适应性等特征不足。按照中医的阴阳属性而言，“阳”常代表事物之积极、主动、进取等方面，阴则反之。那么与健康人相比，神经症患者在阴阳人格特征上表现出阴有余而阳不足。

上述研究结果与我们临床观察中神经症患者的临床表现以及目前同类研究结果是一致的。临床中可观察和体会到神经症患者大多都具有一些共同的特点，如内向、不善与人交往、退缩、过低的自我评价、自我否定、自卑、追求完美、理性、不安、悲观消极、刻板、自我中心、敏感多疑、情绪不稳定等。樊荣、朱金富 2006 年进行的神经症患者性格测验研究中，神经症患者的太阴性格得分显著高于健康对照组，而太阳、少阳和阴阳和平性格得分显著低于对照组。李雯 2001 年对 118 例神经症患者的中医五态人格分析研究中，神经症患者的少阳得分明显低于正常人群，且太阳、太阴和少阴三项得分均与常人有差异。

目前，神经症患病的不良人格基础已得到世界的广泛认同，现代心理学研究认为，神经症患者的许多痛苦，实质上来源于患者的不良个性。也就是说，与外界精神刺激相比，神经症患者特殊的人格特质对于神经症的发病意义更为重要。

而从本文的研究，或者说从中医五态人格来看，“阴有余而阳不足”的“太阴”人格是神经症患者患病的主要人格素质或人格基础。

（二）HTP 绘画作品的心理分析

HTP 绘画作品中不同的绘画组成要素及其特征能够从不同的角度和层面反映作画者的心理特征，下面从绘画整体特征、房屋特征、树木特征、人物特征以及线条特征几个方面进行绘画作品的心理分析。

1. 绘画整体特征的心理分析

画面大小首先和作画者的自我评价有关，非常小的画面表现出自我评价较低（Buck，1948；Burns & Kaufman，1972；Hammer，1971）；有拘谨、胆怯和害羞的倾向（Alschuler & Hattwick，1947；Buck，1948；Hammer，1971）；或可能缺乏安全感（Alschuler & Hattwick，1947；Buck，1948；Burns & Kaufman，1972）；可能情绪低落或有退缩的倾向（Machover，1949）。神经症组中出现小画面的比例显著高于正常对照组，这体现了神经症患者普遍地表现出对自我评价较低以及拘谨、胆怯、害羞的特征和倾向，还体现了他们可能缺乏安全感、情绪低落或有退缩的倾向。另外，画面大小还象征着人对于空间的实际占有程度或对空间的占有欲望，当人在环境中受到排挤或压抑，感到生存空间受损或生存条件不足时可能会通过画偏小的画来表达这种情况。在临床上我们可以了解到大部分神经症患者都存在不良人际关系和较强的自我压抑，而由此带来的心理感受可在绘画中投射和表现出来。对于纸张绘画方向，只有少数几个神经症患者调转纸张呈垂直方向绘画，这可能与他们刻板、被动以及顺应的个性有关。只是简单地勾画出房子、树和人，达到绘画的最低要求，画面内容单调贫乏的神经症患者显著高于正常人，且绝大多数神经症患者把画面事物简单地并排或排列在纸上，事物之间显得孤立、单调、刻板和机械，而不是通过描绘把房子、树、人联系为一个整体，一个场景。这可能体现了神经症患者贫乏的内部世界以及对自身和周围世界的机械感、断裂感、分离感和不完整感。神经症患者通常只关注他们自身的痛苦、不适及其矛盾的内部世界，不关心外界的人和事，所以他们的内部世界是很单调贫乏的。且由于他们只关注自身内部的痛苦以及与其问题相关的一些外界事物，从而缺乏一种对自身和周围世界完整的感知和认识，进而会产生一种断裂感和分离感。

神经症组中画面呈现出美丽的、快乐的、祥和氛围的绘画显著少于正常对照组，且神经症组中有出现画面大面积阴影、涂黑的绘画。根据色彩心理学的理论，黑色与黑夜、葬礼、乌鸦等联系在一起，黑色更多的是和恐怖、烦恼、消极、死亡和阴郁联系在一起。这可能正是神经症患者内心各种消极情绪情感体验的写照。他们内心充满了紧张、焦虑、恐惧、抑郁、矛盾和痛苦，生活的重心就是去消除和摆脱这些痛苦和不悦。而且他们可通过涂黑的动作来表达和宣泄内心的焦虑以及黑暗情绪。有学者在对神经症个体绘画的研究也发现，涂黑的绘画特征与强迫倾向、焦虑和抑郁有关。

2. *房屋特征的心理分析*

房子的绘画会引起关于家庭生活及家庭关系的联想，房子反映的是被试对于家庭以及与家人互动的经验，代表着亲情与安全。通过房子可考察作画者对家庭、亲情的情绪情感体验、态度和看法。两组被试在房子的绘画中在一些特征上表现出了显著差异。

（1）屋顶。在屋顶的描绘上，很少有神经症患者画出烟囱且烟囱冒烟，也很少有神经症患者画出平顶的房子，但有更多的神经症患者画出厚重的屋顶，即用粗线条或双线条加重屋顶的轮廓或多次描绘屋顶，屋顶显得厚重。目前的绘画研究认为，冒着烟的烟囱代表温暖与亲情的感觉，代表温暖的亲密关系。反之则代表内心缺乏温暖、爱与亲情，缺乏温暖的亲密关系。而屋顶是幻想世界的象征，对于智力正常的个体，没有屋顶或平顶反映了个体十分重视现实世界，常有非常明确的目标；厚重屋顶反映个体努力抑制幻想的失控，在焦虑症患者中常见。这与神经症患者的状况是比较符合的。临床中我们了解到大部分神经症患者在家庭温暖、爱和亲情方面是缺失的或失当的，他们与家庭亲人如父母或伴侣之间缺乏温暖的亲密关系，他们感受不到家庭的温暖和关爱，体验不到亲情的温暖。现实中的受挫使他们更喜欢活在幻想中，通过幻想来得到补偿，而逃避现实世界。但同时他们又害怕释放出幻想，害怕因此导致行为失控或歪曲了对现实的知觉，所以他们努力抑制幻想的失控，通过对屋顶的反复描绘和用粗线条加重轮廓来表现其内心的焦虑、恐惧和矛盾。

（2）门窗。门和窗是房屋与外界联系的途径，反映个体与环境的联系以及个体对外界的开放度。在两组绘画作品中，更多的神经症患者所画的房屋没有门或窗户；更多的神经症患者所画的窗户仅为一方框形“口”，没有其他修饰；更多的神经症患者画出很小的门，且神经症患者组中门窗开着的绘画显著少于对照组。对于门开着这一特征，目前有一些研究结果认为象征个体渴望得到他人温暖的情感和强烈需要接收外界的温暖。在强迫症患者中，这与其自我发展的补偿表现有关，反映强迫症患者要走出症状的控制，满足交往的需要，进行必要的自我发展。但本研究结果显示，与正常人比较，绘画中出现门开着这一特征的神经症患者很少。笔者认为，门开着这一特征，或许可以从积极的方面去解释其象征意义，因而笔者倾向于认为门开着与个体积极自信，愿意和敢于开放自我，与外界接触交流有关。以上绘画特征反映了神经症患者在人际交往方面具有害羞、胆怯、退缩、抵抗、敌意和较强的防御心理，缺乏社交技巧，建立社会联系的能力受到抑制，不能与外界和他人建立良好和谐的人际关系。这与其他几个特征差异所反映的信息是一致的。如更多的神经症患者所画的房屋门前有阶梯，但门前有路的作品却显著少于对照组，且大部分正常人都对路做了进一步描绘，而神经症患者几乎没有。此外，神经症患者的绘画中还出现了全门涂黑的情况，而对照组中没有。阶梯体现的是难以接近的，而门前有路通向远方是愿意与人交往的象征，全门涂黑可能与绘画者的强迫倾向、焦虑和抑郁有关，体现了来自人际交往方面的强烈心理冲突和焦虑、抑郁情绪。

（3）墙壁和线条。绘画心理学研究认为墙壁象征着自我，与自我功能的强度有直接关系。研究中我们可以看到，有更多的神经症患者对墙壁进行涂黑或用大量的杂乱线条修饰，且更多的神经症患者的绘画中墙壁的线条十分轻淡，或断续不连贯或明显弯曲歪斜。这反映了神经症患者压抑的自我以及消极悲观的情绪和态度，同时可能也反映了神经症患者必须投入大量的心理能量以抵抗和调节来自内部和外部、本我和超我之间的矛盾冲突。而轻淡、断续、弯曲歪斜的墙壁线条则反映出神经症患者虚弱的自我控制能力以及消极的防御方式。

（4）房屋整体情况。两组绘画中，面积很小的房子、变形歪曲的房子和房子没有底线或者是构成房子的线条连接之间多处明显断裂、缺失、错位或过头的绘画在神经症组中显著多于正常对照组。这反映了家在很多神经症患者心目中的地位是很低的，家给他们带来的不是温暖和力量，更多的是痛苦、矛盾和怨恨，他们对家没有向往，更多的是一种愤怒和逃避。这些情绪就在以上对房子的描绘特征中投射出来。更多的神经症患者把房子画在纸的偏左侧位置，且神经症组中出现房子从纸底端画出以及城堡或古建筑式房子的绘画，说明神经症患者更多地关注家庭的过去，而不愿面对目前的现实状况，更不愿去积极应对。而从纸底端画出的房子反映了作画者缺乏基本的外界支持和安全感。由此可见，神经症患者对家庭的感受和态度与健康人有着较大的差别，他们更多是消极的而健康人则更多是积极的，他们的家庭支持功能缺乏，外界支持力量很弱。

3. 树木特征的心理分析

目前的研究和临床经验显示，相对于画房屋，树的绘画更能把个体的冲突、情感紊乱等消极负面的方面体现出来，树的绘画能够触及和反映更深层的人格。

（1）树根。树根是树与土壤接触的部位，是吸收水分、养料来维持树的生命力和成长的重要部位。有学者和研究认为树根表现的是个体与现实间的联系。实验组中没有树根、树根部没有作任何修饰或没有地平线的绘画显著多于对照组，且更多的神经症患者画出须状根或透明的大地。没有树根以及树根部没有任何修饰可能反映了神经症患者脱离现实，与现实失去良好的接触和交流，活在自己的主观世界中，被自己的观念左右，对自己周围的人和环境不关注，不留心，关注点在自身内部。这些与透明大地的特征反映是一致的，他们甚至失去对现实的考察能力。没有地平线则反映了神经症患者易受压力影响，不能很好地积极应对。另外，更多的神经症患者画出须状根又反映了他们过分关注自己对现实的把握程度，这与前面所述的树根其他特征反应形成冲突和矛盾，这可能也正是神经症患者在现实与观念之间存在的强烈内心冲突和矛盾的体现。而健康人关注点更多地在外界，能保持与现实良好的接触和交流，更多地以现实为依据，遵循实事唯真的道理。

（2）树干。研究发现，树干的成长与人的成长有密切关系，如树干上疤痕的高度与个体早期创伤发生的时间有对应的关系。另外，树干作为整棵树的支撑部分还象征自我的力量以及基本的生命力，且在中国文化里面，木材经常被用来比喻人的能力，如栋梁之材、朽木不可雕等，所以树干还与个体能力及素质的自我评价、基本的自我形象有关。本研究结果显示，实验组中树干空白的绘画多于对照组，而对树干进行轻度适当描绘的却明显少于对照组，这可能与神经症患者更多地表现消极的自我评价和自我否定以及自我无力感有关。笔直的平行线树干可能与神经症患者的刻板性格有关；波浪线树干与任性和自我中心有关；而单一线条树干以及轻淡、不确定、不连续的树干主线条描绘反映了更多的神经症患者能量不足，成长中缺乏支持的力量，渴望关爱和支持，犹豫不决、优柔寡断的个性以及易受感情刺激的心理特征；三角形树干体现了一种以目标为导向，实现目标是生活的全部意义的人生观和价值观，另外三角形树干还与性有关，可能是神经症患者性压抑的一种补偿表现形式；杂乱线条的树干可能与神经症患者消极的自我评价、自我否定以及因此带来的内部焦虑有关。

（3）树冠枝叶。树冠和树枝传递着成长的信息以及与环境的关系。树枝的象征与人的手与臂相对应，它反映个体主动与环境接触的方式，包括个体与他人的联系，个体的发展与成就以及个体从环境中获取的满足。本研究结果得出，神经症患者的绘画中树冠区域空白的显著多于健康人，而树冠区域作适当描绘的则显著少于健康人。这与神经症患者躯体化阳性的躯体无力感或自我无力感有关。且更多的神经症患者对树冠做了过度的描绘，这可能是神经症患者缺乏与环境良好的接触和联系，因而从环境中获取满足的补偿表现。树冠或枝叶用杂乱随便的线条进行描绘的在神经症组中显著多于对照组，这可能反映了更多的神经症患者缺乏与外界交流的技巧和方式，不能很好地把握“度”的原则，表现出一种混乱状态。而树冠、枝叶线条相对其他部位轻淡或用虚线描绘则可能与神经症患者在与外界接触中的倦怠和力量不足有关。果实和花朵代表希望、收获、成就、目标、美好的憧憬和愿望等，本研究中神经症患者画出果实或花朵的显著少于健康人，这反映了大部分的神经症患者缺乏目标、成就感以及对将来美好的憧憬和希望。此外，更多的神经症患者画出向下发展的树枝、刺状或尖状树枝、枯枝以及三角形树冠和巨型树冠。向下发展的树枝反映了神经症患者更多的关注过去，能量都流往过去，发展停滞在过去的某一阶段，缺乏对现在和当下的关注和应对；刺状或尖状树枝以及三角形树冠体现了神经症患者内在的不满、敌意和一定的攻击性；枯枝反映了神经症患者缺乏活力，衰竭感和生命的失落感、空虚感，生命力严重不足。巨型树冠是强烈的成就动机的体现。

（4）树的整体形貌。树画得像一棵草、一株花或小树苗的神经症患者显著多于健康人，在树很小以及树画得单调贫乏特征上也是同样，且更多的神经症患者所画的树干与树枝都是单一直线，这反映了神经症患者更多地具有虚弱无能和无用感，感到自我力量不足，自我评价消极、低下，具有强烈的自卑感，缺乏活力和生命力，无法在环境中找到满足和自我价值感。树下有花草体现了个体对周围环境的觉察、关注以及良好的接触和交流能力。神经症患者中树下画有花草的显著少于健康人，这反映了神经症患者缺少对周围环境的觉察、关注和良好的接触交流能力。这与临床中观察到的神经症患者过多地关注自身健康状况、自我形象、自我表现或自身想法是一致的。神经症患者画出尖顶树的也显著多于对照组，这是神经症患者内在不满、敌意和攻击性的体现。在树的位置安排上，绝大部分神经症患者把树画在与房子并排的位置，而健康人则更多地把树画在房子前面。这可能一方面与神经症患者的刻板、关注自我、对周围环境及空间布局的感知和觉察能力降低有关，另一方面可能与神经症患者的悲观、虚弱无能感以及缺乏活力和生命力有关。树是生物的一种，一般情况下都能顽强生长，具有很强的生命力，而且绝大部分树都是以绿色为主，绿色代表着生命、活力和希望。很多健康人把树画在房屋的前面一方面可能象征着他们坚强的内在力量，另一方面可能是在前方象征着具有引领作用的希望。在健康人的自我体验中，他们自己是积极的、充满活力的，有很强生命力的和对生活充满希望的。

4. 人物特征的心理分析

人物画可以激发出对于身体外貌与自我概念之生理层面与心理层面的感受，也可以激发出对于人际关系的情绪，以及引发对于理想自我的感受。

（1）五官和毛发。本研究结果显示，神经症患者画出大头和无头发的显著多于健康人。本研究认为大头对于神经症患者来说，主要体现了神经症患者对自己内部世界的关注并主要以思维和幻想而不是行动去应对，纠缠不休的思维、矛盾冲突的思维以及现实与幻想的冲突等导致生理层面如头痛、头昏、头晕等头部症状以及心理层面觉得自己的大脑笨拙，反应迟钝，思维不灵敏，记忆力不好等认知偏差，所以画中大头是生理层面头部症状的体现和心理层面的一种补偿方式。中医学理论认为，头发反映肾脏的功能和气血状况。没有头发是身体状况不佳，体力不好的体现。（Machover，1949）而有头发的绘画中，神经症患者中的乱线条头发绘画显著多于健康人，神经症患者中的刺状头发或头发一根根画出的绘画也明显多于健康人。这些可能反映了神经症患者所具有的焦虑、烦恼和混乱的情绪状态或对外界的敌意和攻击心理以及做事认真、仔细、追求完美的个性特征。

神经症患者中没有画出眼珠、瞳孔以及眉毛的显著多于对照组。中医学理论认为目为肝之窍。我国文化中一早就有“眼睛是心灵的窗户”的观点。无眼珠反映了更多的神经症患者内向、关注自我以及对环境和外在事物不屑一顾。（Burns & Kaufman，1972；Machover，1949）眉毛在中医学中是反映气血盛衰一个重要方面。“足太阳之上，血气盛则美眉，眉有毫毛；血多气少则恶眉，面多少理。”（《灵枢·阴阳二十五人》）“手少阳之上，血气盛则眉美以长，耳色美。”（《灵枢·阴阳二十五人》）且眉毛是人类面部表情的重要组成部分，具有非常强的表现力，如横眉冷对、扬眉吐气、眉目传情等。Machover（1949）认为画出眉毛表示能较好地照顾他人，本研究认为，很多神经症患者没有画眉毛可能与他们身体状态不佳甚至虚弱，单调、刻板的面部表情以及关注自身，对周围人的忽视和不理会有关。

神经症患者中出现嘴巴为张开的圆圈状或没有嘴巴的绘画，这反映了神经症患者更多地表现出依赖的个性以及不愿意与别人沟通交流或者可能表示情绪低落。(Machover，1949)。耳朵是人们用来听声音的器官，它和倾听有关，还体现对别人意见持何种态度。没有耳朵则代表个体很少倾听别人的意见。神经症患者绘画中没有耳朵的显著多于健康人，这反映了神经症患者对别人的倾听度很低，很少关注别人。在头部的整体刻画中，对头部进行了适度刻画如画出一定的发型、发饰、帽子等的神经症组显著少于健康对照组，这可能与神经症患者更多的自我否定、消极的自我意象和过低的自我评价有关。

（2）躯干、服饰。神经症患者中身体部位空白的绘画显著多于健康人，陈侃认为任何神经症的个体都会存在自我无力感，感觉自我无法与无意识的冲动抗争，常见的绘画反映就是空白的区域，身体空白象征个体所意识到的躯体的无力感。脖子作为头部与身体躯干的连接，有学者认为它是智慧与情绪之间的联结，还有的学者认为它反映了个体本能的冲动与意志控制间的协调。本研究中没有画脖子的神经症患者显著多于健康人，这可能是神经症患者自觉意志不能控制本能冲动或理性和意志不能控制感性和情绪的一种补偿表现形式。有研究认为衣着的描绘反映了个体自我重视的程度。本研究中神经症患者绘画中对穿着进行适度描绘的显著少于健康人，笔者认为这反映了神经症患者具有较低的自我重视程度，进一步反映了他们具有较低的自我认同度。

（3）四肢。手臂与手象征个体接触外界、进行工作活动的方式。更多的神经症患者画出尖手指，这与他们的敌意和攻击性有关，反映了更多的神经症患者具有敌意和攻击性。神经症患者中出现对照组中没有的鸡爪手或鸡爪脚、手放在身后以及双臂紧贴身体两侧的绘画。成人画出鸡爪手或鸡爪脚表示明显的退化和幼稚，手放身后与神经症患者交往困难或对手淫行为的自责有关，而双臂紧贴身体两侧与他们的拘谨和消极的防御方式有关。而神经症患者绘画中出现更多的双臂展开近乎水平方向反映了神经症患者不能很好地适应环境，企图以这样的方式去控制周围的环境，是一种心理补偿方式（Machover，1949）。所画人物手里有抓握东西的在神经症组中显著少于对照组，而手是人类用来制造工具、掌握工具的重要部位，其最基本的含义是代表行动力、做事的决心。本研究中手里抓握东西在两组间的差异更多地反映了神经症患者缺乏行动力和做事的决心，总是活在思维的世界，脱离现实。腿和脚是人用来支撑和站立的，它们最基本的含义是表示踏实、稳定。没有画脚表示不稳定或缺乏准确的定位，有退缩倾向（Machover，1949）或是缺乏独立。研究结果中神经症患者没有画脚的显著多于健康人，反映了更多的神经症患者对自我缺乏准确的定位，对自我没有一个清晰深入的认识，不稳定，依赖，缺乏独立性，在面对人和事时常有退缩倾向。单线四肢也更多地出现了神经症患者的画中，更多地表明神经症患者缺乏与外界的人和事进行良好接触交流和处理的技巧和方法，体现出一种虚弱无能感。

（4）人物整体形态。研究结果显示，神经症患者绘画中人很小的、没有刻画出人的五官或躯体的显著多于健康人。这反映了神经症患者没有安全感，退缩、沮丧、防御或拒绝的态度，想要隐藏自己，不愿表露真实的自我，没有很好地适应环境，逃避人际关系，在人际关系上表现出畏缩、退缩倾向和较强的自我防卫。神经症患者的绘画中出现人物在密闭的空间、人物躺着或坐靠着椅子，这体现了神经症患者能量低、动力小，情感耗尽以及自我封闭倾向。画人的线条轻淡、短促、断续、不顺畅的神经症患者显著多于健康人，表明与健康人相比，更多的神经症患者具有较低的能力水平或心理压抑，自卑、消极的自我评价和自我否定，很低的自我认同感，内在充满焦虑和不安全感。神经症患者画出变形的人物、人物特征与性别不相符的显著多于健康人，这可能与神经症患者的躯体化症状、疑病以及性压抑和困扰有关。此外，神经症患者所画人物在运动保健的显著多于健康人，所画人物无所事事的也是同样。这反映了神经症患者没有目标和追求，对外界没有兴趣和激情，找不到自己对于外界的价值和意义所在，充满迷茫、空虚、和无聊，而唯一关注的是自身内部，对自身的健康状况却过分关注和紧张，这与临床中很多神经症患者的状况是非常吻合的。不少的神经症患者在患病前就有以上的生活状况倾向，而在某些因素的诱发下，开始把注意力完全转移到自身内部，有些开始过分地关注和在意自身的健康状况，且对运动保健非常热衷，他们在来找医生之前就已经尝试了很多的保健运动方法。且把这些作为生活中最重要的核心目标，放下工作、学习、朋友等一切外界的东西，而把所有的精力、时间和金钱都花费在对自身的关注上。

5. 线条特征的心理分析

在绘画中，线条的特征能很好地反映个体肌肉控制状况，而通过这种生理水平的考察，我们能够了解到个体的心理能量以及其他的心理特质与状态。从线条的运用方式与表现风格来看，线条或刚劲有力，或粗拙滞重，或漂浮不定，或奔放潇洒，或丰润圆滑，这不仅与表现的题材有关，而且可以投射出作画者本人的人格和当时的情绪情感状况。研究结果得出，整幅图的大部分线条都显得轻淡、断续或短促、不连贯、飘忽的神经症患者显著多于健康人，且整幅图的大部分线条都显得过粗过黑，或有加强涂黑情况的也是同样的情况。这反映了更多地神经症患者具有较低的心理能量水平或是心理压抑，他们对自己不肯定，对环境也没有确定的适应方向，焦虑、紧张不安、胆怯、缺乏自信和行为上的犹豫不决和无所适从。而健康人则更多地画出自信的、果断的、清晰有力的、流畅的、自由有节奏的线条，这也正是他们的个性特征和心理状态的体现。

（三）神经症患者 HTP 测验与中医五态人格的相关性

研究结果部分 HTP 测验与五态人格特征的相关性分析结果表明，神经症患者组的 HTP 测验中某些绘画特征与五态人格具有显著相关，且在对照组中没有出现。以下分别对神经症患者 HTP 测验与太阳、少阳、阴阳和平、太阴和少阴五型人格的相关性进行分析论述。

1. 神经症患者 HTP 测验与太阳人格的相关性

神经症患者 HTP 测验与太阳人格的相关分析结果显示，HTP 绘画特征 C63（三角形树冠）、C79（树单调贫乏抽象）、C80（尖顶的树）、C90（没有刻画出人的五官或躯体）、C102（眼部全涂黑或为一黑点）、C108（没有耳朵）与太阳人格具有显著相关。具体来说，绘画中出现三角形树冠、树单调贫乏抽象、尖顶的树、眼部全涂黑或为一黑点或没有耳朵特征的神经症患者，其太阳人格得分较低，没有出现的则较高；绘画中出现没有画出人的五官或躯体特征的神经症患者，其太阳人格得分较高，没有出现的则较低。而根据神经症患者太阳人格与常模和健康人的比较，神经症患者的太阳人格得分大多都低于常模或健康人水平。也就是说，当神经症患者 HTP 测验中出现以上绘画特征时，其太阳人格得分大多处于常模或健康人水平以下的较低或较高水平，反之亦然。这些绘画特征与太阳人格的相关性在健康人中没有出现，也就是说这些绘画特征与太阳人格的相关性在神经症患者身上具有特异性。从前面对神经症患者的太阳人格分析以及 HTP 绘画心理分析中，我们可以看到，绘画特征所反映的人格特征与太阳人格具有一致性。三角形树冠、尖顶的树与个体的敌意和攻击性有关；树的形象单调、贫乏、抽象与神经症患者的虚弱无能和无用感，感到自我力量不足，自我评价消极、低下，具有强烈的自卑感，缺乏活力和生命力有关；没有刻画出人的五官或躯体与神经症患者退缩、沮丧，防御、拒绝以及逃避有关；眼部全涂黑或为一黑点与拒绝外界、关注自我有关；没有耳朵与很少倾听和听取别人的观点有关。这些与太阳人格中傲慢，刚愎自用，主观特征以及低于常模或健康人水平的个体的反应强度是相符的，体现了神经症患者较低的反应强度。

2. 神经症患者 HTP 测验与少阳人格的相关性

神经症患者 HTP 测验与少阳人格的相关分析结果显示，HTP 绘画特征 C2（画面很小）、C18（门很小）、C62（树枝向下发展）、C104（眉毛和眼睛融为一体）与少阳人格具有显著相关。且绘画中出现画面很小的特征的神经症患者，其少阳人格得分较低，没有出现的则较高；绘画中出现门很小、树枝向下发展、眉毛和眼睛融为一体特征的神经症患者，其少阳得分较高，没有出现的则较低。而根据神经症患者少阳人格与常模和健康人的比较，我们可得出，当神经症患者HTP测验中出现以上绘画特征时，其少阳人格得分大多处于常模或健康人水平以下的较低或较高水平，反之亦然。且这些绘画特征与少阳人格的相关性在健康人中没有出现，也就是说这些绘画特征与少阳人格的相关性在神经症患者身上具有特异性。从绘画特征的心理分析来看，画面很小与较低的自我评价和拘谨、胆怯、害羞的性格有关；门很小与人际交往方面具有害羞、胆怯、退缩、抵抗、敌意和较强的防御心理有关；树枝向下发展与关注和停滞在过去有关；眼睛和眉毛融为一体可能与内向、关注自我有关。少阳性格反映的是人的灵活性，较好的灵活性表现为好外交而不内附、敏捷乐观、轻浮易变、机智、动作多、随和、漫不经心、喜欢谈笑、不愿静而愿动、朋友多、善交际、喜文娱活动。以上绘画特征体现了神经症患者较差的灵活性。

3. 神经症患者HTP测验与阴阳和平人格的相关性

神经症患者HTP测验与阴阳和平人格的相关分析结果显示，HTP绘画特征C40（无树根）、C46（大地透明）、C65（树冠区域空白）、C76（树很小）、C80（尖顶的树）、C126（画人侧面或背面）、C148（厚重屋顶）与阴阳和平人格具有显著相关。且绘画中出现无树根、树冠区域空白、树很小、尖顶的树的特征的神经症患者，其阴阳和平人格得分较低，没有出现的则较高；绘画中出现大地透明、画人侧面或背面、厚重屋顶特征的神经症患者，其阴阳和平得分较高，没有出现的则较低。而根据神经症患者阴阳和平人格与常模和健康人的比较，我们可得出，当神经症患者HTP测验中出现以上绘画特征时，其阴阳和平人格得分大多处于常模或健康人水平以下的较低或较高水平，反之亦然。且除画人侧面或背面之外的绘画特征与阴阳和平人格的相关性在健康人中没有出现，也就是说这些绘画特征与阴阳和平人格的相关性在神经症患者身上具有特异性。根据前面神经症患者HTP绘画的心理分析，无树根与脱离现实有关；树冠区域空白与自我无力感有关；树很小与虚弱感和无用感有关；尖顶的树与敌意和攻击性有关；大地透明与失去对现实的考察能力有关；屋顶厚重与对幻想的控制有关。阴阳和平性格反映的是人的平衡性，平衡性好则表现为态度从容，尊严而又谦谨，有品而不乱，喜怒不形于色，居处安静，不因物惑而遽有喜怒，无私无畏，不患得患失，不沾沾自喜，忘乎所以，能顺应事物发展规律。以上绘画特征体现了神经症患者较差的平衡性。

4. 神经症患者HTP测验与太阴人格的相关性

神经症患者HTP测验与太阴人格的相关分析结果显示，HTP绘画特征C8（有烟囱）、C12（窗栅成“皿”状）、C15（窗中线比门上线高）、C31（门关着并全门涂黑）、C48（树干过度描绘）、C49（树干空白）、C103（无眉毛）、C115（双手交叉在身前）、C131（人物性别与作画者一致）、C134（人物无所事事）与太阴人格具有显著相关。且绘画中出现有烟囱、窗中线比门上线高、门关着并全门涂黑、树干空白、无眉毛、双手交叉在身前的特征的神经症患者，其太阴人格得分较低，没有出现以上特征的则较高；绘画中出现窗栅成“皿”状、树干过度描绘、人物性别与作画者一致、人物无所事事的特征的神经症患者，其太阴得分较高，没有出现的则较低。而根据神经症患者太阴人格与常模和健康人的比较，我们可得出，当神经症患者 HTP 测验中出现以上绘画特征时，其太阴人格得分大多处于常模或健康人水平以上，反之亦然。且除人物性别与作画者一致之外的绘画特征与太阴人格的相关性在健康人中没有出现，也就是说这些绘画特征与太阴人格的相关性在神经症患者身上具有特异性。根据前面神经症患者 HTP 绘画的心理分析，门关着并全门涂黑与人际交往方面的强烈心理冲突和焦虑、抑郁情绪有关；树干空白与消极的自我评价、自我否定以及自我无力感有关；过度描绘的树干与薄弱的自我和生命力有关；无眉毛与单调、刻板的面部表情与关注自身有关；人物无所事事与空虚无聊有关；双手交叉在身前可能与拒绝和自我保护有关。太阴性格反映的是人的趋近性，以上绘画特征体现了神经症患者具有较差的趋近性，表现为多疑、与人保持一定距离、内省、孤独、悲观、不愿接触人，不喜欢兴奋的事，不务于时，保守等。

5. 神经症患者 HTP 测验与少阴人格的相关性

神经症患者 HTP 测验与少阴人格的相关分析结果显示，HTP 绘画特征 C41（须状根）、C45（树根无修饰）、C46（大地透明）、C76（树很小）、C77（树下有花草）、C80（尖顶的树）、C109（表情快乐或平和）、C115（双手交叉在身前）、C123（穿着适度描绘）与少阴人格具有显著相关。且绘画中出现有须状根、树根无修饰、大地透明或穿着适度描绘特征的神经症患者，其少阴人格得分较高，没有以上特征的则较低；绘画中出现树很小、树下有花草、尖顶的树、表情快乐或平和、双手交叉在身前特征的神经症患者，其少阴得分较低，没有以上特征的则较高。而根据神经症患者少阴人格与常模和健康人的比较，我们可得出，当神经症患者 HTP 测验中出现以上绘画特征时，其少阴人格得分大多处于常模或健康人水平以下，反之亦然。且这些绘画特征与少阴人格的相关性在健康人中没有出现，也就是说这些绘画特征与少阴人格的相关性在神经症患者身上具有特异性。根据神经症患者 HTP 绘画的心理分析，须状根与过分关注对现实的把握程度有关；树根无修饰与关注自我，忽视周围环境有关；大地透明与失去对现实的考察能力有关；穿着适度描绘与自我重视和自我认同有关；树很小与虚弱感和无用感有关；尖顶的树与敌意和攻击性有关；表情快乐或平和与自我和谐有关；双手交叉身前与拒绝和自我保护有关。少阴人格反映的是人的持久性特征，持久性好则表现冷淡，沉静，心有深思而不外露，善辨是非，有节制，警惕性高，柔弱，做事有计划，不轻举妄动，很谨慎，稳健。以上绘画特征反映了神经症患者的持久性较差。

五、结语

本研究对现代心理学绘画技术 HTP 测验与中医五态人格的相关性进行探讨发现：

（1）神经症患者在中医五态太阳、少阳、阴阳和平、太阴和少阴所反映的五个人格维度反应强度、灵活性、平衡性、趋近性以及持久性上都比健康人差。神经症患者更多地表现出多疑、多虑、悲观、胆小、优柔寡断、内省、孤独、不善交际、喜欢安静、动力不足，缺乏灵活性，不能审时度势，把握适度原则等人格特征。表明“阴有余而阳不足”的以“太阴”人格为主的人格特征是神经症患者的主要人格素质和人格基础。

（2）HTP 绘画测验能从情绪、思维、自我意识、人际知觉、态度、观念等多个层面和角度评估和反映神经症患者的心理，且这些心理特征与神经症患者的五态人格特征在一定程度上具有较大的一致性。

（3）神经症患者 HTP 绘画测验中的部分绘画特征与五态人格具有特异的显著相关。本研究认为神经症患者的 HTP 绘画测验与其中医五态人格具有较强的相关性，HTP 绘画测验不仅能反映出神经症患者内在稳定的五态人格特征，而且能够反映其目前一段时间内或当下的情绪状态和心理状态。所以在临床上可以用于治疗过程中的病情进展评估，且其对治疗方案的制定和修正具有较大的参考和指导意义。在以后的研究中可进一步验证其可靠性和有效性。

（4）相对于定量的五态人格量表来说，HTP 绘画测验具有降低个体的心理防御程度，信息量大，能更全面地反映个体的心理面貌以及对病情进行评估并指导治疗等优势，但在施测和结果分析上更需专业化，且具有较大的主观性，需要慎重使用。

本文对神经症患者在 HTP 测验中的五态人格反应特征进行研究，拓展了国内目前该领域的视野。虽然目前的研究认为神经症具有一些共同的人格特征和人格素质，但也有研究发现不同的神经症类型具有其独特的人格特征和素质。本研究由于资料收集时间和被试收集难度的限制，没有对各神经症类型进行分类研究，研究所收集的被试主要为焦虑症、强迫症和恐惧症的病人，其他类型的神经症被试很少或没有，且所收集的神经症被试样本仍属小样本数据。

树木—人格投射测验模具研制及初步应用研究

孟丽莎

一、研究目的、意义和方法

（一）研究目的与意义

投射性测验以其测验目的能保持隐秘性而受到心理研究者欢迎，树木—人格测验是由瑞士心理学家科赫（K. Koch）（1949）开发的投射心理测试：在A4的画纸上用笔“画一棵树”，并对这幅树木画进行评定。树木画分析共三个体系。分别为巴克（John Buck；1948b，1948c，1996）的HTP（家·树·人）测试（House－Tree－Person Test）、科赫（K. Koch；1949，1952，1957）的树木画测试（Baum－Test）与匈牙利的卡洛礼·阿贝尔（Karoly Abel）所梳理成型的分析，以往的研究都局限于将纸笔画树木—人格投射测验应用在不同人群中，而很少思考如何改进树木—人格投射测验本身，从而提高其测量的客观性。

本研究创新性地思考树木—人格投射测验的施测过程，目的是通过根据树木—人格投射测验将树木—人格投射测验中树冠、树干、树根及背景中的元素模具化，以提供选择项的形式牺牲部分被试主观创造的自由，减少纸笔画版树木—人格投射测验中由被试绘画技巧带来的无关变量，提高树木—人格投射测验的方便性和适应性，便于统计分析。

通过模具化树木—人格投射测验，我们可以降低被试对于心理测验的抗拒以及绘画技巧的限制而更好地了解其心理社会因素。本研究的研究结果除了对大学生心理健康工作的开展有所帮助外，同时还给将本模具化树木—人格投射测验应用于其他群体的心理健康工作提供借鉴。

（二）研究对象与方法

1. 研究对象

以广州中医药大学在校大学生为测试对象，共167人。其中男63人（37.7%），女104人（62.3%）。发放问卷167份，回收有效问卷167份，回收率为 100%。

2. 研究方法

（1）树木—人格投射测验自制模具版：根据《树木—人格投射测验》（吉沅洪，2011）将树木—人格投射测验中树冠、树干、树根及背景中的元素模具化、编号并为每个编号及编号的组合制定解释标准，将模具刻制在软磁片上供被试选择以贴在白板上完成测验。

（2）艾森克人格问卷简式量表中国版（EPQ－RSC）：该问卷由英国伦敦大学著名的人格心理学家和临床心理学家艾森克教授等（Eysenck，H. J. & Eysenck，S. B. G）编制，1998 年由钱铭怡，武国城，朱荣春等修订而成。

（3）自制评分表：测验难度评分表，比较此次模具化树木—人格投射测验与纸笔画树木—人格投射测验难度。满分为 5 分，1 分为非常简单，2 分为比较简单，3 分为难度差不多，4 分为比较难，5 分为难度很大。

3. 程序

将树木—人格投射测验中树冠、树干、树根及背景中的元素模具化并编号，将模具刻制在软磁片上供被试选择以贴在白板上完成测验；采用方便取样的方式在广州中医药大学派发问卷并进行测试，学生自行作答，答卷现场收回；数据运用 Excel、SPSS 21 软件作统计学处理。

二、研究结果

（一）模具化树木—人格投射测验结果

1. 各模具编号频次分析

对模具化树木—人格投射测验结果中树木模具出现的频次进行统计分析，结果显示，树冠模块的选择从多到少集中在 C5（37 人，22.2%）、C2.1（33 人，19.8%）、C5.1（24 人，14.4%），C4.1 没有被选择；树冠树干模块的选择从多到少集中在 CT6.1（31 人，18.6%）、C2.1（30 人，18.0%）、CT6（24 人，14.4%）上，此模块所有模具均有被选择；树干模块的选择从多到少集中在 T2（84 人，50.3%）、T4（59 人，35.3%）、T2.1（7 人，4.2%）上，T1.2、T3.1 没有被选择；树根模块的选择从多到少集中在 R4（77 人，46.1%）、R3（37 人，22.2%）、R2（32 人，19.2%）上，此模块所有模具均有被选择；地面模块的选择从多到少集中在 G3（70 人，41.9%）、G4（49 人，29.3%）、G2（33 人，19.8%）上，此模块所有模具均有被选择。结果显示：附加物 1 从多到少的选择情况为 A1（100 人，59.9%）、A1.1（3 人，1.8%）、不选（64 人，38.3%）；附加物 2 选择情况为 A2（65 人，38.9%）、不选（102 人，61.1%）；附加物 3 从多到少的选择情况为不选（112 人，67.1%）、A3.1（37 人，

22.2%)、A(18人，10.8%)；附加物4从多到少的选择情况为A4(53人，31.7%)、A4.1(43人，25.7%)、不选(39人，23.4%)、A4.2(32人，19.2%)。

2. 模具化树木—人格投射测验各模块交互分析

对模具化树木—人格投射测验各模块间模具进行交互关系分析：树冠＊树冠树干$\chi^2=235.517$，$p=0.003<0.05$，因此选择不同树冠的被试对树冠树干的选择有显著差异；树冠＊树干$\chi^2=168.989$，$p<0.01$，因此选择不同树冠的被试对树干的选择有显著差异；树冠树干＊树干$\chi^2=221.948$，$p<0.01$，因此选择不同树冠树干的被试对树干的选择有显著差异；树冠树干＊地面$\chi^2=85.976$，$p=0.016<0.05$，因此选择不同树冠树干的被试对地面的选择有显著差异；树干＊树根$\chi^2=136.174$，$p<0.01$，因此选择不同树干的被试对树根的选择有显著差异；树干＊附加物3$\chi^2=85.976$，$p=0.023<0.05$，因此选择不同树干的被试对附加物3的选择有显著差异。其他配对$p>0.05$，配对双方选择均无显著关系。

3. 模具化树木—人格投射测验各模块因子分析

对模具化树木—人格投射测验各模块进行因子分析，进行巴特利特球度检验，观测值为41.427，显著$p=0.246>0.05$。结果表明，根据KMO度量标准可知原有变量不适合进行因子分析。

(二) EPQ－RSC测验结果

1. EPQ－RSC各类型正态分布检验及频次分析

根据标准差的面积分布，规定精神质(P)、内外倾(E)、神经质(N)、掩饰因子(L)各个量表的T分在38.5分以下的为低分典型型，T分在38.5～43.3分之间的为低分倾向型，T分在43.3～56.7分之间的为中间型，T分在56.7～61.5分之间的为高分倾向型，T分在61.5分以上的为高分典型型。表1和表2列出了EPQ－RSC测验结果P、E、N、L各个量表中类型的出现频次。结果显示：

分量表P中，各类型人数从多到少的排列情况是3中间型合群性(94人，56.3%)、4倾向型离群(22人，13.1%)、2倾向型合群(19人，11.4%)、1典型型合群(16人，9.6%)、5典型型离群(16人，9.6%)；分量表E中，各类型人数从多到少的排列情况是3中间型内外平衡(70人，41.9%)、1典型型内向(36人，21.5%)、5典型型外向(23人，13.8%)、2倾向型内向(19人，11.4%)、4倾向型外向(19人，11.4%)。

表 1　EPQ – RSC 类型频次分析

P 类型	人数	百分比（%）	E 类型	人数	百分比（%）
1 典型型合群	16	9.6	1 典型型内向	36	21.5
2 倾向型合群	19	11.4	2 倾向型内向	19	11.4
3 中间型合群性	94	56.3	3 中间型内外平衡	70	41.9
4 倾向型离群	22	13.1	4 倾向型外向	19	11.4
5 典型型离群	16	9.6	5 典型型外向	23	13.8
合计	167	100	合计	167	100

分量表 N 中，各类型人数从多到少的排列情况是 3 中间型情绪稳定性（67 人，40.1%）、5 典型型情绪不稳定（31 人，18.6%）、4 倾向型情绪不稳定（28 人，16.8%）、1 典型型情绪稳定（27 人，16.1%）、2 倾向型情绪稳定（14 人，8.4%）；分量表 L 中，各类型人数从多到少的排列情况是 3 中间型坦诚性（98 人，58.7%）、2 倾向型坦诚（30 人，18.0%）、1 典型型坦诚（26 人，15.5%）、4 倾向型掩饰（7 人，4.2%）、5 典型型掩饰（6 人，3.6%）。

表 2　EPQ – RSC 类型频次分析

N 类型	人数	百分比（%）	L 类型	人数	百分比（%）
1 典型型情绪稳定	27	16.1	1 典型型坦诚	26	15.5
2 倾向型情绪稳定	14	8.4	2 倾向型坦诚	30	18.0
3 中间型情绪稳定性	67	40.1	3 中间型坦诚性	98	58.7
4 倾向型情绪不稳定	28	16.8	4 倾向型掩饰	7	4.2
5 典型型情绪不稳定	31	18.6	5 典型型掩饰	6	3.6
合计	167	100	合计	167	100

2. EPQ – RSC 得分情况

167 名被试 L 量表的转换后 t 分均小于 70 分，提示结果有效。结果显示，本研究被试（大学生）的精神质（P）分值显著低于全国常模（$p<0.05$），内外倾（E）分值显著低于全国常模（$p<0.05$），神经质（N）分值显著低于全国常模（$p<0.05$），掩饰因子（L）分值显著低于全国常模（$p>0.05$）。

（三）模具化树木—人格投射测验结果和 EPQ – RSC 测验结果相关性

1. 方差分析

分别对 E、P、N 和 L 量表得分转换后 T 分后进行方差齐性检验，结果显示：

显著性值 p 分别为0.498、0.184、0.519和0.467，均大于0.05，说明本研究被试4个分量表得分总体方差齐性，可以进行后续的方差分析。

分别以EPQ中分量表E、P、N、L的T分为因变量，模具化树木—人格投射测验树冠、树冠树干、树干、树根、地面、附加物各模块为自变量进行多因素方差分。结果显示，在分量表N中，附加物3主效应显著，$F=3.768$，$p<0.05$，结果表明附加物3对于分量表N的T分有显著影响。其余分量表未见其他主效应及交互效应显著（$p>0.05$）。

分别对P量表T分、E量表T分、N量表T分、L量表T分在附加物3的三个水平的均值进行比较：P量表中，没有选择附加物3模块的被试与选择A3的被试P量表T分在0.05的水平上差异显著，选择A3与选择A3.1的大学生P量表T分在0.05的水平上差异显著，没有选择附加物3模块与选择A3.1的被试P量表T分无显著差异，$p>0.05$；E量表中，附加物3的三个水平之间均无显著差异，$p>0.05$；N量表中，没有选择附加物3模块的被试与选择A3的被试P量表T分在0.05的水平上差异显著。

2. 交互分析

如上提及，根据标准差的面积分布，规定EPQ-RSC中的P、E、N、L各个量表的T分为1~5五个类型，将模具化树木—人格投射测验各模块模具分别与EPQ-RSC结果类型、性别作交互分析，在卡方检验表中，列出了卡方检验中呈现出显著关系的配对：P类型*树冠 χ 为71.921，$p<0.05$，因此，不同精神质类型的被试对树冠的选择有显著差异；N类型*附加物4 χ 为26.374，$p<0.05$，因此，不同神经质类型的被试对附加物4的选择有显著差异；性别*附加物3皮尔逊卡方值为8.028，$p<0.05$，因此，不同性别的被试对附加物3的选择有显著差异。其余配对无显著关系，$p>0.05$。

3. 对附加物3的选择情况和P类型进行比较

对选择不同树冠的被试在P类型的5个水平进行两两比较，结果表明，选择不同树冠的被试的P类型存在统计意义上的显著差异，$\chi^2=19.688$，$p<0.05$，$V=0.75$；选择不同树冠的被试的P类型存在统计意义上的显著差异，$\chi^2=21.884$，$p<0.05$，$V=0.44$。

对不同P类型的被试在树冠的十三个水平的选择进行两两比较，结果表明：不同P类型的被试对树冠C1和C1.1的选择存在统计意义上的显著差异，$\chi^2=9$，$p<0.05$，$V=1$；不同P类型的被试对树冠C1和C2.1的选择存在统计意义上的显著差异，$\chi^2=16.485$，$p<0.05$，$V=0.696$；不同P类型的被试对树冠C1和C6的选择存在统计意义上的显著差异，$\chi^2=7$，$p<0.05$，$V=1$；不同P类型的被试对树冠C2和C2.1的选择存在统计意义上的显著差异，$\chi^2=11.877$，$p<0.05$，$V=0.478$；不同P类型的被试对树冠C2和C7的选择存在统计意义上的显著差异，$\chi^2=10.122$，$p<0.05$，$V=0.612$；不同P类型的被试对树冠C3和C6.1的选择

存在统计意义上的显著差异，$\chi^2=11$，$p<0.05$，$V=1$；不同P类型的被试对树冠C3和C7的选择存在统计意义上的显著差异，$\chi^2=9$，$p<0.05$，$V=1$；不同P类型的被试对树冠C5和C6.1的选择存在统计意义上的显著差异，$\chi^2=13.048$，$p<0.05$，$V=0.527$；不同P类型的被试对树冠C5.1和C6.1的选择存在统计意义上的显著差异，$\chi^2=10.88$，$p<0.05$，$V=0.566$。

综上所述：1典型型合群倾向于选择树冠C2、C5或C5.1，2倾向型合群倾向于选择树冠C2.1或C6.1，3中间型合群性倾向于选择树冠C2.1或C5，4倾向型离群倾向于选择树冠C2.1或C5，5典型型离群倾向于选择树冠C5。

4. 对附加物4的选择情况和N类型进行比较

对不同N类型的被试在附加物4上四个水平的选择进行两两比较，结果表明：不同N类型的被试在选择附加物4的A4和不选择附加物4存在统计意义上的显著差异，$\chi^2=11.118$，$p<0.05$，$V=0.348$；不同N类型的被试在选择附加物4的A4和选择附加物4的A4.1存在统计意义上的显著差异，$\chi^2=13.054$，$p<0.05$，$V=0.369$；不同N类型的被试在选择附加物4的A4和选择附加物4的A4.2存在统计意义上的显著差异，$\chi^2=18.107$，$p<0.01$，$V=0.369$。其他比较无显著关系，$p>0.05$。

对选择不同附加物4的大学生在N类型的5个水平进行两两比较，结果表明：选择不同附加物4的大学生的N类型在1典型型情绪稳定和3中间型情绪稳定性存在统计意义上的显著差异，$\chi^2=13.515$，$p<0.05$，$V=0.379$；选择不同附加物4的大学生的N类型在1典型型情绪稳定和5典型型情绪不稳定存在统计意义上的显著差异，$\chi^2=8.793$，$p<0.05$，$V=0.389$；选择不同附加物4的大学生的N类型在2倾向型情绪稳定和4倾向型情绪不稳定存在统计意义上的显著差异，$\chi^2=8.177$，$p<0.05$，$V=0.441$；选择不同附加物4的大学生的N类型在3中间型情绪稳定性和4倾向型情绪不稳定存在统计意义上的显著差异，$\chi^2=9.798$，$p<0.05$，$V=0.321$。

综上所述：附加物4各个水平人数最多的神经质（N）类型都是3中间型情绪稳定性，1典型型情绪稳定和2倾向型情绪稳定的大学生更倾向于选择A4.1，3中间型情绪稳定性和5典型型情绪不稳定的大学生更倾向于选择A4，4倾向型情绪不稳定的大学生更倾向选择A4.2或者不选附加物4。

5. 比较附加物3在男女大学生中的选择情况

对不同性别大学生在附加物3上三个水平的选择进行两两比较，结果表明，不同性别的大学生在选择附加物3的A3和不选择附加物3存在统计意义上的显著差异，$\chi^2=7.936$，$p<0.01$，$V=0.247$。但，V值未达到0.3的一般效应度，表明性别变量和附加物3之间的关系比较弱。其他比较无显著关系，$p>0.05$。

综上：男性和女性不选附加物3的人数都显著性高于选择附加物3的A3的人数。

（四）自制评分表结果

模具化树木—人格投射测验难度评分与临界难度评分（3 分）进行比较，对比结果显示，本模具化树木—人格投射测验难度评分显著低于临界难度评分（3 分）（$p<0.01$）。

此外，结果还显示，女生的难度评分显著低于男生的难度评分（$p<0.05$）。

三、讨论分析

（一）模具化树木—人格投射测验结果

在树冠模块，选择人数最多的是整体布满小叶子的蘑菇形树冠（C5），对应的解释是，有强羞耻心，过于关注自己的缺点，需要支持和称赞，且有好奇心，内向，有统筹自身能力。这可能与本研究多取样于心理系大学生有关，着重于内省，关注自己的身心状态。没有被选择的是线条表示茂密的正方形树冠（C4.1），对应的解释是，有强烈的保守倾向，期望符合家庭和社会的期望，且能自如地处理自身和环境的关系。出现缺选的现象，一方面可能与样本容量不充足，覆盖范围小有关，另一方面，现在的大学生生活在开放融合的社会下，从而倾向于形成更开放的人格特点。

在树冠树干模块，选择人数最多的是末梢添加树叶的放射状树枝（CT6.1），对应的解释是，包容，外向且追求权力，或压抑而谨慎，纯真、坦率。这可能与开放的社会背景和大学生所处年龄的心理状态有关。

在树干模块，选择人数最多的是较粗的连续实线树干（T2），对应的解释是，过剩、放纵的情感，且自信、坦率、谨慎。这可能有两方面原因，一方面与大学生所处年龄的心理状态有关，另一方面，在向被试呈现树干模块模具时，顺序上没有明确体现出较粗的连续实线树干（T2）和正常粗细的连续实线树干（T4）的区别。没有被选择的是较细的带棱角树干（T1.2），对应的解释是，微妙纤细的情感，伴有敏感的反应且积极的防卫；波浪形弯曲的虚线树干（T3.1），对应的解释是，嬗变，情绪容易受影响，且神经质，脆弱，不安。这两种缺选的编号对应的性格是十分不稳定的，可能在大学生中较少存在这类样本。

在树根模块，选择人数最多的是沿地面伸展、平坦的树根（R4），对应的解释是，不安全感，努力维持自身平衡。这个特点和树冠部分的关注自己内心状态、着重内省能相互对应。

在地面模块，选择人数最多的是笔直的地平线（G3），并无特殊意义。

在附加物模块，附加物 1 中选择最多的是成熟的果实（A1），对应的解释是，有成就感；附加物 2 中大部分人没有做出选择，这部分模具关于宽容和同情，附加物3中大部分人没有做出选择，这部分模具关于安全感和防卫，出现大部分缺选的情况可能与本模具化树木—人格投射测验的指引并不要求必须在附加物做出选择有关；附加物4中选择最多的是左侧的太阳（A4），对应的解释是，尊重感性。这可能与心理系大学生的专业特点有关，感性与理性并重的同时，感性更胜一筹。

在对模具化树木—人格投射测验各模块间模具的交互分析中，树冠树干和树冠、树干、地面的选择存在显著关系，树干和树冠、树冠树干、树根、部分附加物的选择存在显著关系，这可能与树冠树干和树干在一棵树中起着联结的作用有关，这两部分让一棵树成为一个整体。

在企图对模具化树木—人格投射测验各模块进行降维时，发现原有变量并不适合进行因子分析，这可能与样本容量不充足有关。

总体来看，本模具化树木—人格投射测验能呈现出一定规律，但样本容量是本研究的一个缺陷。

（二）EPQ测验结果

EPQ的结果显示，精神质（P）量表、内外倾（E）量表、神经质（N）量表、掩饰（L）量表中，人数最多的均为中间型。大学生普遍拥有较为稳定的人格气质，这一点在中间型的人数集中也告诉我们，EPQ并不适合应用于对大学生的人格特点进行调查研究，五大人格量表可能会更加合适。

EPQ各量表粗分均低于全国常模，这同样可能与样本容量和取样有关，容量过小或样本来源集中会呈现出偏态。

（三）模具化树木—人格投射测验测验结果和EPQ测验结果关系的分析

运用本模具化树木人格投射测验结果与EPQ各量表t分进行方差分析仅发现，大学生对于附加物3的选择与精神质（P）和神经质（N）的类型存在显著差异。选择附加物3中正面的平面栅栏（A3）的大学生的P类型与缺选附加物3或选择附加物3中四周的栅栏（A3.1）的大学生存在显著差异，A3的解释是警惕来自正面的攻击，A3.1的解释是不安全感，必须全方位保护自己，这与精神质（P）测量精神质，反映与外界环境的适应和人际相处存在一定符合性；缺选可能与两方面原因有关，一个是被试有充足的安全感不需要栅栏，另一个是被试并没有认真进行测验。神经质（N）测量神经质，反映正常行为与自主神经运动，缺选附加物3的大学生的N类型或选择附加物3中四周的栅栏（A3.1）的大学生存在显著差异，四周的栅栏可能与情绪稳定性存在一定的联系，具体联系有待进一步研究。

运用本模具化树木—人格投射测验结果与EPQ各量表5个类型的数据结果

进行交互分析的结果，典型低分精神质倾向整体布满小叶子的蘑菇形树冠（C5）或整体布满小叶子的三角形树冠（C2），倾向型低分精神质更倾向于选择线条表示茂密的圆形树冠（C6.1）或线条表示茂密的三角形树冠（C2.1），中间型精神质更倾向于选择线条表示茂密的三角形树冠（C2.1）或整体布满小叶子的蘑菇形树冠（C5）。

附加物4各个水平人数最多的神经质（N）类型都是3中间型情绪稳定性，1典型型情绪稳定和2倾向型情绪稳定的大学生更倾向于选择右侧的太阳（A4.1），对应的解释是尊重理性，3中间型情绪稳定性和5典型型情绪不稳定的大学生更倾向于选择左侧的太阳（A4），对应的解释是尊重感性。这个结果与理性的人较稳定，而感性的人较不稳定相符合。4倾向型情绪不稳定的大学生更倾向选择中央的太阳（A4.2），对应的解释是依靠自身努力实现理想，或者不选附加物4，两者对应的原因有待进一步研究。

综上可以看出，心理系大学生EPQ测验的人格特点与本模具化树木—人格投射测验结果存在一定对应。

（四）自制评分表结果分析

假定3分为本模具化树木—人格投射测验与纸笔画树木—人格投射测验难度比较的临界分，评分表结果显示本模具化树木—人格投射测验难度评分显著低于临界难度评分（3分），此结果验证了本研究的假设，本模具化树木—人格投射测验的研究开发是有意义，的，通过制作模具的确可以降低被试所自觉的测验难度，从而促进测验的进行。

另外，女生的难度评分显著低于男生的难度评分，这可能与女生的场依存性更强有关，提供模具而非要求独立创作使女生觉得更容易完成测验。

四、结语

（1）本模具化树木—人格投射测验各模块能与EPQ测验结果存在一定对应：不同精神质类型的大学生对树冠的选择有显著差异，不同神经质类型的大学生对附加物4的选择有显著差异，不同性别的大学生对附加物3的选择有显著差异。这说明本模具化树木—人格投射测验的编制部分有效。

（2）本模具化树木—人格投射测验各模块结果之间具有显著关联：树冠树干和树干两部分让一棵树成为一个整体，树冠树干和树冠、树干、地面的选择存在显著关系，树干和树冠、树冠树干、树根、部分附加物的选择存在显著关系。这体现出树木、树冠、树干、树根及背景的解释标准之间在心理学意义的整体性。

（3）本模具化树木—人格投射测验的研究开发具有意义，通过制作模具的确可以降低被试所自觉的测验难度，提高树木—人格测验操作的方便性和适应性。

（4）本研究创新性所在：本论文的研究从一个新的视角思考树木—人格投射测验的施测过程，通过模具化减少纸笔画版树木—人格投射测验中由被试绘画技巧带来的无关变量，以提供选择项的形式牺牲被试部分主观创造的自由，提高测验的方便性和适应性，同时也更便于统计分析。

（5）本研究仍存在几点不足，有待进一步加强：一是改进本测验模具及解释标准，使其操作和解释更加标准化；二是扩大取样范围，增大样本容量；三是调整效标，尝试结合多个人格量表进行研究，以发现最合适的效标。

广东部分城乡居民精神卫生知识知晓率的调查研究

图　雅

一、研究背景、意义和方法

目前，从全世界范围看，精神卫生问题已经成为重大公共卫生问题和突出的社会问题，我国也不例外。我国精神障碍的发生率正在上升，精神卫生问题对人民健康的影响将越来越突出。

本课题的研究目的是了解广东省城乡居民对精神卫生相关知识的知晓率，并对影响居民知晓率的因素进行分析。

本课题的研究意义：填补我省居民精神卫生知识知晓率相关基线资料的空白；为日后检验我省精神卫生知识科学普及效果提供对比资料；为我省精神卫生知识宣传、教育和精神疾病防治工作的有效开展提供依据；为我省精神卫生事业相关政策的制定提供参考。

本研究采取分层随机整群抽样的方法，选取了广州、东莞、韶关、惠州、中山、茂名六地的993位居民为调查对象，人群设定为商业区街头路人随机抽取、社区家庭为单位随机抽取和学校、企事业单位整群抽取。

本课题采用的研究方法：①问卷调查。②个别访谈。③正确应答率及知晓率的计算方法。④统计分析。

二、调查结果

（一）基本情况

1. 资料回收情况

在正式调查中，共发放问卷1 050份，回收问卷1 021份，回收率为97.2%；其中有效问卷993份，无效问卷28份，有效率为97.3%。

2. 被调查居民人口学特征

（1）性别和年龄构成：本次共调查广东省内本地居民993人，其中男性居民414人，占41.7%，女性居民579人，占58.3%。20岁以下居民157人

(15.8%)，21~30 岁居民 585 人（58.9%），31~40 岁居民 132 人（13.3%），41~50 岁居民 74 人（7.5%），51~60 岁居民 31 人（3.1%），60 岁以上居民 14 人（1.4%）。

（2）城乡分布情况：调查分别抽取广州地区城乡居民 564 人（56.8%），东莞地区 89 人（9.0%），韶关地区 96 人（9.7%），惠州地区 77 人（7.7%），中山地区 55 人（5.5%），茂名地区 112 人（11.3%）。其中城市居民 455 人(45.8%)，城郊居民 101 人（10.2%），乡镇居民 185 人（18.6%），农村居民 252 人（25.4%）。

（3）文化程度分布情况：初中及以下 91 人（9.1%）、高中 122 人(12.3%)、中专 82 人（8.3%）、大专 193 人（19.4%）、本科 390 人(39.3%)、硕士及以上 115 人（11.6%）。

（4）经济收入情况：1 000 元以下 168 人（16.9%）、1 000~2 000 元 403 人(40.6%)、2 000~3 000 元 232 人（23.4%）、3 000~4 000 元 78 人（7.8%）、4 000 元以上 65 人（6.55%），无经济收入的学生 47 人（4.7%）。

（5）民族分布情况：汉族 951 人（95.8%）、回族 12 人（1.2%）、土家族 7 人（0.7%）、满族 2 人（0.2%）、壮族 6 人（0.6%）、瑶族 5 人（0.5%）、苗族 5 人（0.5%）、侗族 2 人（0.2%）、其他 3 人（0.3%）。

（6）婚姻状况：未婚 653 人（65.8%）、已婚 321 人（32.3%）、离婚 11 人(1.1%)、丧偶 6 人（0.6%）、分居 2 人（0.2%）。

（7）宗教信仰情况：无宗教信仰 934 人（94.1%）、有宗教信仰 59 人(5.9%)。

（二）心理症状筛查情况

根据 SCL－90 测量结果，总分大于 160 为心理症状筛查阳性，居民心理症状阳性有 146 人，占 14.7%，详情见表 1。

表 1　被调查居民心理症状筛查情况

心理症状筛查	人数（人）	百分比（%）	累计百分比（%）
阴性	847	85.3	85.3
阳性	146	14.7	100.0
合计	993	100.0	100.0

（三）精神卫生知识知晓率调查结果

1. 被调查居民精神卫生知识知晓率

根据问卷正确应答率及精神卫生知识知晓率的计算方法，对调查数据进行统计，结果显示被调查居民对精神卫生知识总体知晓率为20.5%，其中女性居民知晓率为22.8%，男性居民知晓率为17.4%。广州居民精神卫生知识知晓率为20.0%；东莞居民知晓率为25.8%；韶关居民知晓率为13.5%；惠州居民知晓率为16.9%；中山居民知晓率为25.5%；茂名居民知晓率为25.0%。城市居民精神卫生知识知晓率为20.8%；城郊、乡镇居民知晓率为19.9%；农村居民知晓率为18.4%。图1为居民总体正确应答率的频次分布直方图。

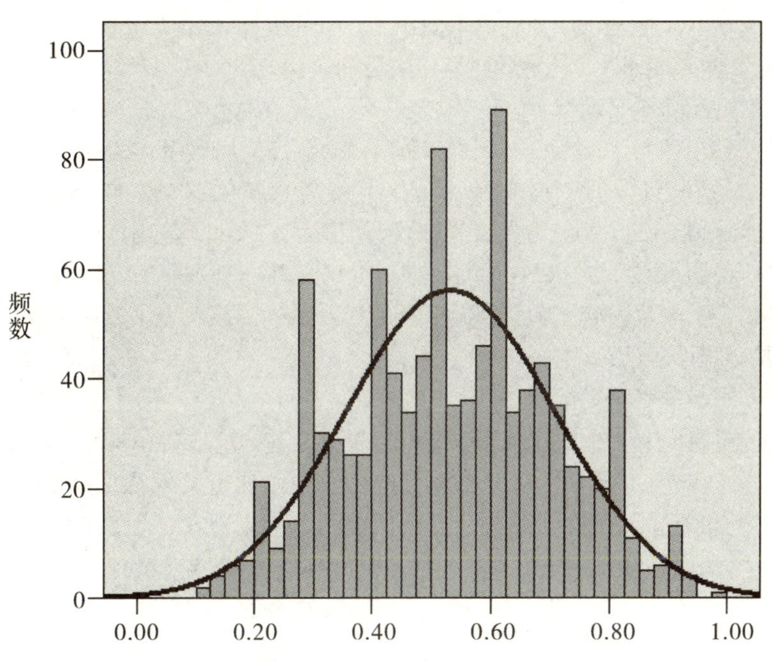

图1　被调查居民正确应答率

2. 被调查居民精神卫生知识知晓水平

根据本文研究方法中设定的知晓水平的三个等级，可以得出如表2所示的居民总体精神卫生知识知晓水平情况。

表2　被调查居民精神卫生知识知晓水平情况

知晓水平	人数（人）	百分比（%）	累计百分比（%）
基本知晓	204	20.5	20.5
部分知晓	609	61.3	81.9
较少知晓	180	18.1	100.0
合计	993	100.0	100.0

（四）影响居民知晓水平的单因素分析

1. 不同性别居民知晓水平的比较

统计分析得出：女性正确应答项目数平均为 27.52 ±8.50 项；男性平均为 25.29 ±9.10 项，女性高于男性。经独立样本 t 检验，F 值为 3.042，F 的相伴概率为 0.081，小于显著性水平 0.05，方差不齐，t 值为 −3.928，p 值小于 0.001，说明女性居民在回答精神卫生知识相关问题时的正确应答项目数高于男性，且差异极为显著。另对精神卫生知识三个不同知晓水平与性别作卡方检验，χ^2 为 17.352，$p = 0.000 < 0.01$，意味着不同性别居民的精神卫生知识知晓水平有显著差异，也同样支持女性知晓水平高于男性的结论。

2. 不同民族居民知晓水平的比较

汉族居民正确应答项目数平均为 26.72 ±8.79 项；少数民族居民平均为 23.74 ±9.14 项，汉族高于少数民族。经独立样本 t 检验，F 值为 0.774，F 的相伴概率为 0.379，大于显著性水平 0.05，不拒绝方差齐性假设，t 值为 2.145，p 值为 0.032，小于显著性水平 0.05，说明不同民族居民在回答精神卫生知识相关问题时的正确应答项目数存在差异，汉族高于少数民族（包括满族、回族、壮族、瑶族、土家族、苗族、侗族等），且差异具有统计学意义。

3. 不同地域居民知晓水平的比较

对不同地域居民精神卫生知识知晓水平进行比较，χ^2 为 47.435，$p = 0.000 < 0.05$，说明各地居民的知晓水平存在显著差异。进一步两两比较，发现广州、东莞、中山、茂名四组间差异无意义，韶关、惠州两组间差异无意义，但前四个地区的居民对精神卫生知识的知晓水平显著高于后两个地区，且差异显著，具有统计学意义。

表 3　不同地域居民精神卫生知识知晓水平比较（$N = 993$）

地区	基本知晓	部分知晓	较少知晓	合计	χ^2	p
广州	113（20.0%）	361（64.0%）	90（16.0%）	564（100.0%）		
东莞	23（25.8%）	57（64.0%）	9（10.1%）	89（100.0%）		
韶关	13（13.5%）	54（56.3%）	29（30.2%）	96（100.0%）		
惠州	13（16.9%）	33（42.9%）	31（40.3%）	77（100.0%）	47.435	0.000
中山	14（25.5%）	35（63.6%）	6（10.9%）	55（100.0%）		
茂名	28（25.0%）	69（61.6%）	15（13.4%）	112（100.0%）		
合计	204（20.5%）	609（61.1%）	180（18.1%）	993（100.0%）		

4. 有无亲属（曾）患有精神疾病家属对居民知晓水平的影响

有亲属（曾）患有精神疾病的居民正确应答项目数平均为 25.11 ±9.51 项；

无亲属（曾）患有精神疾病的居民平均为26.88±8.66项，低于前者。经独立样本t检验，F值为4.254，F的相伴概率为0.039，小于显著性水平0.05，拒绝方差齐性假设，方差不齐，t值为-2.195，p值为0.029，小于显著性水平0.05，说明在回答精神知识相关问题时，没有亲属（曾经）患有精神疾病的居民的正确应答项目数高于有亲属（曾经）患有精神疾病的居民，且差异具有统计学意义。另外，进行精神疾病家族史与精神卫生知识知晓水平之间的卡方检验，χ^2为13.753，$p=0.001<0.05$，同样支持上述结论。

5. 居民婚姻状况与知晓水平间的关系

将婚姻状况分为正常、非正常两类，其中正常组包括已婚和未婚，不正常包括离婚、丧偶和分居。将两组居民进行比较。χ^2为11.810，$p=0.003<0.05$，即婚姻状况正常的居民对精神卫生知识的知晓水平显著高于婚姻状况不正常的居民。

6. 年龄对居民知晓水平的影响

将不同年龄段居民对精神卫生知识的知晓水平进行比较得出，χ^2为73.427，p值为0.000，说明在$\alpha=0.05$水平上，各年龄段居民对精神卫生知识的知晓程度存在显著差异，经过进一步两两比较，发现20岁以下和20～30岁两组间差异无意义，31～40岁和41～50岁两组间差异无意义，可以得出30岁以下居民知晓水平最高，30～50岁居民次之，50岁以上居民最低的结论。

7. 职业对居民知晓水平的影响

对不同职业居民的精神卫生知识知晓水平进行比较分析，χ^2为102.370，p值为0.000，说明在Cronbach α系数为0.05水平上，不同职业居民对精神卫生知识的知晓程度存在显著差异，进一步经过两两比较，发现医务人员、学生、行政干部、教师、公司职员知晓率较高，但组间差异不明显；而个体从业者、工人、农民知晓率较低，组间亦无差异，但与前面几种职业比较，差异具有显著意义。

8. 经济收入水平与居民知晓水平的关系

去除无经济收入的学生样本后，对居民月收入和精神卫生知识知晓水平之间进行交互分析，得出χ^2为13.311，$p=0.102>0.05$，说明在Cronbach α系数为0.05水平上，经济收入水平对精神卫生知识知晓水平无显著影响。

9. 文化程度对居民知晓水平的影响

根据文化程度将被调查居民分组后，得出χ^2为70.078，$p=0.000<0.05$，可见不同文化程度居民精神卫生知识知晓水平存在显著差异，进一步通过单因素方差分析进行比较，发现高中、中专组的正确应答项目数差异无意义，大专、本科、硕士及以上三组组间差异亦无意义，说明文化程度为硕士及以上、本科、大专的居民对精神卫生知识的知晓水平显著高于高中、中专水平，而初中及以下文化程度居民的知晓率最低。

10. 对精神卫生知识关注程度与知晓水平间的关系

根据被调查居民对问题“您是否关注心理健康、精神卫生方面的话题”的回答，将居民分为两组进行比较后发现，χ^2 为22.274，$p=0.000<0.05$，即关注相关话题的居民对精神卫生知识的知晓水平显著高于不关注的居民。

11. 迷信程度与知晓水平间的关系

根据被调查居民对问卷第25～32题的回答，计算均分后将居民的迷信程度分为不迷信、轻度迷信、中度迷信、重度迷信四个等级。将居民迷信程度与正确应答项目数进行单因素方差分析，经方差齐性检验，显著水平为 $p=0.000<0.05$，方差不齐，采用 Dunnett's C 方法进行多重比较分析，结果显示，轻度迷信居民和其他三组居民正确应答项目数组间无显著差异，而重度迷信和不迷信、中度迷信和不迷信居民正确应答项目数组间差异显著，不迷信居民高于中度和重度迷信居民。

12. 对精神卫生需求程度与知晓水平间的关系

根据被调查居民对问题“您是否希望获得更多的精神卫生方面的知识”的回答，将居民对相关知识的需求程度分为“十分需要”“一般需要”“无所谓”“没必要”四个层次，将居民对精神卫生知识的需求程度与正确应答项目数进行单因素方差分析，经方差齐性检验，显著水平 p 为 $0.367>0.05$，方差齐；采用 LSD 方法进行多重比较分析，结果除十分需要和一般需要两组间 $p=0.349>0.05$，差异无意义外，其他各组间的差异均十分显著，即对精神卫生相关知识的需求程度越高，正确应答项目数越高，对精神卫生方面的知晓水平越高。

13. 有无宗教信仰对居民知晓水平的影响

将被调查居民按照有无宗教信仰进行分类，分类结果显示：无宗教信仰的居民正确应答项目数平均为26.60±8.84项；有宗教信仰的居民平均为26.46±8.55项，低于前者。经独立样本 t 检验，F 值为0.343，F 的相伴概率为0.558，大于显著性水平0.05，不拒绝方差齐性假设，即方差齐，t 值为0.119，p 值为0.91，说明在 Cronbach α 系数为0.05水平上，在回答精神知识相关问题时，有宗教信仰的居民的正确应答项目数与无宗教信仰的居民无明显差异。

14. 居民心理健康状况与精神卫生知晓水平间的关系

根据 SCL－90 测评结果，总分大于160分为心理症状筛查阳性，反之为阴性，对两组居民的精神卫生知识知晓水平进行比较分析，得出 χ^2 为5.324，$p=0.070$，即在 Cronbach α 系数为0.05水平上，不同心理健康状况的居民对精神卫生知识的知晓水平无明显差异。

（五）影响居民知晓水平的多因素分析

对单因素分析有统计学意义（$p<0.05$）的因素进行多因素分析发现，居民的性别、需求程度、家族史、关注度是影响精神卫生知识知晓率的主要因素。（见表4）

表 4　居民精神卫生知识知晓率影响因素的 Logistic 回归分析结果

	估计值	卡方统计量	p 值	95% 置信区间
性别	0.409	8.869	0.003	0.140 ~ 0.678
年龄（1）	-1.005	6.173	0.013	-1.797 ~ -0.212
年龄（2）	-1.194	10.825	0.001	-1.905 ~ -0.483
年龄（3）	-0.911	5.775	0.016	-1.653 ~ -0.168
年龄（4）	-0.375	0.890	0.345	-1.155 ~ 0.404
职业（4）	1.004	6.137	0.013	0.210 ~ 1.798
关注度	-0.456	4.636	0.031	-0.871 ~ 0.041
家族史	0.481	6.778	0.009	0.119 ~ 0.843
需求度（1）	-0.602	5.238	0.022	-1.118 ~ -0.807
需求度（2）	-0.505	3.925	0.048	-0.097 ~ 1.281
需求度（3）	0.592	2.836	0.092	-1.118 ~ -0.087
迷信度（1）	0.412	4.522	0.033	0.032 ~ 0.792

（六）居民对精神卫生相关问题的回答状况

（1）居民对精神卫生一般知识的知晓情况如表 5 所示。

表 5　居民对精神卫生一般知识的知晓情况（$N=993$）

问题	是	否
是否知道世界精神卫生日是 10 月 10 日	262（26.4%）	731（73.6%）
是否认为“精神病”和“神经病”是一样的疾病	211（21.2%）	782（78.8%）
是否认为精神疾病能够治愈	829（83.5%）	164（16.5%）
是否认为精神疾病患者在康复期可以正常工作	660（66.5%）	333（33.5%）
当自己或亲友出现心理问题时是否会向心理医生求助	707（71.2%）	286（28.8%）
是否知道心理健康的表现	790（79.6%）	203（20.4%）
是否知晓抑郁症是最典型的睡眠障碍	88（8.9%）	905（91.1%）
是否知晓产妇最常见的心理问题	799（80.5%）	194（19.5%）
是否知晓抑郁症患者的护理要点	639（64.4%）	354（35.6%）

（2）居民获得精神卫生知识的途径：根据被试人数占比的多少，依序为媒体宣传、学校教育、亲友聊天和自学途径。

（3）居民求助方式的选择情况依序为找亲戚、朋友或同学倾诉；通过看书学习，自己帮助自己；向心理卫生专业机构求助；不采取任何方法，希望时间可以解决问题。

（4）当居民有精神卫生需求时的求医方式依序为：心理治疗、中医、西医、不就医、巫医等。

（5）居民对精神疾病发病原因的认识，依序认为是环境因素、社会因素、遗传因素、人格因素、应激事件、脑部疾病和文化因素。

（6）居民对常见的精神疾病病种的认识依序是：精神分裂症、抑郁症、焦虑症、躁狂症、恐惧症和强迫症。

（7）居民对精神疾病症状的知晓情况依序是思维障碍、情感障碍、动作与行为障碍、感知觉障碍、智能障碍、意识障碍等。

（8）居民对精神疾病的药物治疗的态度依序是：认为可以适当应用；认为副作用太大，不如不用；认为没有效果。

（七）居民 SCL－90 测评结果与全国常模比较

SCL－90 量表的作者曾对全国 13 个地区 1 388 名正常成人的 SCL－90 测评结果进行分析并建立了常模，将本次参与调查的 993 名广东省居民的 SCL－90 结果与全国常模进行比较，发现被调查居民的总分、总均分、阳性症状均分、躯体化因子分、强迫因子分、人际关系敏感因子分、抑郁因子分、敌对因子分、恐怖因子分、偏执因子分均显著低于全国常模，并具有统计学意义。

三、讨论分析

（一）广东省居民精神卫生知识知晓率的总体分析

调查结果显示参与调查的广东省居民对精神卫生知识总体知晓率为 20.5%。与同类研究进行比较：在 2004 年，孟国荣、李学海等人曾对上海市普通人群进行精神卫生知识知晓率调查，结果为 17.7%，在他们的研究中将正确率达到 65.85% 作为基本知晓，而本项研究为 70%，可见在评定标准高于上海的情况下，知晓率也略高于上海。同样在 2004 年，雷耀中针对洛阳市市民所做心理卫生知识知晓率调查的结果为 17.26%，其设定的标准为正确率达 69.23% 为基本知晓，与本次研究设定标准相近，结果同样高于洛阳。

被调查居民对于常见精神疾病精神分裂症、抑郁症的知晓率分别为 90.7%、86.1%；83.5% 的居民认为精神疾病能够治愈；79.6% 的居民知道心理健康的表现；80.5% 的居民知道产妇最常见的心理问题是产后抑郁；64.4% 的居民知道护理抑郁症患者关键是预防自杀；71.2% 的人知道向心理卫生专业机构求助，这些比例都要高于对其他地区居民调查的结果。

根据SCL－90测评结果，我省居民不论总分还是各因子分（除焦虑因子分和精神病性因子分差异无意义）都低于全国常模，说明我省居民总体的心理健康水平高于全国一般水平。无论整体较高的知晓率，还是较为理想的居民心理健康水平，都可以得出我省精神卫生工作富有成效的结论。广东省不断加大对精神卫生事业的投入，在“十五”期间，包括广州市精神病院、广东省精神卫生研究所和深圳市康宁医院在内的一批精神卫生机构建设的项目被纳入规划重点，精神卫生经费不断增加，精神卫生机构也在不断增加，到2005年，精神卫生机构有59家，比2001年增加了34%，各级精神病院都成立了防治科，不少市级以上的综合医院开设了心理咨询门诊，还有很多民营的心理卫生机构纷纷成立，这些对精神卫生知识的宣传普及，精神疾病的早识别、早诊断、早治疗以及广大居民心理健康的维护起到重要的作用。

（二）影响居民精神卫生知识知晓率因素的分析

1. 性别

调查显示，女性对精神卫生知识的知晓率显著高于男性，这一结果与上海、河南等地区的同类研究结果一致，与澳大利亚学者Cotton SM等人在2006年所做调查的结论也一致。分析其中原因，可能与性别角色的差异有关。其一，就总体而言，男性一般更重视对个人成功和社会利益的追求，所以男性的社会责任要大于女性，他们的闲暇时间自然少于女性，因此接触社会义务教育的机会较女性少；其二，男性天生不如女性敏感、细心，容易忽略自己生理上的不适和心理上的症状，而女性更敏感于自己的情感变化，比男性更多地意识到自己的精神卫生问题，所以对相关知识更为关注；其三，男性特质常表现为独立、果断、支配、自我调节、自制，当出现心理问题时能主动干预和调节，而女性特质通常表现为被动、依赖，更倾向于求助。在很多调查中发现，女性比男性更多地寻求精神卫生服务，所以对相关知识需求程度更高。

2. 文化程度

知晓率随学历水平的增高而增高，与国内杨建文、傅伟中等人的研究结果一致。可能的原因为：其一，认知水平随教育程度增长不断提高；其二，学历的增高，知识面、阅历、信息面也随之增加；其三，文化程度越高，自我保健意识越强，对自我疾病感知与认知能力也增强；其四，随着年龄的增长，来自生活和社会环境的各种应激源也不断增加，这使人们更容易受到各种心理生理问题的困扰，继而主动获取心理卫生知识的行为增加。

3. 家族史

有亲属（曾）患有精神疾病的居民精神卫生知识知晓率低于没有亲属（曾）患精神疾病的居民，且差异显著，分析其原因可能与病耻感有关。病耻感是指病人及相关人员对所患疾病的羞辱感和社会公众对他们所采取的歧视和排斥态度。

受传统观念和文化因素影响，中国人对“心病”十分忌讳。有精神疾病患者的家庭普遍存在着不同程度的病耻感，其中隐瞒病情的家庭占88.9%。当某一家庭成员出现精神病性症状或被确诊为精神病后，此时家庭其他成员担心被外人知道后遭受歧视，社会地位降低，被社会隔离，给患者生活、工作、婚姻等方面带来麻烦，因而不敢正视和面对病情，同时产生很复杂的心理反应，如否认、紧张、恐惧、失望、内疚、自责、矛盾等。由于这些心理特点，可能导致居民不能面对这无法改变的现实，进而回避相关话题。

4. 宗教信仰

宗教信仰在心理调节上的积极作用固然不容忽视，但我们应该明确宗教信仰对人类心理健康的影响是双向的。以本次研究为例，参与调查的居民中有5.9%具有宗教信仰，这部分人的SCL-90量表测评结果显示，SCL-90总分、强迫因子分、人际关系敏感因子分、抑郁因子分、焦虑因子分、敌对因子分、恐怖因子分、偏执因子分均显著高于无宗教信仰的居民，这个结果验证了Tseng关于宗教肯定可能加强情绪紊乱和精神障碍，导致焦虑、罪恶感、妄想等精神疾病表现的说法。宗教对精神健康的消极作用表现在：①宗教中对于安于现状、颓废面世的宣扬可以让信仰者在困难面前丧失动力与责任感，并严重倾向于外归因；②经常在自我否定的同时以片面、绝对化的观念对待人和事；③人类的自我意识应该是不断发展的，随着年龄的增长，行为也逐渐由他律发展为自律，更多地受到自我的约束。但宗教信仰者不具备自我的评判准则，停滞在他律阶段。邪教组织正是利用这一点制造了无数悲剧，所以马克思曾批评道“宗教的基础是人类精神的他律”。这一现象体现个体乃至人类发展中的停滞甚至倒退。在本次调查中发现，有宗教信仰的居民精神卫生知晓率略低于无宗教信仰的居民，就可能与有宗教信仰者自我意识缺乏有关。

5. 民间信仰

民俗心理是民众心理结构中最深层、最隐蔽，同时也是最稳固的部分，构成民俗心理的核心就是民间信仰。民间信仰包括迷信和俗信两大组成部分，二者虽然在构成的类型上极为相似，但其性质和手段却有明显区别。本调查问卷中包含8道关于俗信的题目，因此在此只针对俗信进行讨论。

俗信主要以心理信仰为特征，其典型表现形式，一是观念性崇拜，包括畏惧性崇拜、敬仰性崇拜和祈求性崇拜；二是心理性禁忌；三是判断性预测；四是经验性描述。作为当代社会中依然活跃并发挥着特定功能的俗信，它以独具特色的中国传统文化主体为底蕴，对过去的、现在的、未来的民众心智的塑造、人格的形成和生活方式的选择，发挥着恒久的、无孔不入的重要作用。具体来讲典型的中国俗信心理包括：（1）天地祖先的膜拜；（2）宗教的混淆；（3）家族意识；（4）“宁可信其有，不可信其无”的思维方式。对于最后一点，在本项研究中充分得以体现，在关于“床头朝东，人财两空”“名字影响命运”“寡春结婚大不吉利”等俗信的态度上，有 25.5% 的居民选择宁可信其有，不可信其无。有学者认为中国的俗信心理带着特有的挥之不去的奴性，这种对鬼神的恐惧心理和依赖感造成了中国民众信命运、信机缘和盲从的性格，已成为压抑中国人主动性和创造性的习惯势力。调查中发现对俗信迷信的程度较重的人对精神卫生知识的知晓率显著低于不迷信或程度较轻的人，分析其原因可能和这部分人的依赖性强、主动性差有关。但结果没有显示迷信程度和心理健康水平直接相关，关于这点可能还需要更深入的研究。

广东部分社区居民心理卫生服务需求及影响因素的调查研究

吴俊平

一、研究目的、意义和方法

本研究的目的是了解社区心理卫生服务需求及其影响因素，为政府部门推动和开展社区心理卫生服务提供依据。本研究拟在抽样调查的基础上，采用单因素与多因素分析方法，力求找出影响居民心理需求的主要因素。重点分析居民的心理健康自评、婚姻状况、家庭人均月收入、宗教信仰、医疗保障形式、应对方式、社会支持等因素对居民心理服务需求的影响。

本研究有助于帮助社区心理卫生服务提供者全面了解社区居民对精神卫生的实际需要，以及了解社区精神卫生环境建设的需求，为制定社区精神卫生工作服务网络提供信息支持和政策制定的参考。

本研究采取分层随机整群抽样的方法，以2006年广东省各市的人均可支配收入为判断依据，分别抽取经济发达、经济较发达和经济欠发达的广州、江门和韶关三地的年满15岁以上的居民为调查对象，按照城市和农村分成两层，按层等比随机抽样，共抽取居民640人，发放问卷640份，收回问卷626份（回收率为97.8%），剔除不合格问卷14份，实际有效问卷612份（有效率为97.8%）。

本研究采用的研究工具是：①人口学资料的调查。②心理需求调查表。③社会支持评定量表（SSRS）。④简易应对方式量表（SCSQ）。

本研究采用定性与定量相结合的方法，对频数分布、率、构成比等进行描述性分析，了解调查人群基本情况和健康状况，同时分析影响调查人群健康状况和卫生服务需求、利用的各种因素。对居民心理需求影响因素采取的分析方法为Logistic回归模型，根据本研究的调查结果，参加调查的居民根据心理服务需求的问题可以分为有心理服务需求和无心理服务需求两种，属于二分类变量，SPSS软件中的Logistic过程可做二分类的Logistic回归。本研究采用单因素及多因素分析的方法对居民心理卫生服务需求的影响因素进行探讨。

二、研究结果

（一）人口学资料

1. 性别及年龄构成

本次所调查居民612人，女性为321人，占被调查总人数的52.5%，其中15～30岁的为85人，占总人数的13.9%；31～45岁的为106人，占总人数17.4%；46～60岁的为95人，占总人数15.5%；大于61岁的为35人，占总人数5.7%。男性为291人，占被调查人数的47.5%，其中15～30岁的为111人，占总人数的18.1%；31～45岁的为101人，占总人数16.5%；46～60岁的为55人，占总人数9.0%；大于61岁的为24人，占总人数3.9%。男女性别之比为1：1.103。31～45岁年龄阶段为207人，占被调查总人数的33.8%，其次是15～30岁，占32.0%，而大于61岁的人为59人，占被调查总人数的9.6%，根据世界卫生组织对老年社会的界定，即大于60岁的人占人口总数的10.0%以上，或65岁以上的人占比人口总数的7.0%以上，即可以认为该地区进入了老年社会。本次调查显示，我国老年人占比已经较高。

2. 居民的城乡分布情况

本调查的样本中，广州市311人，占总调查人数的50.8%；江门184人，占总调查人数的30.1%；韶关117，占总人数的19.1%。其中城市社区居民达389，占总人数的63.6%，乡镇社区或管理区223人，占总人数的36.4%。三个城市的城乡人口构成经卡方检验，$\chi^2=0.827$，$p=0.661>0.05$，差异无显著性意义。

（二）居民的心理健康自评情况

1. 居民对自己心理健康状况的自评

自认为很健康的人有110人，占所调查人数的18.0%；健康为236人，占被调查人数的38.6%；认为心理健康状况一般的为67人，占10.9%；亚健康的145人，占23.7%；不健康的54人，占8.8%，由调查可见，居民心理健康状况自评处于亚健康状况以下的人达到32.5%。

2. 城乡居民对社区心理卫生服务必要性的认同

城乡居民对社区开展心理卫生服务必要性的认同上，城市居民认为没必要的为30.6%，乡镇居民认为没必要为30.5%；持无所谓态度的城乡居民分别为20.6%和29.6%；而认为有必要的城市居民为48.8%，即将近一半的人认为有必要，乡镇居民认为有必要的为39.9%。城乡居民认为社区心理卫生服务不必要的仅为30.6%，可见城乡居民对心理服务的必要性总体来说，还是认为有必要的，城乡居民对必要性的认同，经卡方检验，$\chi^2=7.327$，$p=0.026<0.05$，有显

著性意义，城市居民对必要性的认同度高于乡镇居民。

3. 城乡居民获取心理卫生知识的渠道

城乡居民对心理卫生知识的获取渠道的调查结果显示，城市居民获取心理卫生知识的渠道依次为电视 48.8%，报纸和杂志 22.1%，广播 11.6%，街头广告和板报 9.0%，亲人和朋友 7.5%，其他途径的为 1.0%，其中将近一半被调查城市居民的心理卫生知识来源于电视。而乡镇居民获取心理卫生知识的渠道依次为，报纸和杂志 42.6%，电视 21.1%，广播 14.3%，街头广告和板报 11.7%，亲人和朋友 9.4%，其他途径的为 0.9%，经卡方检验，$\chi^2 = 5.920$，$p = 0.001 < 0.05$，有显著性意义。

4. 社区心理卫生服务开展情况

对社区心理卫生服务开展情况的调查显示：城市社区开展心理卫生服务的为 28.3%，农村社区开展心理卫生服务的为 12.6%，而城乡所调查社区开展心理卫生服务的仅为 22.5%，也就是还有 3/4 以上的社区没有开展心理卫生服务，城市社区开展的心理服务多于乡镇社区，经卡方检验，$\chi^2 = 20.060$，$p = 0.000 < 0.05$，有显著性意义。

5. 城乡居民对社区心理服务满意度

城乡居民对社区心理卫生服务的满意度调查显示：有 74.3% 的城市居民对社区心理服务不满意，农村居民不满意的程度更高，达到 88.3%；认为一般的城乡居民分别为 12.9% 和 9.0%；而认为对心理服务满意的城市居民为 12.9%，农村居民仅为 2.7%，远远低于城市，城乡总计对社区心理服务的不满意达到 79.4%。城乡社区对社区心理服务的满意度，经卡方检验，$\chi^2 = 21.392$，$p = 0.000 < 0.05$，有显著性意义，显然乡镇对社区心理服务不满意的程度高于城乡社区。

6. 居民对社区心理服务性质的定位

从居民对社区心理卫生服务的性质定位来看，有近一半的居民认为社区心理卫生是有偿但微利的服务，有 41% 的居民的认为社区心理服务应该是无偿公益的服务，这两者的人数比例超过总调查人数的 43%，占了大多数。可见居民对心理卫生性质更多看重于微利公益的服务。

7. 心理服务价格定位

从本次调查结果来看，城乡居民对心理服务每次的价格定位是：41.3% 的人认为心理服务每次或每小时收费应在 10 ~ 30 元；有 25.3% 的人认为心理服务每次或每小时收费应在 10 元以下；有 19.3% 的人认为每次或每小时收费应在 30 ~ 80 元；仅有 14.1% 的人认为心理服务每次或每小时收费应在 100 元以上。由此可见，人们一般认为社区心理卫生服务的收费每次或每小时应在 30 元以下，达到所调查居民总数的 66.6%。

（三）对精神卫生服务的需求

1. *居民心理服务需求情况*

从社区居民对心理服务需求情况的调查来看，有需要的人数达到387人，占总人数的63.2%；不需要和很少需要的人为225人，仅占总调查人数的36.8%，需求人数远远高于无需求人数。

2. *居民心理服务需求程度*

根据调查可见，居民对心理服务的需求上，很需求的有115人，占被调查人数的18.8%；经常需要的有124人，占被调查总人数的20.3%；偶尔需求的为148人，占总调查人数人24.2%。经常需要程度以上的人达到总调查人数的39.1%，由此可见，居民对心理服务有较强的需求。

3. *城乡居民心理服务不同性别需求类型的差异*

在本次调查中，城乡居民的心理服务需求类型，以对人际关系的咨询需求居于首位，占23.0%；其次是了解子女教育问题，占19.1%。以下依次是解决家庭问题的占18.5%；对自身能力的评估13.2%；婚姻咨询10.9%，择业心理指导7.8%；进行健康教育4.6%；其他占2.8%。男性在心理需求的类型中排序前两位是人际关系和对自身的评估；女性在心理需求类型上排前两位的是解决家庭问题和了解子女教育问题。男性的需求排在后两位的为其他和进行健康教育，男女在后两位的需求上无明显差异。见表1。

表1　不同性别对心理服务需求类型的分布

	女		男		合计	
	人次	构成比	人次	构成比	人次	构成比
了解子女教育	66	22.5%	51	16.0%	117	19.1%
人际关系问题	49	16.7%	92	28.8%	141	23.0%
婚姻咨询	39	13.3%	28	8.8%	67	10.9%
解决家庭问题	75	25.6%	38	11.9%	113	18.5%
对自身能力的评估	18	6.1%	63	19.7%	81	13.2%
择业心理指导	20	6.8%	28	8.8%	48	7.8%
进行健康教育	17	5.8%	11	3.4%	28	4.6%
其他	9	3.1%	8	2.5%	17	2.8%
合计	293	100.0%	319	100.0%	612	100.0%

4. *城乡居民对心理需求服务方式的差异*

居民对需求方式的选择上居首位的是电话咨询，达到占有需求总人数的

35.5%，其次是选择现场咨询服务的，占比为30.2%，再次是网络咨询，选其他方式的占18.6%；乡镇社区选择门诊咨询的人数比例高于城市社区，而城市社区更多的是愿意选择电话咨询，在其他方式的选择上城乡居民的差别不大。

5. 对服务机构需求上的差异

居民对心理服务机构的需求的调查显示，有45.1%的城乡居民首选社区心理卫生服务站来为其提供心理服务，排在第二的是综合医院，为28.9%；有19.1%的居民会选择社会心理咨询机构来解决自己的心理问题；有4.4%的人愿意首选私人心理诊所服务；在遇到的心理需求时，把精神病专科医院作为解决心理问题首选服务机构的人数最少，仅占2.5%。

6. 近两周心理较为明显不适感受的次数

城乡社区居民近两周来心理有较为明显不适感受的次数调查结果显示：其中近两周来心理无较为严重不适的城市居民比例为45.8%，而乡镇社区为47.1%，其余均感到有1次以上的心理较为严重的不适。虽然城市社区有心理1次以上心理明显不适感受的次数的比例高于乡镇社区，但经统计学检验：$\chi^2=0.675$，$p=0.879>0.05$，差异无显著意义，可见心理明显不适感受的次数城乡居民并无明显区别。

7. 影响城乡居民近两周来心理不适的主要原因

从影响城乡居民近两周来心理不适的主要原因的调查结果来看：恋爱、婚姻、家庭与人际关系问题所占比例最高，二者比例合计超过40.0%；其余依次是与工作、就业有关，与学习有关；其他，与性有关，与不良行为有关。影响城乡居民近两周来心理不适的主要原因经统计学检验$\chi^2=3.961$，$p=0.682>0.05$，差异无显著意义。可见城乡居民两周来引起心理不适的主要原因无明显区别。见表2。

表2 城乡居民两周来引起心理不适的主要原因

	城市社区	乡镇社区	合计
与人际关系有关	77（19.8%）	41（18.4%）	118（19.3%）
恋爱、婚姻、家庭	82（21.1%）	54（24.2%）	136（22.2%）
与工作、就业有关	65（16.7%）	37（16.6%）	102（16.7%）
与学习有关	59（15.2%）	32（14.3%）	91（14.9%）
与性有关	28（7.2%）	27（12.1%）	57（9.3%）
与不良行为有关	19（4.9%）	10（4.5%）	29（4.7%）
其他	59（15.2%）	22（9.9%）	71（11.6%）
合计	389	223	612

8. 城乡居民对心理疾病的认识差异

根据对城乡居民对精神病与神经病的认识差异调查，结果表明：大部分城乡居民对精神病与神经病的认识是正确的，只有不到5%的居民认为精神病与神经病是等同的。就城乡居民对心理疾病认识上的差异经统计学检验 $\chi^2 = 1.801$，$p = 0.615 > 0.05$，可见城乡居民在对心理问题的认识上无显明差异。

9. 城乡居民心理不适时未能寻求心理帮助的主要原因

就城乡居民遇心理问题未咨询的原因调查结果表明，城乡居民有心理问题时一半以上的人未寻求心理帮助的原因是，附近缺乏相应的服务机构，这一点城乡居民是一致的，但城市排在第二位的因素是工作较忙，乡镇却是怕别人发现后误解，这一点城乡是有区别的。但就总体来说城乡在未寻求心理服务的原因上，$\chi^2 = 12.124$，$p = 0.413 > 0.05$，差异无显著性意义。

10. 城乡居民心理问题处理常用的方法

城乡居民有心理问题未寻求心理服务时，通常对待心理问题的方法是：城乡居民有1/3以上的人选择了不去管它，顺其自然，这一方式在城乡居民的处理方式中均处于第一位，城市处于第二、三位的分别是看电视、听收音机和唱歌、跳舞、旅游；乡镇居民处于二、三位的方式是找人聊天和看电视、听收音机。在处理心理问题方式的选择上，对城乡居民的方式进行对比检验，$\chi^2 = 16.542$，$p = 0.151 > 0.05$，显示差异无显著意义。见表3。

表3 未寻求帮助时自己处理心理问题的方法

	城市社区	乡镇社区	合计
找人聊天	35（9.0%）	44（19.7%）	79
体育运动	27（6.9%）	10（4.48%）	37
唱歌、跳舞、旅游	44（11.3%）	14（6.3%）	58
寻求宣泄	13（3.3%）	6（2.7%）	19
阅读书籍	28（7.2%）	14（6.3%）	42
看电视、听收音机	87（22.4%）	38（17.0%）	125
吃东西	24（6.2%）	11（4.9%）	35
不去管它、顺其自然	131（33.7%）	86（38.6%）	217
其他	389	223	612

三、影响居民心理服务需求的因素分析

（一）计数资料的单因素分析

1. 性别与心理服务需求的关系

根据居民对心理服务的需求程度，把居民分为有需求和无需求两种，其中无

需求的女性 109 人，占 17.8%，男性 88 人，占 14.4%，男女共占总人数的 32.2%。有需求的女性为 210 人，占 34.3%，男性占 33.5%，共占 67.8%。经检验 $\chi^2=1.196$，$p=0.299>0.05$，性别对心理服务需求的影响无显著意义，因此男女在性别上对心理服务需求无明显差异。

2. 年龄与心理服务需求的关系

从年龄阶段心理服务需求影响的调查来看，共调查 15～30 岁这一年龄阶段 196 人，有心理服务需求的人数为 167 人，占该年龄段总调查人数的 85.2%；31～45 岁这一年龄人数总 198 人，有心理服务需求的占 63.6%；46～60 岁这一年龄阶段的人数为 84，有心理服务需求的占 59.6%；大于 61 岁这一年龄阶段共调查 77 人，有心理服务需求的占 49.4%。经卡方检验，$\chi^2=45.146$，$p=0.000<0.05$，有显著性意义，可见从年龄对心理服务需求的单因素分析的结果看，年龄对心理服务需求有着显著的影响。15～30 岁年龄阶段的心理服务需求最高，且远远高于其他年龄阶段，各年龄阶段对心理服务需求的影响，随着年龄的增加而心理服务需求呈现逐渐减少的趋势。

3. 城市属地与心理服务需求的关系

调查结果显示：对广州市 311 名社区居民的调查中，有心理服务需求的为 219 人，占有心理服务需求的 70.4%；在江门市的 184 名社区居民的调查中，有心理服务需求的为 120 人，占有心理服务需求人数的为 65.2%；在韶关市调查的 117 名社区居民中，有心理服务需求的为 72 人，占有心理服务心理服务需求人数的为 61.5%。经卡方检验，$\chi^2=13.397, p=0.000<0.05$，有显著性意义。从所生活的城市对心理服务需求的单因素分析结果来看，所属城市对居民的心理服务需求有显著的影响，心理服务需求率广州高于江门，而江门又高于韶关。

4. 生活住址与心理服务需求的关系

根据居民生活住址的不同，分为城市社区和乡镇社区或管理区，就生活住址对心理服务需求影响来看：城市社区居民有心理服务需求的为 279 人，其心理服务需求率为 71.7%；乡镇社区有心理服务需求的为 136 人，心理服务需求率为 61.0%。经检验 $\chi^2=7.484$，$p=0.007>0.05$，有显著意义。从生活住址对居民心理服务需求的影响的单因素分析结果来看，生活住址对城乡居民的心理服务需求有明显影响，城市居民心理服务需求明显高于乡镇居民心理服务需求。

5. 婚姻状况与心理服务需求的关系

根据调查显示，未婚者 135 人，其中有心理服务需求的人数为 92 人，占有心理服务需求人数的 68.1%；已婚者为 363 人，其中有心理服务需求者为 197 人，有心理服务需求的占 54.3%；离异者 21 人，其中有心理服务需求的为 16 人，占有心理服务需求人数为 76.2%；丧偶者 15 人，其中有心理服务需求为 12 人，占有心理服务需求人数的 80.0%；同居者 78 人，其中有心理服务需求的人数为 48 人，占有心理服务需求人数的 61.5%。经卡方检验，$\chi^2=13.498$，$p=$

0.009 <0.05，有显著性意义。从婚姻状况的心理服务需求影响的单因素分析结果来看，婚姻对心理服务需求有显著的影响，心理服务需求率中已婚的人需求相对最低，丧偶者的心理服务需求率为最高，其后依次是离婚者，未婚和同居者，丧偶者心理服务需求达到80.0%，而已婚者的人心理服务需求仅为54.3%。

6. 职业性质与心理服务需求的关系

心理服务需求与职业性质调查的结果表明，学生对心理服务需求的比例最高，达83.3%；而农民和离退休人员的心理服务需求处于较低水平，分别为44.7%和44.8%；在机关事业单位工作的居民与企业单位工作的居民对心理的需求几乎持平，企业略高于机关事业单位，心理服务需求与职业性质相关关系的卡方检验，$\chi^2=67.171$，$p=0.000<0.05$，有显著性意义。职业性质的不同对心理服务需求有显著的差异。

7. 家庭人均收入与心理服务需求的关系

由家庭人均月收入与心理服务需求的关系调查结果可以看出，家庭人均月收入在500～1 000元所占人数比例最大，占被调查者人数的45.4%，其中心理服务需求的比例也以这类收入的人群为最高，达到79.5%，远远高于其他几类家庭人均月收入者，其中心理服务需求最低的是家庭人均月收入介于1 000～2 000 元这一群体的居民，而家庭人均月收入在2 000 元以上的居民心理服务需求也高于人均月收入1 000～2 000 元这一群体和家庭人均月收入低于500 元这一群体的居民。经卡方检验，$\chi^2=51.049$，$p=0.000<0.05$，有显著性意义。

8. 宗教信仰与心理服务需求的关系

从心理服务需求与宗教信仰的关系来看，无宗教信仰者有心理服务需求的占77.6%，而有宗教信仰者有心理服务需求的占23.1%，无宗教信仰者心理服务需求明显高于有宗教信仰者，经检验$\chi^2=12.460$，$p=0.007>0.05$，有显著意义。从宗教信仰对心理服务需求影响的单因素分析的结果来看，宗教信仰对居民的心理服务需求有着显著的影响。

9. 医疗保障形式与心理服务需求的关系

从心理服务需求与医疗保障形式来看，有心理服务需求的人的比例最低为自费医疗的居民，占51.2%，其次是农村合作医疗的居民，再次为商业医疗保险和城镇职工医疗保险的居民，最高是公费医疗居民的心理服务需求，达69.6%。医疗保障与居民的心理服务需求的单因素分析，经检验$\chi^2=13.829$，$p=0.008>0.05$，有显著意义。从医疗保障形式对心理服务需求影响的单因素分析的结果来看，医疗保障形式对居民的心理服务需求有着显著的影响。

10. 健康自评与心理服务需求的关系

由调查可见，心理自评健康的为110 人，其中有心理服务需求的达59 人，占53.6%；自评为心理基本健康的为236 人，其中有心理服务需求的为127 人，占53.8%；认为自己心理健康一般的为67 人，其中有心理服务需求的为48 人，占71.6%；自评为心理处于亚健康状况者为145人，其中有心理服务需求者为126人，占86.9%；自评为心理不健康者为54人，其中有心理服务需求的为47人，占87.0%。由以上可见，心理服务需求与心理健康状况呈现明显的关联，心理健康状况越差的人心理服务需求的比例就越高，经卡方检验，$\chi^2=63320$，$p=0.000<0.05$，有显著性意义。因此可见，自评心理健康状况对心理服务需求有显著的影响。

（二）计量资料的单因素分析

1. 社会支持的影响

由调查可见，在居民的客观支持上，有心理服务需求居民的得分高于无心理服务需求居民的得分，但经 t 检验显示，$t=3.3409$，$p=0.0009$，差异无显著性差异；在居民的主观支持上，有心理服务需求的居民得分明显高于无心理服务需求的居民，经 t 检验显示，$t=0.7253$，$p=0.4688$，差异有显著性；对社会支持的利用度上，有心理服务需求的居民得分明显高于无心理服务需求的居民，经 t 检验，$t=2.6857$，$p=0.0076$，差异有显著性。

2. 应对方式的影响对心理服务需求的影响

居民在应对方式的得分上，有心理服务需求居民的积极应对得分高于无心理服务需求居民的得分，经 t 检验，$t=2.8292$，$p=0.0050$，差异有显著意义；而居民在消极应对上的得分，无心理服务需求的居民得分高于有心理服务需求的居民，但 t 检验，$t=-1.89693$，$p=0.0050$，差异无显著意义。

（三）影响居民心理服务需求的多因素分析

由于单因素分析仅仅反映了单个变量或因素对居民心理服务需求的影响关系，不能描述多个影响因素同时作用下对结果所产生的效应和作用，且不能分辨出那些因素对结果影响的大小。又因为单因素分析无法控制各变量之间的相互作用，故难以避免地存在许多混杂效应和偏倚，因此有必要在单因素分析的基础上进行多因素分析。非条件 Logistic 回归是以发生概率为因变量，影响发生的因素为自变量的一种回归分析方法，可以反映变量与影响因素之间的联系。本研究以居民是否有心理服务需求为因变量，在前述单因素分析的基础上，选择单因素分析有统计学意义的变量作为自变量，并结合专业知识引入有关自变量，把所有这些自变量引入 Logistic 回归模型，综合分析这些因素对居民心理服务需求的影响，尽可能消除混杂和偏倚，获得能够反映事实的结果。将这次调查有心理服务需求的407例作为实验组，把没有心理服务需求的205例作对对照组。采用非条件 Logistic 回归分析后发现：婚姻、家庭人均月收入、宗教信仰、心理健康自评、积极应对、消极应对、客观支持、主观支持、对支持的利用度与居民的心理服务需求有关。

表4　心理服务需求影响的多因素非条件的 Logistic 分析

影响因素	β参数估计值	标准误差	卡方统计量	P	标准化估计值	OR 值
心理健康自评	0.8861	0.1697	26.458	0.0001	0.243561	2.433
婚姻状况	0.8479	0.2546	10.623	0.0010	0.152345	2.335
家庭人均月收入	1.0554	0.5123	4.125	0.0314	0.089213	2.843
宗教信仰	0.467	0.2149	4.362	0.0235	0.100324	1.628
社会支持	0.7125	0.1831	18.256	0.0251	0.154862	2.016
应对方式	0.4542	0.1987	5.345	0.0112	0.106582	1.547

四、讨论分析

（一）居民心理服务需求的现状

1. 居民的心理服务需求情况

从居民对社区心理卫生服务的总体需求率来看，三个市的城乡社区居民的心理服务需求率为63.2%，比国内其他学者的调查结果要低。目前对国内社区心理服务需求率的报道较少，《深圳周刊》指出，巫去辉报道的深圳居民的心理服务需求率为86.0%；张泉水、刘晋洪、陈家建调查后报道的深圳外来工的心理服务需求为81.5%，以上两者对深圳社区居民心理服务需求的调查数据的报道均较本次调查的数据要高，其原因可能在于：心理服务需求以中青年为高需求人群，而此次调查涉及年龄阶段比较广，包括了15岁以上的各个年龄阶段的人，人口年龄构成比与深圳不同，深圳市是一个新发展起来的年轻城市，外来劳务人员的年龄以青年人居多，正处于心理问题多发年龄段，其所反映出来的高需求与本调查年龄处于15～30岁居民的心理服务需求85.2%的结果基本上是一致的。15～30岁较之其他年龄阶段的人群，有更多的问题需要去面对，他们的心理正处于不成熟向成熟期过渡的阶段，他们有升学、择业所面临的巨大竞争和压力，有离开学校或家庭初入社会的焦虑，有对新工作、新环境的不适应，有恋爱、婚姻上的迷惑，有对社会不公平事情的愤慨等，这些问题都需要他们去一一面对。因此关心这一人群的心理健康，满足他们的心理服务需求，对提高整个人群的心理健康水平，促进社会安定和谐有着巨大的作用。

2. 居民对社区心理卫生服务的需求程度

从调查的结果来看，居民对社区心理卫生服务有着强大的需求，经常有心理服务需求的人比例达到36.8%，而偶尔有需要的人数比例为24.2%，两者之和的比例达到61.0%。从需求程度的比例来看，这一数据既反映人们对心理问题的知晓率较高和对心理问题的重视，另一侧面也反映了当前人们确实存在着许多心理方面的问题和疑惑。这些心理服务的需求一部分可能是出于促进心理健康的需要，部分可能是伴随发展中而涌现的心理问题，部分可能是心理不健康人群对恢复心理健康的需求。但也不排除，一些心理求助动机不强和没有求助动机的人不包含在这61.0%的比例之中。他们可能是患抑郁症、自闭症和一些对心理问题毫无认识的人。因此，这一需求强度对人群心理服务需求的反映只是代表了对心理问题有认识人群的心理卫生服务需求。

3. 居民对心理卫生服务方式和机构上的需求

本次调查显示，居民对心理卫生服务方式的需求选择上，居首位的是电话咨询，达到有需求的总人数的35.5%，其次是选择现场咨询服务的，为30.2%。选择电话咨询的人数比例高于现场咨询人数比例，其原因可能是，一部分人担心去心理门诊进行现场咨询会被别人看到或知道而引起别人的误会或受到他人歧视，继而甚至受到不公正的待遇；还有可能是由于工作忙碌，现场咨询时间与上班时间存在着冲突，来现场咨询花费时间较长，还须交纳一定的咨询费用，况且现在电话基本普及，通信方便。这两种方式占到总需求方式的65.7%，在社区针对居民的需求开展电话咨询和现场咨询对满足居民的心理服务需求是非常重要的。城乡居民最愿意选择的服务机构的调查结果显示，有45.1%的城乡居民把社区心理卫生服务机构作为满足其心理服务需求的首选对象，排在第二的是综合医院，为28.9%。就居民的心理服务机构选择上，综合性医院低于社区心理卫生服务站的原因可能是，综合性大医院存在着人多、拥挤、等待时间较长且费用不菲的现象，即所谓的“看病贵，看病难”的问题；还有，人们普遍认为心理问题不会像躯体疾病那样动辄可能有生命危险。人们对这两种心理服务机构的需求率达到74.0%，人们有心理问题时选择率最低的是精神病专科医院，可见人们受传统观点的影响还是很深，很多人对精神有问题这个概念和观点还很不能接受。因此，在社区普及心理卫生服务和在综合医院设立心理门诊对解决人们的心理服务需求来说，意义是重大的。

4. 居民心理服务需求内容的类型

本次调查的居民心理服务需求类型中，如何处理好人际关系问题成为人们的第一心理服务需求，紧跟其后的是了解子女教育和解决家庭问题，这三大问题占到总需求的60.6%。可见当今社会的飞速发展，社会的转型和剧变也伴随着许多心理问题的出现，人际关系变得敏感和脆弱，人际信任的缺失，人与人之间沟通日益减少，但追求越来越多，竞争愈演愈烈，以致住在拥挤和热闹水泥森林中的人类心灵却越来越孤单，就像《大时代》电影中卓别林所扮演的角色一样，人成了机械的一部分。而在每个人的心里却渴望关心、关爱，希望释放压力，调整俱疲的心身；不仅自己的问题需要得到解决，而且子女教育的问题也时常困扰着许多家庭，社会环境对小孩的巨大影响，子女的未来发展前景使得人们不得不处于思忖、权衡、患得患失和瞻前顾后的忧虑和担心中。家庭问题也是现代社会环境动荡和不稳定的因素，家庭的稳定和谐同样需要人们用心去经营。在需求的具体类型上，男女在心理服务需求的结构上有着不同，男性排在第一位的需求是人际关系和对自身能力的评估，两者之和达到男性所有需求类型的48.5%；女性的需求更多体现在解决家庭问题和子女的教育问题上，两者之和达到其性别所有需求类型的48.1%。因此，这些都是人们心理的压力源和持续不断地需要解决的问题。

（二）居民心理服务需求的影响因素分析

1. 心理健康自评与心理服务需求

关于心理健康的概念，英国《简明不列颠百科全书》解释："心理健康是个体心理在本身及环境条件许可范围内所能达到的最佳功能状态，不是指绝对的十全十美状态。"简单地说，心理健康是个体对环境的高效而满意的适应，是一种积极、丰富而持续的心理状态。我们认为，一个人心理是否健康可从以下三个方面得到体现：一是具有正常的心理状态，包括正常的认知能力、情绪自我调节和控制能力；二是良好的社会交往能力，在与他人相互作用的过程中能体验到快乐；三是良好的社会适应能力，即在变化的环境中不断找到适合自己的生存位置，能脚踏实地，接受从事的工作。

心理健康是一个相对概念，是处于动态平衡之中的，它不像人的躯体健康那样有明显的生理指标。在现实生活中，心理异常与心理正常难以截然分开，二者之间没有不可逾越的鸿沟。常态与病态只是程度上不同，二者界限很细微。"有许多人在他的一生当中，时而越过这个界限，成为变态者，时而又返回去，恢复为常态者。"心理正常的人也可能有突然性的、暂时性的心理异常，随时随地可能产生心理问题。心理冲突在当今社会像感冒发烧一样不足为奇，但心理健康的人能及时处理心理问题且恢复常态。对心理健康的区分至今还有一个公认的标准，其中最常用的区分方法有常识性的区分、非标准化的区分、标准化的区分和心理学的区分。这四类方法，其中的标准化的区分包含有内省经验标准，这亦是本研究在对居民心理健康自评中采用这方法的依据。

居民对自我心理健康状况的自评，认为心理健康在一般以上的占到67.5%，而认为自己心理健康状况欠佳（包括亚健康、不健康）的只占到32.5%，约占总调查人口的1/3，但从居民对心理健康需求人数所占比例来看，有需求的人数占被调查人数的63.2%，远远高于心理健康状况欠佳的人。形成这一心理服务需求高于心理状况欠佳的原因可能有以下三个方面：第一，那些认为自己的心理健康状况欠佳的人，可能心理症状较为明显地对其造成了较为严重的影响；第二，心理服务需求不仅仅限于心理状况欠佳的人，健康的人也有相应的心理服务需求；第三，可能受到我国传统文化的影响，一些有心理问题的人不敢承认自己有心理方面的问题，以免受到社会的不公正待遇。但调查显示，社区居民有着巨大的心理服务需求这一事实是客观存在的。

2. 婚姻状况与心理服务需求的关系

婚姻是家庭成立的基础和标志，建立在婚姻基础之上的夫妻关系是一种特定的人际关系和社会关系。婚姻在我们人类的心理生活中，乃至在所有的生活领域，都起着异常重要的作用，夫妻之间的沟通有利于促进心理的健康，温馨的家庭有助于减轻心身的疲惫。

国内外尤其是西方发达国家就婚姻状况对人们心理健康及服务需求的影响进行了大量而广泛的研究。澳大利亚的学者认为，结婚能让男女双方都受益。调查显示，每 8 个已婚的人中只有一个有心理问题；而在单身人士中，这个数字上升到 1/4。英国伦敦大学玛丽王后学院的一组研究人员对 4 000 名 65 岁以下的英国男女进行的调查发现，能把第一次婚姻或同居关系进行到底的男女注定会在晚年受益，这些人最不容易患心理疾病，因而对心理服务的需求量较少。英国研究人员通过全国普查发现，已婚男性的死亡风险比单身男子低 9%，已婚女性跟独身女性的区别则没有这么明显，但同居的女人比结婚的女人更容易患心理疾病。

美国加利福尼亚大学洛杉矶分校心理学家达比·萨克斯比带领的研究小组发现，那些拥有幸福婚姻的女性体内应激激素水平较低，从而回家后能较快地从工作压力中恢复状态。我国的罗乐宣、钟先阳、王跃平对深圳市不同婚姻状况人群心理健康自评进行研究后提出，深圳市不同婚姻状况人群的自测健康存在差异，已婚人群的心理健康最好，丧偶人群的心理健康、社会健康最差，离婚人群仅次于丧偶人群。

3. 家庭人均月收入与心理服务需求

从本次调查的结果来看，居民的家庭人均月收入对居民的心理服务需求有明显的影响，处于不同经济收入水平的人对心理卫生服务的需求也不相同，经统计学检验有显著性意义。根据所调查地区的情况来看，家庭人均月收入高于 2 000 元和家庭人均月收入于低于 500 元，这类居民的心理服务需求高于家庭人均月收入介于 500 ~ 2 000 元之间的居民，即经济状况处于最差和最好的人群心理服务需求最大。其中的原因可能为，家庭人均月收入处于较高水平的人，首先，其所处的社会地位有别于其他居民，社会赋予了其与普通居民不一般的角色，在社会中需要承受来自工作中、职业发展上的更大压力，承担着更大的责任；其次，经济收入越高的人群，不良生活方式对其健康的影响就越明显（如精饮食、少运动、多应酬等），以健康的损耗和身体透支获得收益上的增长，所以家庭人均月收入最高人群的心理健康状况并不是最好的。最后，由于经济水平较高，有一种对高质量生活的追求，我国人民随着生活水平的提高，对物质生活和精神生活两方面的需求也不断增强。当物质需要初步满足后，人们开始更多地追求精神生活的满足，希望能够保持良好的心态以及和谐的人际氛围，因此人们对心理咨询和心理治疗等心理卫生服务的需求不断增加。经对深圳市居民医疗服务需求、利用及影响因素分析，居民门诊服务利用主要受病情严重程度影响，住院服务利用主要受医疗保险、经济能力影响，而经济收入处于最低层的人，常年为生活奔波，为生计发愁，甚至住无定所，缺乏相应的社会保障措施，由经济问题而引发的家庭矛盾、邻里不和、甚至与雇主之间的纠纷也时有发生，因而其心理健康状况也是不如人意，心理服务需求也相对较高。

4. 宗教信仰与心理服务需求的关系

马克思说“宗教是人民的鸦片”，显然说出了宗教既具有麻痹精神的一面，但也有满足心理服务需求的治疗和安慰作用。不同的宗教，其信仰不同，但教义却有其共同性的一面：其一，宗教的道德学说是关心人间疾苦，关心最基层百姓的生活，反映人们的意愿。这种对当事人处境的重视与关注，与当代人本主义心理学思想中积极关注的思想有异曲同工之妙。其二，宗教的道德学说与社会教育中的道德学说最大的不同是：任何宗教都有一个关于惩罚邪恶者的地狱和奖赏报答行善者的天堂，这一传统文化和宗教信仰的氛围，会使行善的信众者得到崇高感，而使行恶者产生死后下地狱的恐惧感，从而对不善的行为有所收敛和抵制。其三，宗教一些学说对于调适人们的情绪，维持和促进人们的心理平衡方面发挥了积极的作用，如佛教的生死轮回说使信徒们甘于忍受当世的苦难，对来世抱有美好的希望；基督教的原罪说，使信徒们相信其行善就是一种忏悔和赎罪行为。在荣格看来，宗教忏悔行为其实就是当事人将深藏的隐情向“上帝”倾吐出来，以求得宽恕、理解、同情，从而达到心里愧疚减少、寂寞消退、自责降低，最终达到个人心理痛苦缓解和去除的作用。这与精神分析所做的事情和功能是同构的。

此次调查的样本中，15 岁以上的社区居民有宗教信仰的人数占 19.1%，这一人数比例与国内的一些对信教人数调查的数据尚有些差距。国内一项调查显示：在年龄为 16 周岁以上的中国人里，具有宗教信仰的人占比 31.4%。后面这一数据人数比例较高的原因在于，后者可能包含了我国学者称为“民间俗神”和信仰“祖先保佑”的那一部分人。“民间俗神”和信仰“祖先保佑”是中国宗教独一无二的现象，学术界将之归为民间信仰，但也是中国传统信仰的重要组成部分。宗教信仰对心理服务需求的影响，从此次调查的情况来看，无宗教信仰者有心理服务需求的占 77.6%，而有宗教信仰者有心理服务需求的占 23.1%，无宗教信仰者的心理服务需求明显高于有宗教信仰者，经检验 $\chi^2 = 12.460$，$p = 0.007 > 0.05$，统计学检验差别有显著的意义。宗教在慰藉人们心灵的作用上不可低估。

5. 社会支持与心理服务需求的关系

“社会支持理论”产生于 20 世纪 70 年代，我国学者陈成文先生曾对之下了一个比较简洁、精确的定义，认为它“是一定社会网络运用一定的物质和精神手段对社会弱者进行无偿帮助的一种选择性社会行为”。社会支持可分有形与无形两种，有形支持是指物质或金钱的资助等，是可以看得见摸得着的东西；而无形的支持是指情感、情绪上的鼓励与打气，是可以感觉得到的无形但有益的东西。社会支持来源有两种，一种是非正式社会支持来源，包括初级团体里的成员，如家人、亲戚、朋友、邻居、同事等；另一种是正式社会支持来源，如政府、民间的机构组织等。综合以上的概念，可以简单地说：社会支持是指个人通过人际互动，从中获得了良好的情绪、被关爱、实质资源上的支持，进而增进个体或家庭的适应能力与生活的福祉。

就社会支持对人们心理健康影响的研究，国外学者 Cohen 和 Will（1985）认为社会支持的功能包括：（1）提升个人的生理和心理健康。（2）减少及预防危机的发生。（3）减少压力所产生的影响。我国学者张郁芬（2001）认为社会支持具有：①减缓压力对个体身心方面的伤害。②促进个人情绪上的稳定。③解除个人困难情境、消除压力。④解除个人物质上的缺乏。⑤提高个人自尊心、被人接受及被肯定的功能。由此可见，善用社会支持可增加面对问题的能力，预防及减少压力对我们的伤害，提升个人生理、心理的健康。良好的社会支持一方面对应激状态下的个体提供保护，另一方面对维持个体的良好情绪体验也具有普通的增益作用。

6. 应对方式与心理服务需求的关系

应对方式是指典型的习惯性解决问题方式的倾向，也可以被认为是在应对一系列广泛应激源过程中人们通常使用的策略（或方法）。根据针对性可分为问题关注应对和情绪关注应对。目前一般认为问题关注应对是积极的应对方式，而情绪应对是消极应对方式。国内的应对方式量表一般分为两个维度：积极应对和消极应对或成熟应对和不成熟应对。作为重要的个体变量的应对方式，则决定着人们对内外环境的要求及其有关的情绪困扰而采用的手段、方法和策略。居民的心理问题是否构成对其心理健康的威胁和影响，与形成居民的对心理卫生服务的需求和应对方式密切相关。关于应对方式与心理健康的密切相关性，这一结论在一些学者的研究中得到了证实。有就应对方式对大学生心理健康关系的研究，提出成熟型和混合型的应对方式对心理健康有正性作用，而不成熟的应对方式则相反；有就应对方式对医务人员心理健康的影响的研究，结论为医务人员消极应对方式与 SCL－90 总分及除躯体化、焦虑、恐怖以外的各因子均显著正相关，积极应对方式与强迫、焦虑显著负相关。

社区居民的心理卫生服务需求受到诸多因素的影响。在这些影响因素中，社会支持和应对方式是社会生活事件与心理服务需求之间重要的中介变量，因为它们与人的身心健康密切相关。有研究表明，个体在应激状态下，如果缺乏社会支持和良好的应对方式，则心理问题产生的危险度可高达 43.3%，为普通人群的 2

倍。自 20 世纪 70 年代以来，社会支持和应对方式在国外的研究日趋增多，成为心理学研究的焦点。本调查研究显示：居民对心理服务的需求与应对方式密切相关，有心理服务需求居民的积极应对得分高于无心理服务需求的居民，经统计学检验有显著意义，这与此次调查心理自评亚健康以下者的积极应对得分低于自评健康以上者的积极应对得分结果相吻合。由此可见，在日常生活和工作学习中，遇到困难和挫折者，那些能勇敢面对，积极应对并希望得到及时心理健康服务的人，其心理健康水平更高。及时寻求心理健康服务，在一定程度上代表其对问题的应对方式取向，而心理处于亚健康状况者对心理服务需求处于被动状况，遇到心理问题时不善于采取积极应对的方式，比如在心理不适时寻求心理咨询师的帮助等。

台湾惊恐症及求医行为的社会文化因素研究

林伟文

一、研究目的、意义和方法

本研究企图借由访谈接受“收惊”仪式的“惊恐症”患者所收集的资料，探讨台湾民众在社会文化因素影响下，惊恐症患者对惊恐症疾病病因的认知和促使他们选择某种医疗体系的原因，以及为何台湾民众会有复向求诊的行为，即是同时看西医吃西药，又同时看中医吃中药和求助于民俗治疗的行为。

“惊恐症”不单是疾病（Disease）也是病患（Illness），就是说，惊恐症不仅是生物学现象，同时也是社会和文化现象。现在中医“惊恐症”的病因认为是患者受到了惊吓，或恐惧过度，持久不解，日久导致情感失调，影响体内脏器，或素体肾精亏虚，日久伤及肝、胆、心诸脏，终至气血两亏，痰火内扰，进而可产生惊、恐、悸、怔忡、不语、不寐、夜啼、不仁、昏厥、奔豚气、遗精、阳痿、尿频、癫、狂、心风、痫、痴呆等十余种病症。病患则不只指身体上未能正常运作，还包括文化与社会的层面，系以患者的心理因素以及文化、社会、教育背景，尤其是信仰、经验有所关系的病人角度行为。对于一个惊恐症患者，其对自己健康与否、罹患疾病与否上的认知、分类、命名、归因与治疗，都很受社会上文化的制约。

台湾地区虽处于内地的边陲，受日本殖民 50 年，但仍然深受中国文化和价值观的影响。因此，理解文化对台湾地区“惊恐症”患者的影响，就必须考虑到他们拥有何种价值、信念和生活在什么样的社会与文化环境。因此，唯有走出研究室，抛弃固有问题的意识形态，进入他们的内心世界、探索他们的生活，才能找出惊恐症患者背后的社会文化因素推手是什么。故本研究的重点在于揭示台湾地区心理疾病的社会文化性，对于推动心理科学知识的普及和心理辅导的本土化具有现实的意义。

本研究具体采用的研究方法有：参与观察法，访谈法。

本研究选取台北市行天宫作为访谈场域，由友人介绍“效劳生”李妈妈，请她转介其他合适对象认识，先询问他们是否因受到惊吓或害怕来收惊，才决定是否与他们进行下一步的访谈，若是来祈福的，则排除在访谈对象之外了。研究期间共获得25位访谈者，抽取其中20位较具代表性的作为研究对象，其中男女性别各占10位，年纪最大的67岁，最小的16岁，但总体上以中壮年居多。教育程度多为高中以上学历，老年者多为小学毕业；省籍以台闽居大部分，只有3位自称外省；宗教信仰以佛教和民间信仰为主，自认为信奉佛教者，在家里还会供奉祖先牌位；除一位独居老人外，其余都与家人同住；经济状况一般，属于社会底层市民。

以扎根理论（Grounded Theory）的观点，个案抽样的数目并非决定理论的形成与否，而在于，个案能提供充足的研究资料。本研究以归纳和演绎方法对质性研究收集来的资料作量化的分析和检验。如内容分析法（Content Analysis），以质性叙述得来的信息为基础，建构类目或关注的主题进行归纳。

二、台湾的医疗体系与民众求医行为

（一）台湾民众的复向式求医行为

台湾地区民众除了采用中、西医两种医疗体系外，仍有不少民众利用民俗治疗，这是一种非正式、属于民间的医疗体系，而有所谓“要人也要神”之说，即病患同时采取正式和非正式的医疗体系；也有采用“复向式”的求诊方式，即同时接受中、西医治疗或同时也采用民俗疗法，而形成多元式的求医行为。许多学者专家都报道了此现象，如1969—1970年Emily M. Ahern的研究中认为，台湾民间将世界分成阴阳两部分，人体也分成阴阳两部分。阳世的身体有病要看医生，阴的身体有病，要让民俗医生入阴间修补阴间的病人身体才可医好。1972—1973年Katherine Gould Martin的调查，显示台湾民间民俗医生治病观念中将有些病分为西医治疗范围，某些病则属于“王爷公”的治疗范围。1975年Arthur Kleinman发表的“医学、精神治疗与传统医学在现代中国社会中的人类学研究”的报告中，针对台湾地区现存的三种医疗系统，即西医、中医、民俗医疗者，进行病人、家庭通报者和医生（包括西医师、中医师、乩童、算命先生等）的问卷访问。研究结果发现民众决定求医方式往往不受专家意见的影响，大约有90%的家庭在疾病征兆之初，先采用“自我疗法”，而自我疗法方式的选择往往倾向于病者家庭的主观评价或其他患者口头宣传，极少接受专家的推荐与建议以及受中国古老传统观念左右。三位学者的研究均指出：①台湾居民使用多元医疗体系的情形相当普遍。②一般疾病初期以西医为主要治疗方法。③西医未在短期内改善症状才转往中医或寻求民俗治疗。

多元化的医疗体系是台湾社会民众求医行为的特色，其中包含了专业的和民俗的医疗体系，而二者间担负着不同的医疗社会功能。虽然西医仍为台湾目前医疗体系中的主流，然而中医治疗仍受民众重视，民俗治疗也仍被使用，且认为有精神医疗的功效。在多元医疗体系下，影响中西医疗的因素不同，采用西医医疗系统时，民众使用西医体系的价值来作判断。采用中医时，以中医体系的价值判断，而且民众对于中西医疗存有着某种固定的认知：如认为西医治疗，药效剧烈，较有科学根据，诊断正确；中医能治本，药物副作用少，药性慢。因此民众对疾病的轻重有采取不同医疗取向：较严重的、急性的以看西医为主；慢性的和长期性症状、挫伤扭伤、跌打损伤等却采用中医治疗。但当疾病是慢性和具有长期性症状的病患，或认为疾病是祖先、神鬼、犯冲等超自然能力所引起，或现代医学无法解释和治疗时，则会使用民俗疗法。

（二）台湾医疗体系的构成特点

医疗体系是一套信仰与行为，包括对疾病的认知、解释、命名、分类、治疗、评价、预防等要素的过程，而这个体系中互动的人群有病人与治疗者。自病人角度入手，可以研究病人在上述过程中的观念与行为。从医疗者角度入手，则可以研究医疗制度，医疗人员之训练方式、资格给予等。由此看来，医疗体系是一个由知识、信仰、技术、角色、价值观、思想方式、态度、习惯、仪式和符号等组成的庞大综合体，其中包含各个群体成员的卫生知识、信仰、技术和习俗，也包括了临床和临床的所有活动，正统的和非正统的医疗机构，以及对人群的健康水准有影响，促进社会健康卫生最佳运作的其他活动，简言之，医疗体系应该包括所有促进健康的信仰、活动、科学知识和该群体成员对这个体系所贡献的技术。

我们需要从医疗文化体系的角度来看待台湾的现行医疗习题的构成与特点。例如 Arthur Kleinman 就将健康照顾系统（Health Care System）视为文化系统，由三个领域所组成：专业领域（Professional Sector）、日常领域（Popular Sector）和民俗领域（Folk sector）。日常部门是医疗体系中最普遍，也是民众日常采用的，其中包括了个人、家庭、社会网络的信念活动；专业部门包括了中、西医及护理人员和药剂师等；民俗部门可分为世俗的和神圣的两种，前者指的是草药师、按摩师等，后者指乩童、道士和收惊妈等。

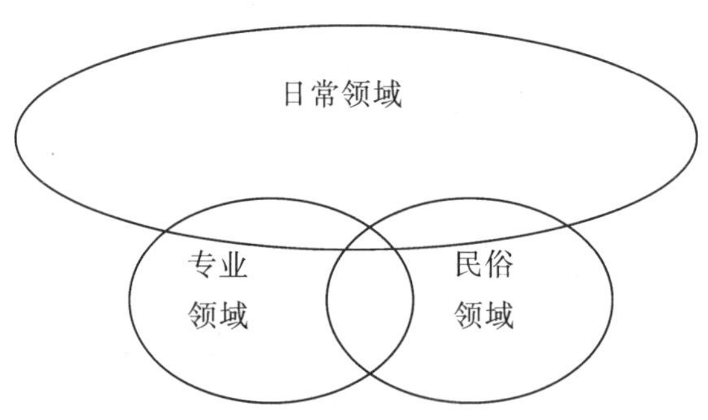

图1　医疗系统内次系统组成图

如图1，每一个椭圆形代表一个医疗系统内的次系统，各次系统有独立一套理论用以说明病因、病机、治疗方式、预防方法、病的严重性和愈后等。且在专业领域和民俗领域之间，Kleinman特别注明两者在不同地方的个案情形里，专业和民俗两个领域可以重叠也可以不重叠。他认为此模式兼具社会文化与社会意义，强调用此模式讨论文化里的健康、疾病、医疗、次医疗体系等问题，并作文化的比较。日常领域主要功能在于生病及照顾的家庭脉络，也包括了相关的社会交际网络和社区活动。“在西方和非西方社会，70%到90%的疾病是在这领域内处理。”故此，Kleinman对日常领域的论点，特别引入了家族的观念，表示个人是先在家族中遭遇疾病的，个体在日常领域是“生病的家庭成员”，在专业领域是“病人”，在民俗领域则是“当事人”。说明了个人在面对疾病问题的处理上有一定的顺序，先在日常领域中遭遇疾病，然后决定是否进入专业或民俗领域。

台湾民俗医疗系统的存在还需要从健康信念模式（Health Belief Model）的角度来加以分析。所谓健康信念模式是经由个人认知的角度观察其信念与行为，以描述关于个人之健康行为及其影响因素，健康信念模式发展之初是为了用来解释及预测人们参与预防及疾病筛检计划等健康行为之影响因素，而后又修订用以探讨民众之疾病行为，病人角色行为，以及惯性病行为等健康行为。此模式是根据价值期待理论（Value-Expectancy Theory）作假设：个人赋予某特定目标的价值，亦就个人对某一行动能否达到目标作可能性的评估，对健康行为而言，就是避免患病或是由病中复原的期待，以及某一健康行为能否预防或避免疾病的信念，也就是主观评估疾病的威胁性，个人对于减少疾病威胁能力的评估，此模式是建立在一个避免威胁的逻辑上（Threat-Avoidance Logic）。

日人窃台50年中，想把台湾建成日本的附属，所以在行政制度、卫生行政上，均比照日本本土行事，大力推行西医为单一的医疗体系，加强中央与地方的医疗卫生管理。然而台湾光复后，国民政府继承日人在台的医疗体系，并加以改进，政策上解除日人对中医的禁令，开放传统中医的考试认证，对民俗医疗也采取开放政策，这一政策使台湾的现代与传统的两套医疗制度并行，同时具有法律的认可，只是传统中的民俗医疗没有被纳入医疗保险体系内，但民众仍可以自由选择求医的方式，从而形成了台湾现代三元医疗体系结构的特点，即西医、中医和民俗医疗并存。

三、田野调查和基于扎根理论的因素分析

（一）与惊恐症相关的社会心理因素

通过田野调查的观察和访谈，笔者发现被访者不仅受传统文化习俗的缠绕，

也受经济、人格、人际关系、心理压力等现实因素的影响。按主题分述如下：

1. 经济状况

以下是部分访谈摘要：

“工厂迁去了大陆，我失业已经一年多，平时靠打零工过活。”“自从我爸死后，我便出来送货，最近车祸，住院半个月，公司另找他人，将我资遣了。”

“父亲失业半年多，他每天都喝酒消愁，喝醉又会发酒疯，乱骂人，平日靠母亲当帮佣，在饭店打工。”“丈夫赚的是死薪水，现在什么东西都涨，只有薪水好几年没有调，公公又生病，医药费支出又多。”“自己的学历不高，找不到一份薪水好一点的工作，想继续进修，但没有多余的钱了。”“我老公平日游手好闲，只会伸手要钱，靠我帮邻居带小孩，赚钱养家。”

可见经济窘迫对精神健康是有负面影响的，若个人遭遇的不幸随着经济状况的恶化，则人将变得更无法接受，尤其是经济收入偏低者，一次重大的疾病，不管是慢性病或急性病，或一次严重的意外，都可以耗费过半的家庭资源，若再加上失业，无积蓄的家庭会变得雪上加霜，因而造成患者强烈的罪恶感，并导致某种形式的精神症状。对家属而言，往往同样引发高度的焦虑，影响机体的功能，产生身体上各种不适，或甚至患上精神疾病。

2. 人格特质

以下是部分访谈摘要：

“我觉得自己好封闭。”“我比较内向啦，就是不爱说话啰。”“别人都说我情绪化，脾气时好时坏，但我自己不觉得。”“从小到大，我都怕事情做不好，给别人骂，我真的没用。”“我很在乎别人对我的批评，尤其是得不到赞美而自己认为做得最好的时候。”“表面上我不在乎别人说我什么，但实际上，真的蛮在乎。”“人生就是生老病死，生下来就是等死，其间都是痛苦多于快乐。”“从小到大，我都没有快乐过，没有幸福可言。”

人格特质受先天和后天的影响，儒家就有所谓性善与性恶之辩，但人格受后天教化的影响是不争的事实，经过教育栽培，或受到儒、道、佛等思想影响，人格发展虽有差别，或积极进取，严谨自我，或达观超脱，消极忘我，或入世救世，都抱着一定的人生追求目的，但民间的鬼神信仰，因本身并没有宗教的教义，只有仪式。求鬼神，只是图讨好鬼神，驱使鬼神，谋求自己最大的利益，影响人格发展的功效并不彰显。而在心理学上来说，易生病型人格特质的人通常较悲观，经常是自我和价值感呈现外在控制型的特质，相反自我痊愈型的人格特质包括坚强、乐观、外向，呈现内控行为的特质。

3. 人际关系

以下是部分访谈摘要：

“普通啦，没有什么好朋友。”“朋友，一两个好朋友就够。”“我很少和公司的同事往来，下班后便回家。”“我很忙，要照顾丈夫、孩子，哪有什么朋友的。”“因为丈夫是老幺，要和公婆同住，公公的人不错，但婆婆爱计较，挑三厌四的，下班后，得又要回家帮忙家事，干嘛要结婚，真气人。”“家里重男轻女，爸妈都偏袒弟弟，什么不好的都算在我头上，恨死他们。”

心理学认为，人际关系的稳固发展，也就是建立人际安全感，借着人际关系的良好途径，可以克服焦虑或减少焦虑的产生。相反的，压力和焦虑也可能来自不当的人际关系，尤其是个人采取个人主义，具有独断独行的作风，不妥协、不重视人际融洽的生活，一定会饱受敌意和他人猜忌，甚至有被陷害之苦。另外，在情绪上积压诸多不满，若没有疏泄的管道，没有知心朋友、可倾诉的朋友、可倾诉的对象时，更容易使人精神上受到伤害。加上台湾地区民众，在情绪上出现问题时，通常不会求助于专业人员，假如得不到各家庭成员的支持时，病情会转化更严重。社会支持这个角色被视为求助过程中的资源，很多情绪上有困境的人，首先会倾向寻求家人的支持，或向亲朋好友寻求帮助，他们会尝试各种不同的自力救济方式，而人际关系良好的，通常能获得更多的支持和鼓励，反之，则会陷于孤立无援的状态。

4. 心理压力

以下是部分访谈摘要：

“我很担心我丈夫，他是家中唯一的经济支柱，万一失业了，我不知道该如何办。”“我本来就是笨嘛，但我爸妈对我的期望很高，考不上中山或北女，怎么办？”“每天跑业务，压力当然大，喝醉了，不再想就是。”“父亲每次酒醉，都借故来触摸我的身体，我害怕有一天，他会强暴我。”

“与公婆同住在一个屋檐下，就是我的最大压力来源。”“没头路（没工作），没钱，小孩子要养，那就是压力。”“我好怕遇到鬼，算不算是压力？”

个人面对生理性或心理性事件时，所产生的负面反应，并因此而导致情绪性的压力或生理性的疾病，便称为压力。当压力经验的总数量增加时，罹患疾病的概率也随之增加，这是因为当人们感到压力时，就会变得忧郁、担心、和焦虑，这些情绪会影响人们维持健康生活的行为，像正常机体摄取营养的行为、规律的运动和足够的睡眠，因此增加了罹患疾病的概率，而且当压力来临时，人体的免疫系统功能便会下降，也造成罹患疾病的机会。

在都市化与现代化甚至所谓全球化的改变下，社会变动、经济活动更替速度快、频率高，尤其冲击传统的家庭制度，加上女性经济独立，挑战了传统婆媳相处间的地位和父母权威的绝对性，女性角色的转变，同时威胁了婚姻制度。另外，追求成就也被认为是孩子的压力来源，台湾传统社会重视子女教育，望子成龙的观念导致激烈的升学竞赛，父母对子女高度期许，结果是小孩对考试失败的恐惧，常导致焦虑、沮丧等身心方面疾病的症状，甚至产生惧校症，逃避上课。

（二）与惊恐症相关的认知、身心反应与文化因素

所谓文化系统是在社会里强调的价值观念与生活习惯方式，往往反映该社会

所经历过的生活经验所累积的处理问题知识。这些价值观念、生活规律、模式，为日常生活提供了准绳和方向，当疾病发生时，这种文化系统，便给予了病人对病因的解释，和对疾病治疗的认知。

1. 惊恐症患者的身体知觉

以下是部分访谈摘要：

“很难过，呼吸不过来，心跳得很厉害。”“心脏好像跳了出来般，又好像要停止心跳般，四肢瘫痪，爬不起来。”“感到害怕时，肚子很痛，头又痛，想躲到没有人见得到的地方去。”“不自觉地尿了出来，整个星期来老二（阳具）都不举。”“吓到直冒冷汗，呼吸困难，背部突然觉得很冷，后来又变得有点痛。”“有很想吐的感觉，不过是事后啦，当时被吓，有点不知所措，呆若木鸡，很久都未能回过神来。”

身体知觉是个人直接的经验，而个人的经验需要经过文化的诠释，不仅是对于已发生事情经验的认知，须从社会文化脉络中理解，而且对于身体的认识，也是受到文化概念的操控。身体是多维度、多层次的现象，其意义随着民族的不同而有所差异，台湾草根阶层，尤其将自己情感上的问题诉诸身体上的不适，当情绪获得疏解，身体上的问题也随即解除。这种常以身体症状来表露其精神官能症的心理冲突，是一般人所知的倾向，此倾向不但作为一种文化背景，更是一个普遍的现象，这点大概与汉人不善于与他人谈自己内心的感情有关，或不愿透露自己内心的世界。

2. 对惊恐症病因的认知

以下是部分访谈摘要：

“自从对面空地盖了大楼，我的身体便不好，时常头晕，精神恍惚，一定是被土煞煞到，才会使身体的魂魄不宁。”“那天晚上和室友去夜游，就感觉有东西跟着我，有时在我耳边讲话，但不知道他说啥，害我都不敢关灯睡觉。”“算命的说我命不好，八字轻，加上时运低，容易撞邪，怪不得昨天便发生车祸，赔了好几千块。”“最近精神不好，请风水师看过祖坟，说我祖妈的棺木淹水了，要整修坟墓后，我的运才会好，但手头上又没钱。”“昨晚走在巷子，被个疯子骑车按喇叭吓了一跳，好像灵魂出窍般，心神不定。”“一定是有邪灵、恶鬼来骚扰我。”“日子不好过，一定是撞邪啦。”

从医学人类学的角度来看疾病可以区分为两大体系：拟人论（Personalistic）和自然论（Naturalistic）。自然论在医学体系中，病因被解释为受自然环境、人体本身各元素器官影响的。而拟人论，被认为生病是超自然物如鬼神或非人存在物如祖先、邪灵等，干扰人类的生活。病人实际上是受害者，是接受惩罚，受侵者的对象。故此，疾病发生的解释，一类是由自然因素产生，经人类从实验验证科学发现的，另一类则是由人类本身经验认知而产生，对于后者而言，属于社会文化方面的心理障碍病居多，需要接受的是一种心理和社会规范的治疗。然而，在民俗学的观点看来，病因会因各民族的社会文化背景不同，而有不一样的诠释，如隋朝的《摩诃止观》中，便认为病因缘起有六：四大不顺，饮食不节，坐禅不调，鬼神得便，魔神相扰，恶业所起。这是一种带着宗教色彩的病因理论，追溯到远古汉族殷商时期，殷人将疾病成因归为天帝所降，是鬼神业祸，妖邪之蛊，是天象变化的影响。而带有浓厚的鬼神观念，陶弘景的《补阙肘后百一方·序》将致病的原因分为：脏腑经络因邪生疾，四肢九窍内外交媾，假为他物横来伤害。根据中国文化大学的《文化一周》调查，大学生有87%相信有鬼，23%从小就被灌输有鬼的观念。这无疑与传统封建的鬼神思想有关。

心理学家荣格（Jung）看来，精神便是灵魂，他认为精神包括一个人所有的思想、感情和行为，无论它是有意识的，还是无意识的，精神的作用就像一个指南针，它调节、控制着个体，使之适应社会环境和自然环境。吕理政从台湾民间信仰的观点出发，认为关于人、鬼、祖先、魂魄之间的转化，呈现出的是人际关系网络所类比的认知系统，反映在鬼神信仰之中。失去社会关系网络而不能得到祭祀的鬼灵，成为宗族和社会的禁忌，也成为生病的原因之一。于是民间便用祭祀、祝祷手段，将禁忌的鬼煞纳入社会关系网络之中，而达成人与鬼灵之间的和谐。由此来看，鬼神观念是基于传统文化加以合理化的解释，而形成疾病病因的推论。

3. 健康观的影响

以下是部分访谈摘要：

“身体有病就应当找医生，精神有病当然要求神。”“身体无病痛，精神好就是健康。”“灵魂和身体都要得到平衡协调，所谓阴阳调和，才叫作健康。”“灵魂不安，身体会变差，身体差时，灵魂也会被外界的鬼怪牵走。”

联合国世界卫生组织（WHO）将健康定义为“在身体，心理和社会三方面安宁幸福的状态”。Gochman认为“健康行为是指个人属性（如信念、经验、动机、价值、知觉和其他认知变项），人格特质（如情意，和情绪状态与特质），和外显行为（如为了维护、恢复或增进健康而采取的行动或习惯）”。故此，就健康而言，并非单指机体上的问题，而是涉及了心理、社会、文化等多层面向，台湾汉人受传统民俗文化影响，尤其是形神观二元论的思想，形与神是可分可合的，故心理学家燕国材就说，“形神观所思考的问题是形神关系（心身关系）问题”。而二元论形神观就把形体与精神视为两个可各自独立的本体，但也肯定二者紧密的关系，而造成形神合一的调和状态，而这种调和状态就是民间所认为最健康的状态，故此，有了身体生病要看医生，也需要拜神的“要人也要神”之说。

4. 传媒对惊恐症认知的影响

以下是部分访谈摘要：

“看电视的灵异节目，就有很多相关的真人真事报道，真的有鬼魂存在，不要不相信。”“我阿嬷就说，惊着就要收惊才会好。”“受惊吓，当然要收惊，医生也叫我来收惊的。”“报纸就有收惊的报道，像余天的儿子受毒舌攻击，还不是来收惊才好起来。吃药是无效的，简直三不搭五。”

台湾的灵异文化多来自传媒，尤其是电视节目，自台湾电视台“玫瑰之夜”开始有现场观众讲述灵魂鬼怪事件后，类似的节目如雨后春笋般出现，再加上命理风水的节目，使得台湾年轻的一代，大都倾向鬼神迷信，再者，若家庭中的长辈是民间信仰者，这种情况更牢不可破，而造成一种大众文化，影响至巨，尤其是心理卫生方面。如 2001 年 9 月 21 日台湾中南部发生大地震，台中荣民总医院精神科作了一个调查统计，受到地震影响而惊吓过度的当地民众，有 18.5% 求助于民族宗教治疗——收惊。只有 5.7% 民众接受精神心理咨询。鬼神文化深入民间，反映出传媒是文化幕后的推手。

5. “命”文化的影响

案例：

陈先生，36 岁，本省籍，未婚，每星期都会去收惊以求平安，他小时候，父母亲为他算八字，算命的说他八字轻，会碰到很多灾难，因命属阴，也容易卡到阴，就是会遇到孤魂野鬼，这些凶灵，促使他厄运连连。自此，拜庙的习惯与他结下不解缘，父母亲凡逢初一、十五，宗教节日，都带他到各式寺庙拜神祈福，民间信仰，与鬼神概念，深植入陈先生脑海中，导致他害怕黑夜独处，或路过医院、殡仪馆、荒废房屋、破庙等，因为这都是他认为鬼魅出现的时间和地点，今年正值他的太岁本命年，他更害怕犯太岁会遭横祸或疾病，故此，除了在香火鼎盛的庙宇安太岁外，几乎每星期都去收惊一两趟。

传统民间信仰把时间和谐的观念，表现在人出生的时间与宇宙时间的配合。个人出生时间的年、月、日、时以天干和地支的符号代替，即是一个人的“八字”，也就是他的命，俗称“落土时，八字命”。再运用阴阳五行生克制化的概念，配合大运、流年便可论述人生运数，甚至将全年日子排定行事宜忌而成为民俗百姓婚丧、搬迁、破土、上梁等事情，择日必参考的历书。这反映了民俗文化影响了个人惧怕自己的八字时辰与宇宙的时段，产生相克相冲，带来噩运、生病甚至死亡的迷信观念，于是，俗民百姓就利用操作巫术如“安太岁”“收惊”等仪式，其目的亦在企图求时间的和谐，甚至变成趋避不和谐的时间段落，求取心理上的平安。

从访谈中，发现陈先生带有神经紧张的人格特质，对事情的看法都抱着绝对性，且负面居多。身体矮小瘦弱，又不好运动，且有频尿的毛病，或许就因为事情太过敏感，加上身体虚弱，导致精神衰弱，产生诸多幻觉，而将这些毛病归因于“命”和“鬼”的迷信当中。

6. “风水”文化的影响

案例：

陈太太，54岁，在住家大楼的空地，分别兴建两栋大楼，在两栋大楼中间的防火巷，形成风水上的“天斩煞”，正好面对着陈太太的睡房，自她发现这种风水煞气候，便感觉自己精神不振，时常失眠，失魂落魄般的，一天去菜市场，没有看清楚交通灯，已转成红灯，差点便被车撞上，吓得直冒冷汗，心悸肌肉僵硬，卧床多日，看了中医，又去收惊，并请风水师到家中挂上八卦镜以求破煞化灾。

台湾汉人对空间观念，基本上以“天人合一”为主，如上阴阳五行、八卦四象这些民俗文化因素综合表现在风水堪舆的巫术上。所谓风水即是“藏风聚水”的意思，民间风俗认为，“风”属“阳”，“水”属“阴”，风吹动天上的云，将水降下于大地，造成天地生气，人住在这种空间中，将会获得生命力。然而会受到地形、地貌、方向等因素影响，故传统堪舆术分为形家、向法家、日法家三种，又以前二家为主。形法家又称峦头派，着重自然环境、地形、山川与房子的位置，理念较近于环境生态学。法家又称理气派，为风水的主派，派别也特别多，诸如三元去空、飞星、八宅等，是根据阴阳五行、河洛八卦、九星等来推演运算，作为宅运、影响人生祸福夭寿的预言，这些纯粹是一种附凿，实在说不出实用的意义，但民间却深深地相信“阴阳错综不失理”就是理的观念，认为有“理”便有“气”，有气流行的地方，就能加强运气，抵挡命中注定的灾祸，这种观念，非常牵强附会。现今台北市大楼林立，没有什么形与气可言，故此，江湖术士，就以房子的形观，加上所在的地形，创造一堆危言耸听的话来，其目的都在于利用人的惧怕心理，年取金钱上的利益。

陈太太便是受到风水文化的影响，以为自己精神上和身体上的不适，是受风水影响。其实，因为陈太太是家庭主妇，每天都在家中处理家务，且鲜于外出应酬，而对面大楼长时间盖楼所造成的噪音和灰尘，都会影响她的情绪和健康，加上大楼遮挡了阳光，原先的绿地又消失了，这才是造成她生病的主因。

7. 祖先崇拜文化的影响

案例：

李先生，43岁，最近害怕接听电话，尤其当电话铃声响起来时，便会莫名地提心吊胆起来，产生恐慌、呼吸困难、胸闷的感觉，听朋友说某处乩童很灵验，便请他作法求神明指示。经乩童转述，说他祖先在阴间的房子漏水，每天都被水泡得很不舒服，要将坟墓整修，于是在阴间打电话告诉李先生，并向他报梦，但李先生都不听，于是祖先生气，便惩罚他诸事不顺，甚至身体不适，但李先生最近经济情况不佳，没有钱来为祖先整修坟墓，故此来求恩主公，希望先烧一栋纸房子给祖先，祈求祖先原谅他，并保佑他生意好转。

俗民遇有人生困难问题，如生病、事业失败、事情不顺利，都会求助乩童请求神明指示原因及应对之道。而乩童答案大都属于超自然因素，包括神明谴责，恶鬼孤魂作祟，遇煞犯冲之类。但其中最重要的原因是与祖先崇拜祭仪相关的，这些问题包括祭仪是否按期举行，牌位的安置是否合适，财产继承是否合理，责任义务是否履行，以及祖先的坟墓风水地理是否合适，祖坟有没有修理。而最基本的祭仪是家族世系是否得以延续，这代表祭祀仪式得以维持传承，否则祖灵在阴间会变作孤魂饿鬼，或受到其他鬼魂欺凌，或变作恶鬼来惩罚子孙。

从访谈话题中了解到李先生目前的经济状况是很不好的，之前，他是一家工厂的经理，工厂规模不小，也赚过不少钱，但可惜上游工厂外移，连带影响下游工厂的生存，李先生又受到“根留台湾”的政治口号影响，没有做出适当的改变，最后工厂结束营运，债务问题也就陆续浮现，债权人先以电话催收，后以暴力威胁，李先生终于变卖所有家产以还债。故此事后，听到电话铃声，都会联想到当时暴力催债的可怕，恐惧就由此而起。他宁信乩童的祖先惩罚来作为病因的解释，大抵这可以消除他因事业失败带来的羞愧心理。

8. 灵魂作祟文化的影响

案例：

张小姐，23岁，与友人夜游北海岸，曾到十八王公处拜拜，并在某处阴庙，觉得头发一直被东西拉着，翌日上班途中，险遇车祸，吓得失魂落魄，下班回家后，晚上发烦，做噩梦，便怀疑卡到阴，有鬼魂来索命，夺取她的魂魄，于是来收惊，希望能将阴鬼赶走，将失去的魂魄找回来。

民间传统，鬼魂的类别十分多，如无主家神、游路将军、大众爷、义民爷、百姓公、有应公、好兄弟等是属于阴庙所祭祀的对象，而十八王公，也是属于此类阴庙，这些鬼魂有时善、有时恶，善恶之间很难预测，因此人们不幸犯冲遇煞，就会“惊着”，三魂七魄的某一魂魄会游离身体，或被鬼魂摄走，造成精神不振，神不守舍的疾病。

张小姐在月前，有被骑机车的强盗抢劫的经验，那时是夜晚时分，在回家途中的巷弄中，就被强盗先扯拉她的头发，让她双手护发之际，抢走她的手袋。当下，她就恐慌万分，所以在夜游时，经过昏暗的巷道时，当时被抢的情境又再次出现，而引起她的惊恐。

四、收惊与台湾鬼神文化观

（一）收惊仪式的文化意义

“收惊”是透过宗教仪式，将逸出体外的魂魄收回，故“收惊”又称为“收魂”。在旧社会的内地北方，称之为“叫魂”。在台湾省传统上“收惊”是“红头师公”驱邪押煞的法事之一，但现今“收惊”行为不只出现在庙宇、道士坛、乩童神坛，甚至星卜业者，和一般民家的“收惊妈”“收惊生”都存着为人“收惊”的行为。早期台湾民间的“收惊”仪式，大致上可分为三种：咒语式、符箓式和香米式。但长期发展下来相互交错，彼此间已无明显界线。今天所见的是掺有咒语、符箓和香米式的仪式，只有“小收”和“大收”之别。在重病或难症时，除“收魂”仪式外，还要“祭送”仪式，来驱逐凶神恶煞，离开受害者的身体。“大收”用的用具和仪式都较为复杂，系积极的驱邪而又富于动作的仪式。而仅以收回魂魄的方法，叫作“小收”，通常是取“大收”仪式中的一部分简化而成，一般“收惊妈”等也可以主持。仪式中的香米是以茶杯或小盘子装满抚平，用受惊者的衣物包起来，旁边另置一杯开水。仪式开始时，“收惊妈”点三炷清香，念咒文，有的还撒盐巴，画生惊符。念过咒语后，“收惊妈”打开衣物，看杯子内米上的纹路，依此指出惊吓的原因，如出现“口”字，表示受到巨响或喊叫吓到；若浮现类似动物形式，则是受鸟兽牲畜等所惊。然后抓取几颗米投入一旁的水杯中，再用香在受惊者胸前划三下，背划七下，再往头上轻轻一按，最后受惊者喝下浸泡过米粒的开水，“收惊”仪式便结束。“收惊”仪式中，每一样物件，每一个动作都含有重要的象征意义。受惊者的衣物是让迷失的魂魄辨认，看到熟悉的衣物才懂得要回来；米是让魂魄暂时附着的媒介，喝下泡过米的水，就表示把迷途知返的魂魄再次纳入体内。人身的胸前存有三魂，背后有七魄，再用香来安抚他们，轻按头顶是要回来的魂魄各归其位，如此一来，受惊者的形神合一，回复正常。

（二）台湾收惊民俗疗法的来由

1974 年，刘枝万的《中国民间信仰论集》述说了台湾法师的流派之来源，施法过程等，认为台湾法教各派皆传自内地的闽、粤沿海一带，包括福州的三奶教（临水夫人）、漳州的徐甲教（徐甲真人）、潮州的客仔教（姜太公）、泉州的法主公教（张圣君）。并指出所谓收魂是对于生人之招魂，因民间俗信，以为人之患病，多由于魂魄失散而起，故须招收回身，方无死亡之虞。尤其孩童无端夜哭或疾病，多因惊吓而起，谓之着惊，亦须及时收魂，故谓之收惊。其法，固因地方之传统习俗以及师傅法统之不同而有异，即在某一地方，亦有数法并存，以应民间之需求，各投其所好，并不抵触。且有法师一人而学会数法，按病状之轻重而适予运用者，亦不乏其人。不过法主公教法师所最常行之一法而已，亦即此教法师所擅长法术之一。平常所谓收魂者，仅收魂魄，作法简单而易行，故谓之小收。唯此教法师之方式，必被请抵病人之家，行法于其正厅，以草人为替身，除收魂之外，加行祭送仪式，即祭煞押送或祭送煞神，旨在驱逐凶神恶煞出境，以免后患，亦即一种安全措施，较诸前法，用具多而复杂，不易而亦不必常行，故谓之大收，仅行于重病或难症。又此法因系积极的驱邪，富于动作，故由法术之立场言，乃属于武坛之作法。

1976 年，张瑞珊的《有关收惊的研究》认为收惊的原因在于，①诉诸传统：别人都去收惊，所以我也去。②认为收惊有效。③收惊解答了西医无法解释的主观问题：为什么是自己生病，而不是别人。④收惊的解说符合了中国传统的信仰体系，即注重人与人、人与超自然和谐的关系。⑤不管信不信，反正可以得到神力保佑，不会有任何损失。

1989 年，周雪惠的《台湾民间信仰的宗教仪式行为之探讨》中指出，收惊是对精神病或突然重病、小孩夜哭不安宁等，利用仪式化的过程来表示免除惊吓。这行为所受背景变项的影响除了宗教信仰，还有性别、年龄、教育程度。在性别的差异上，以女性民众为多，因此收惊者接受本人若不能亲自来，也可由家属携带受惊者之衣物来举行仪式。因为家中的主妇乃照顾家里幼童生病、温饱的人，若小孩长时哭闹，医生又治不好，常会带小孩去收惊，也常会为家人举行。年龄因素是以年龄越小者越会去收惊，因收惊的对象本就以年纪较轻者或孩童为主，或者年轻的父母才有幼小的孩童，所以以年纪轻者为多。教育程度越低者也越会行使此仪式行为，他们较能接受病人的病情是受到鬼魂的惊吓或一些人际关系处理不好才致病的说法，这些表示收惊的行为在此社会地位的人士中盛行着。而且诉求神助的态度强者，相信神的具体力量，收惊成功的概率就大，而这种有效常是主观的有效。

1996 年，张珣的《道教与民间医疗文化——以着惊症候群为例》中以台北基隆心镜堂的个案描述道教命人师的收惊仪式过程，其中包括改运、大人小儿得惊的治疗方法。作者更指出当病人碰到医药罔效、久病不治的时候，会想到有来自另一个世界的侵扰而去找寻宗教专业人员求助。“着惊”便是一种民间相信医生不能只以药物根除的病，而须加上宗教师使病人灵魂安定地留在体内。着惊这种文化病，附加很多中国文化意义，包括病人的社会角色通常是正处于角色转换期的人和社会适应不良的人，以及常见的因神经系统尚在发育中，呈不稳定状态所造成的着惊的小儿；还有中国文化对“魂魄与身体密切结合要等出生一百日以后”“魂魄可因过度惊吓而离开肉体”的观念；走失的魂魄，可由宗教人员借神佛之力令鬼怪放行的观念，等等，而有“收惊”的仪式治疗。可以看到收惊的仪式疗法所蕴含的中国民间信仰，及相关的象征体系，以及台湾民间疗法并不鼓励病人表白内心情绪。精神或心理方面有障碍，并不被视为是一种疾病，而须有身体上的表征才算是疾病。

1996年，董芳苑的《鬼附身与巫术医疗》指出收惊是巫术疗法（Magic Therapy），就是一种医学上的“伪工艺”，是以宗教因果（Religious Causality）来说明病理，而非科学的病因说明，正如被惊吓后失神就视为十二元神遗失，必须请“先生妈”——女巫，施行收惊法。人如果休克不省人事，就被诊断为凶神恶煞摄去部分三魂七魄，要请道士或法师施行收魂法事。至于鬼附身的现象，顾名思义是人的三魂七魄被凶神恶煞摄走，元神游离，躯壳被占据的可怕现象。因此精神异状、气血枯萎，行为变态不能自主，便是鬼附身所使然。此一依据宗教信仰因果诊断的病因，一般人相信必须以天师之代表道士、神军总司令的法师，以及神明附身的代言人乩童的协助，才能够化解消灾，使人格恢复正常。当然解除鬼附身的手段是一套繁杂的巫术疗法，那就是道士、法师、与乩童医疗巫术中的所谓收魂法（收回魂魄之巫术法事）。按人若因着魂魄失散而发生的疾病，只要举行简单的收魂，如同台北市恩主公庙的收惊与盖魂便可，叫作小收。可是鬼附身，此一人的躯体全然被凶神或恶煞占据的严重精神障碍，就要进行大收，其仪式都在患者家庭的正厅施行。其时主家必备草人为患者之替身，仪式除了收魂外，尚有送外方，即祭煞押送凶神恶鬼手续，如果是精怪附身者还要配合乩童施行捉妖炸油鼎巫术，以杜绝后患。慎重者更有召请道士行拜斗诵经仪式，甚至施行补运法事。

1999年，邓锦惠等的《民众求助收惊治疗之动机与需求研究》针对32名至高雄县阿莲乡卫生所接受幼儿保健门诊之家属进行问卷访谈。受访者以佛教信仰之女性居多，且大多为幼儿之母亲，平均年龄为30岁左右。以半开放之结构式问卷进行访谈，了解受访者寻求收惊治疗的动机与需求。探讨其对于疾病病因的解释与民俗疗法之态度。研究结果发现，约80%受访者表示有求助收惊治疗的经验，且大部分的人都可以明确由幼儿的哭声区分出是否需求助收惊治疗，且其对于病因的解释有：“被惊吓到”“卡到丧喜事”“被土神或是其他东西煞到”等。而年龄越大、受教育程度较低、听过收惊且有经验者越容易倾向传统中医与超自然病因解释，也愈能接受民俗治疗。民俗治疗在本土社会之普及性与需求性，显示社会文化因素对于一般民众健康信念与求医行为影响。

2002年，余安邦的《台湾汉人的人观、疾病观与民俗疗法：以收惊为例》以台北市道教寺观的保安宫、明龙宫作田野采访对象，访问了5位收惊法师、20位被收惊者，从访谈中了解他们对身体观、人观与疾病观之看法。研究结果显示：收惊的起因乃一般的治疗方法包括中医、西医及其他另类疗法无法处理或治愈人身体的不适或疼痛，于是寻求收惊治疗变成是另一种必要的选择。收惊者对病因的解释主要为：邪灵或无形之物侵犯或干扰人的灵魂或魂魄，因而导致人的魂魄不稳定，甚至部分魂魄离开人体，人的种种生理症状都由此发生。在收惊者及被收惊者的观念中，人的构成主要有三部分，即肉体、气及灵魂；此三者各有其特性，但彼此之关系却极为密切。收惊仪式的有效性从人体之不适或病痛的减除可以得到验证；而其背后的机制或者来自收惊者之功力，或者来自神明之法力，从而使得两种或多种不同的灵象征，各自安置在其原本的位置，彼此重新得到一种动态而紧张的平衡；这种平衡可称之为人与超自然之间的平衡。此外，人体不正常之现象也有人际矛盾、冲突与紧张的可能。收惊仪式的目的之一，即在处理人际问题，从而使其达到一种平衡、和谐与圆融的状态，体现出一种象征式的仪式医疗的文化性与社会性。

2004 年，周秀眉等在《收惊文化初探》对 132 份问卷作整理分析后，发现有 76% 受访者有收惊的经验，寻求收惊者以本省人为主，占 80%，年龄在 21 ~ 40 岁且教育程度在专科以上之未婚女性占比例最大，求助收惊治疗的次数以 1 ~ 5 次最多，动机为受到惊吓占 28.77%，生病占 19.86%，冲煞占 18.49%，改运占 14.04%，祈福占 12.33%，风水不佳占 5.14%。虽然收惊为迷信行为，但研究结果显示，77% 的受访者觉得有效，且高达 89% 的会选择再次收惊。

（三）收惊民俗的社会文化理论分析

1. 文化与社会

人类社会有其多样性，受到所属团体的影响，形成了相对多样化的文化。台湾的汉族，继承了内地移民祖先的文化，文化本质是与先人密不可分的，也因此形成了有别于他种文化的特有文化。换言之，文化创造了我们所认识的人类与社会；同时，经由世代的累积，文化也是社会及构成社会个体的产物。社会学家 Bottosto 给文化定义是“一个可以认同的社会中，人类所有学习而得的行为特质的总和”。然而，文化一词在人类学中的用法，是指由学习累积的经验，是某特定社会群体的行为特质及其受社会传递的模式。人类学家尝试以不同的层面来定义文化，如 Taylor 将文化定义为“文化是一个复杂的整合体（Complex Whole），人作为社会的一员时，所学习而得到的所有事物，它包括知识、信仰、艺术、道德、法律、风俗以及其他的能力和习惯”。所以文化并不是物质的，它存在于人们的心灵和性格之中。我们从社会环境中，学习的文化包括了态度、信仰、知识。Kluckholn and Kelly 说文化是“一切在历史的进展中，为生活而创造的设计（Design），包含外显的和潜隐的，也包括理性的（Rational）、不理性的（Irrational）和非理性的（Nonrational），这一切在某特定的时间内，为人类行为潜在的指针”。以 Kluckhlon 对文化的定义来看，“收惊”是一种活生生的存在于台湾社会的现象，它是台湾文化的一部分，它是台湾地区部分汉人解释病因和追求形体与灵魂健康的指南，因此我们不能简单地认为它是一种愚不可及的行为。

Goodenough 认为文化一词常用来指某个特定人类群体的，是可观察现象的领域，也就是世界上可见的东西和事件。故他给文化下的定义是“文化一词用来指涉组织性的知识体系和信仰体系。一个民族借着这种体系来建构他们的经验知觉，规约他们的行为，决定他们的选择”。由此可见人类的社会组织不仅涉及行动，也共同拥有共识性的观念。这种观念包括禁忌、信仰及价值，它逐渐发展成人类社会文化的组成要素，若缺乏这种观念系统，人类组织是不可能存在的。对台湾民众来说，“收惊”作为一种行为模式，是部分民众的共识性观念的一种，是文化观念所形成的一种民俗。

从文化模式（Cultural Pattern）观点来看，经相关的文化结丛（Cultural Complex），通过有秩序和条理的整合后，所得的全貌是文化模式。如中国的文化模式主要由农业经济、家族主义、祖先崇拜等文化结丛整合而成的，由此可见，泛神崇拜、祖先崇拜都是中国传统的文化结丛，也是组成文化模式的基本元素之一。若肆意批评与攻击，把它视为迷信产物，这正是种族中心主义（Ethnocentrism）的典型。Summer 认为种族中心主义是“对于事情的看法，以自己团体为一切中心，即以自己团体为准则，而把他人划入不同等级观念”。这种认定自己的文化才是最优势，才是唯一正确的，往往带有浓厚的主观价值，造成了社会文化的涵化（Acculturation），产生了所谓大传统和小传统的两种社会阶层的文化。如次级文化（Subcultures）是一个团体的人所共有的某种特殊文化模式，它不同于社会中大多数人所持有的模式，而是属非主流的。换句话说，次级文化是有某种特殊的价值信仰，其分子所遵守的规范也与大多数人不同。在一个社会中，次级文化因种族、经济、职业不同，也因年龄、贫富而不同，每个团体的文化模式都有差异，并且有独特的性质，次级文化的发展，向人们提供了一种选择，允许人们照着自己的方式生活，即采用较适合他们背景与经验的观念和信仰。在中国的历史发展过程中，因文化的差异形成了所谓士族社会文化和民间社会文化，就文化相对论（Cultural Relativity）而言，我们对于不同文化都要持着尊重的态度。因为一个文化特质的意义和功能，视乎说文化系统中运作的状况，特质的好坏、对错是依据其在该文化里是否能有效地发挥作用而定，因此，并没有高低、进步或落后之别。不论赞成与否，若要了解他人的文化，唯有以他人生活中的价值、规范和模式来做观察、了解，否则会陷入主观判断的窠臼里，因此，“收惊”民俗作为次级文化，是台湾文化的一个部分，我们应持着尊重的态度，不能简单地认为它是好的或是坏的，也不随意地断言它是进步的或是落后的，而是把它视为了解台湾文化的一个途径，不轻易地否定它的作用。

2. 文化与身体感觉

身体的知觉是个人的直接经验，而个人经验需要经过文化的诠释，不仅对自己发生经验的认知，还须从社会文化脉络理解，可透过学习与模仿。建构论（Constructionism）强调文化对于人的塑模，在塑模的过程中，人可能是有意识地学习，可能是无意识地模仿，也可能是经过长时间的反复练习，使得某种知觉方式成为无须思考的习性（Habitus）。现象学人类学（Phenomonological Anthropology）对于身体的理解，强调自我身体的主体性（Subjectivity），自我的生活经验，而非着重外在自我世界的影响，如言语结构或社会规范。在人的认知过程中，先有了知觉，随后才以文化的概念范畴给予它名称，使得它能客观化（Objectify），成为可以操作的对象。换言之，知觉发生于概念范畴之前，是前于概念范畴的前客观化（Pre-objective）作用，而每种文化各有诠释知觉的概念范畴。Csordas 强调现象学人类学对于身体知觉的诠释，必须从它与社会文化的互助切入，他以基督教 Pentecostal 教派的驱鬼为例，被牧师认为是受鬼所控制的教友，在实际的知觉上是能感受到自身的某些思想、行为、情绪，却无法控制，这些知觉便是所谓前客观化。牧师认定这些知觉只是个人身心的问题或是认为这是恶鬼附身的征兆。他的解释是对知觉展现的客观化，在此过程中，认定这是否遭受鬼的控制是基于知觉产生的。Bordo 认为人类的身体可以从象征人类学的角度来考量，身体是文化的媒介，社会文化将自身的价值与组织结构来表达于身体上，而身体的感觉与认知是文化的隐喻（Body as a metaphor for culture）。

个人身体的自觉症状与文化是紧密相连的，人在受到惊吓的时候，会出现如心跳加速、呼吸困难、冷汗直冒等身体反应，但是如果个体没有魂魄观念，没有接受诸如三魂七魄、魂不附体等魂魄文化观，那么这些症状就成了一次性反应；如果个体受到魂魄文化观的影响，认为丢魂魄了，那么身体就会出现持续的自觉症状，这就是文化的隐喻。

3. 集体记忆与认同

社会的存在需要靠许多集体记忆（Collective Memory）的绵密结构，才能维系社会成员的身份认同，所谓集体记忆，所指的便是一个社会团体或组织所具有的独特记忆，它的存在使社会团体成员拥有一个命运共同体的感受，法国社会学家 Maurice Helbwachs 被认为是集体记忆理论的始创者，他的主要论点在于“记忆是一种集体社会行为，现实的社会组织或群体都有其对应的集体记忆，这些群体的许多社会活动，经常是为了强调某些集体记忆，以强化某群体的凝聚”。而且集体记忆并不是天赋的，那是社会性建构的概念，也非是某种神秘的集体心态，而是“当集体记忆在一群同质性团体中持续存在并不断汲取作用力量之际，其实是作为团体成员的个体在做记忆”。只要一个社会里有不同的团体，就会有不同的集体记忆，故此，如宗教团体就是透过聚会、仪式和庆典等定期聚会来凝聚人群以加强旧有集体记忆，并创造新的集体记忆。

英国心理学家 Bartlett 提出图式（Schema）概念，图式在他的定义中是过去经验与印象的集结，每个社群都有一些特别的心理倾向，这种心理倾向影响此群体中个人对外界情景的观察，以及如何结合过去的记忆来印证自己对外在世界的印象。由于个人心中的图式受社会群体影响，因此社会团体组织提供的记忆架构，必须与个人的记忆配合，形成当前的合理化现象。社会学家王铭铭引用今天福建南部塘东村人类学田野调查作例子，在“文革”及往后的运动应该彻底地推翻了迷信，民众亦应从理性主义出发，封建的记忆也应被擦洗干净，但“蔡氏家族的大部分庙宇已得到翻修，祠堂已焕然一新，祖先和神鬼的祭祀大为流行，族谱全已重写”。作者指出部分国内学者认为此种迷信现象复兴是由意识形态教育松懈引起，这是不完全正确的，反而是人们对传统的社区认同，与意识形态需求有关，而三乡宫的崇拜，便展示出塘东人认同感的复兴。民间宗教的信仰与仪式是以神、祖先和鬼为主轴的，而民间所信仰崇拜的神、祖先和鬼，实际上与社区、宗族、家庭的认同有关，因为神往往代表一个社区的认同，祖先代表宗族与家庭的认同。

“收惊”是在民间流传的具有一定历史的一种民俗疗法，它就如同一种图式，是台湾民众对过去经验和印象的集结，人们生活在一定的群体之中，自然受到团体的影响，如今的台湾报纸、杂志、电视上经常可以看到有关“收惊”的报道，这无形中增加了人们对这种民俗文化的了解，于是人们更趋向于认同这种民俗文化。

4. 文化与信仰

信仰是人们对其所居住世界性质的若干观念和看法。这些观念包括客观的科学理论、超自然世俗的空谈以及形而上学的玄想，信仰就是思想上有关存在的元素和有关宇宙现象的观念。一方面，信仰在验证中常会受到对立两方意见的反驳，更容易产生有关思想上的真伪争辩。另一方面，宗教信仰作为现实社会各现象的说明，是最不容易被否定的，因为凡是共同具有某种文化的人，都容易对所谓宇宙事实采取较一致的立场，正如汉族认为天人合一的，从而趋向人文和人生哲学的探究。文崇一认为中国人的信仰价值是在于说神及祖先崇拜，以达到天人合一的境界。故持有祖先和鬼神崇拜观念的人，对疾病的看法，就以为是对祭祖缺乏诚心，或没有祭祀祖先，或受游魂野鬼的骚扰，导致魂魄离开身体而引致的。

韦伯在探讨中国的宗教时，也注意到了巫术的问题。他认为巫术在中国获得了相当的保留，是因为“儒家伦理本身就有与其亲和的倾向”。传统的儒家虽然对待巫术信仰存有怀疑的态度，有时却也会持有鬼神的观念。更重要的是，一般民众的生活方式虽受着儒家的影响，但是各巫术性的和鬼神的信仰又是与他们的日常生活密切相关的重要部分。同时中国儒家在基本上对世界采取无条件肯定和适应的态度，这也为巫术性的民间信仰确定了重要的基础。儒家仅企求在现世中的修养与成就，于是他们对世上的福禄寿与死后的声名不朽深表关切，也因此，儒家并没有超越尘世寄托的伦理，也没有介于上帝所托使命与尘世肉体间的紧张性。换言之，儒家重视适应外在，适应于现世的状况。“在中国民间信仰里，使各人灵魂多元论的信仰永久持续下去的泛灵论观念，几乎可以说是此一事实的一个象征。”也就是说民间信仰者，或是说绝大部分的中国人多半并不倾向于去企及超出现世以外的种种。

台湾在这方面的情况可能更复杂，亦即在一个快速变动的社会，机会看似无穷，却使得一些个体愈来愈无法掌握，因而在心理上形成不确定感，尤其在某些行业里，机会多而不确定性强。台湾地区民间信仰又因无明显教义经典，无法影响形成心理上的转变而改变价值观念和生活态度，比较容易酝酿出依赖巫术性活动以解厄释疑。特别是，各种巫术和术数在中国民间有着长远的传统，不仅深入民心，同时也有其精致的玄学基础。近一二十年来，各种比较玄奥的术数更大行其道，民众接受或寻求这类活动的机会也与日俱增。余德慧曾经以大学生为对象进行实验，发现即使不相信灵魂存在的大学生对于收魂法术还是相当不安的，拒绝提供自己的衣物和头发来进行收魂的法术；同时曾经有民俗宗教经验的大学生仍有相当高的比例。宋文里与李亦园在调查自称无宗教信仰者时，发现这些人当中有62%相信坟地风水，有1/3相信阳宅风水，也有1/3相信吉日的观念。这种现象显示了中国传统术数在民间的长久地位。在这种传统更广泛而长期的浸润下，民间信仰者必然会比无宗教信仰者更相信这类术数。由此推论，在一般传播媒体的报道上，术数和巫术行为在台湾不仅存在，可能有些还相当兴盛。

"收惊"作为台湾本土信仰文化的一个部分，对台湾民众的行为有一定的影响作用，民众因为接受了"收惊"的理念，在思想上坚定地认为人在受到惊吓后通过遵循一定仪式来免除惊吓是自然而然的事情，因此在实际生活中受到惊吓的时候，他们就会去"收惊"，这是在某种信仰驱使下的行为模式，因此，我们可以通过了解"收惊"的民俗文化来了解民众的思想。

五、结语

人的心理和行为是一定社会文化环境的产物，是文化熏陶、感染、教化的结果，一个人生病了，不仅意味着身体机能未能正常运作，而且心理与行为也受到影响，特别是那些跟信仰经验有关的疾病就表现得更为突出。而"惊恐症"正是一种与社会文化因素密切相关的疾病，对"惊恐症"进行求医行为的社会文化因素研究，可以了解和发掘隐含在"惊恐症"患者内心的文化喻义，揭示台湾地区"惊恐症"的社会文化性，从而推动心理科学知识的普及和心理辅导的本土化进程。

台湾的医疗文化经历了汉族移民的明末与清政府时期、日据时期和国民政府统治时期三个历史阶段后，由原来的巫术和民俗医疗的独立存在，转变为中医、西医和民俗医疗三大体系共同存在的格局，因此，台湾民众在求医行为上，呈现出多元式和复向式的趋势，即同时接受中、西医治疗和民俗疗法治疗，这种复向求医行为在"惊恐症"患者身上体现得尤为突出。

"惊恐症"在中医、西医和民族医学上各有不同的观点。中医认为主要是心神功能失调后而出现的一系列情态变化，可分为惊症和恐症。西方精神医学则认为这是各种精神压力所致的一种焦虑状态，统称为“焦虑症”，可分为恐慌症、畏惧症、强迫症和创伤后压力综合征。而民族医学则认为这是因为各种原因导致的人的魂魄离开身体所致的系列后果，可以通过“收惊”来进行处理和治疗。

“收惊”是通过一定的仪式，将逸出体外的魂魄收回，使紊乱的身心状态恢复正常的一种民间医疗方法，也叫作“收魂”。“收惊”民俗作为台湾的一种次级文化，是台湾文化的一个部分，它的存在与台湾本土信仰文化——鬼神文化观紧密相连，不可分割，是台湾民众对过去经验和印象的集结，对台湾民众的心理和行为产生着一定的影响，我们可以通过了解“收惊”的民俗文化来了解民众的一些思想，因为它包含着文化的隐喻。

为了了解“惊恐症”患者的整体经验世界，了解当事人处于实际经验世界所遇到的问题，观察当事人如何处理这些现实问题等，本研究采用参与观察法和访谈法，对20名前来“收惊”的惊恐症患者进行了田野调查，发现被访者不仅受传统文化习俗潜移默化，也受经济、人格、人际关系、心理压力等现实因素的影响，在与惊恐相关的认知和身心反应上，和人们的身心状态及对健康的理解有关，并受到传媒、“命”文化、“风水”文化、祖先崇拜文化和鬼神作祟文化的影响。

本研究通过对“惊恐症”的求医行为的社会文化因素研究，对台湾“惊恐症”的社会文化性进行了探讨，认为在对“惊恐症”患者的接诊中加以心理辅导，其治疗效果会更好，并希望通过此研究对心理科学知识的普及和心理辅导的本土化进程有所推动。